安全生产标准化文件范例

宋大成　编著

气象出版社
China Meteorological Press

内容简介

本书提供了安全生产标准化建设所需的或涉及的文件(规章制度和操作规程)范例,包括管理手册,10个共性程序文件,11个常见运行控制程序文件,9个个性运行控制程序文件,5个作业文件。

本书适用于从事安全生产标准化建设和管理体系建设相关工作的读者。

图书在版编目(CIP)数据

安全生产标准化文件范例/宋大成编著.—北京:
气象出版社,2012.3
ISBN 978-7-5029-5428-4

Ⅰ.①安… Ⅱ.①宋… Ⅲ.①企业管理-安全生产-标准化-文件-范文-中国 Ⅳ.①X931-65

中国版本图书馆 CIP 数据核字(2012)第 022738 号

出版发行:气象出版社
地　　址:北京市海淀区中关村南大街 46 号　　　　**邮政编码**:100081
总 编 室:010-68407112　　　　　　　　　　　　**发 行 部**:010-68407948
网　　址:http://www.cmp.cma.gov.cn　　　　　**E-mail**:　qxcbs@cma.gov.cn
责任编辑:彭淑凡　张盼娟　　　　　　　　　　　**终　　审**:周诗健
封面设计:博雅思企划　　　　　　　　　　　　　**责任技编**:吴庭芳
印　　刷:北京京科印刷有限公司
开　　本:700 mm×1000 mm　1/16　　　　　　　**印　　张**:17
字　　数:334 千字
版　　次:2012 年 3 月第 1 版　　　　　　　　　　**印　　次**:2012 年 3 月第 1 次印刷
定　　价:48.00 元

前　言

安全生产标准化是搞好安全生产的必由之路。国务院《关于进一步加强企业安全生产工作的通知》(国发[2010]23号)要求深入开展安全生产标准化建设。

安全生产文件建设是安全生产标准化建设中极为重要的内容。

安全生产文件(规章制度和操作规程)是企业标准,具有强制性。

安全生产文件要满足法规融入的要求,即:对于所有适用的相关法规的强制性要求,在文件中要明确达标的具体方法和措施。

安全生产文件要满足风险控制的要求,即:对于经充分识别和合理评价后确定的所有不可忽略风险,尤其是不可接受风险,在文件中要明确具体的控制方法和措施。

作为企业安全生产管理的指导和依据,安全生产文件要具有科学性和可操作性,并密切结合企业实际。

安全生产文件语言要严谨,并通俗易懂。

安全生产文件要结构合理,形成系统,并在满足要求的前提下追求最小化。

如果企业的安全生产文件不符合上述要求,就会影响安全生产管理的有效性,不能取得预期的安全生产绩效。

本书说明了文件编制的要求,给出安全生产标准化建设所需的或涉及的文件范例,包括管理手册,10个共性程序文件,11个常见运行控制程序文件,9个个性运行控制程序文件,5个作业文件。对于企业而言，这些文件范例有直接的借鉴作用，在方法、内容等方面提供有益的指导。

应急预案、记录格式、合规性评价报告和标准化评定报告的范例参见参考文献[1]。

以下专家参与了本书编写：崔明江，郭成库，郭海滨，于进云，马献军，梁永泰，全文，段家骏，李光辉，王洪海，吴守恒，索松林，李增峰，杨桂彬，曾仁春，张小飞，董经林等。

作者
2012 年 2 月

目　录

第一章　文件编制的要求

一、对文件的要求

1. 总要求：法规融入和风险控制

什么是企业的安全生产文件（规章制度和操作规程）？就是用正式的文字做出规定，落实适用的安全生产法规的要求，落实风险控制的要求。

文件的编制要在安全生产法规获取和识别的基础上进行，找出所有适用法规中的强制性要求，就本企业如何落实做出规定；要在危险源识别和风险评价的基础上进行，就如何控制风险做出规定。风险控制的范围是所有不可忽略的风险，包括可接受的风险（之所以可接受，是因为实施了控制措施，必须维持这些控制措施），控制的重点是那些不可接受的风险。

2. 文件的种类

企业的安全生产文件分为以下三类。

（1）共性文件，即所有企业都应有的文件，其主题就是在 OHSAS 18001：2007《职业安全卫生管理体系要求》中出现"组织应建立、实施并保持一个或多个程序"的要素：危险源识别、风险评价和控制方法，安全生产法规管理（识别、获取、传达、更新），安全生产培训教育和能力管理，沟通、参与、协商，文件控制，安全生产检查（绩效测量和监视），合规性评价，事故调查处理，不符合（隐患）处置，内部审核，记录控制。

（2）常见运行控制文件，即很多企业都需要的文件，主题有：危险物品管理，电气安全管理，消防安全管理，职业病防治，特种设备管理，交通运输安全管理，作业现场安全卫生管理，相关方安全生产监督管理等。

（3）个性运行控制文件，其主题体现企业特有的风险控制，如：工业和民用建筑企业的脚手架搭拆安全，机械加工企业的热处理作业安全，冶金企业的入炉废钢铁料安全，火化工企业的硝化甘油研制生产安全，工程监理公司的现场监理危险控制等。

3. 文件结构的系统性

企业的安全生产活动是分层次、有序的，因此，安全生产文件本身也应形成一个合理的文件系统。管理体系通常采用的管理手册、程序文件和作业文件的结构可以引入企业安全生产标准化的文件建设。

程序文件是管理手册引领的下级文件,作业文件是程序文件引领的下级文件,记录格式则跟随引领它的管理手册或程序文件或作业文件。

作业文件是程序文件中某个方面内容的细致陈述,如果把这部分陈述放到程序文件中,则程序文件的篇幅过大,而且结构上显得不协调,就在程序文件中引出一个作业文件。

例如,一个企业的"危险物品安全管理程序"涉及危险物品的采购、运输、储存、领用、使用、报废处理、安全检查、应急响应等方面内容。但假如关于储存的内容太多、太细,则可以制定一个"危险物品储存管理办法",作为"危险物品安全管理程序"的作业文件,从该程序中引出。

作业文件是程序文件在必要时诞生的"儿子"——子文件。

一般来说,针对某个主题的程序文件要"面面俱到",即要点不能遗漏;而作业文件一定不能"面面俱到",它只是程序文件中某一部分内容的详细描述。

综合应急预案可视为程序文件,专项应急预案和现场处置方案可视为其子文件。

表 1-1 是某煤矿集团公司文件系统示例,列出了程序文件名和相关的作业文件名。

表中文件编号予以简写,如程序文件编号 JM(OHS)P4606—2008 简写为"P4606",作业文件编号 JM(OHS)P4606-01-2008 简写为"01"。

表 1-1 中,P31、P32、P41、P42、P43、P45、P47、P51、P52、P5301、P5302、P54、P55 是共性程序;P4601～P4615 是常见运行控制程序;P4616～P4633 是个性运行控制程序。

表 1-1 某煤矿集团公司的程序文件和相关的作业文件

编号	名称	作业文件
P31	危险源识别、风险评价和控制策划管理程序	
P32	安全生产法律及其他要求管理程序	
P41	集团公司安全生产职责规定	
P42	安全生产培训教育管理程序	
P43	信息沟通、员工参与及与相关方协商管理程序	
P45	文件控制程序	
P4601	危险化学品安全管理程序	
P4602	民用爆炸物品安全管理程序	

续表

编号	名称	作业文件	
P4603	电气安全管理程序		
P4604	消防安全管理程序		
P4605	职业病防治管理程序		
P4606	设备安全管理程序	01	小修理管理办法
		02	集团公司设备管理考核办法
P4607	特种设备安全管理程序	01	特种设备安全管理办法
P4608	工器具安全管理程序		
P4609	劳动防护管理程序		
P4610	作业现场安全卫生管理程序		
P4611	交通运输安全管理程序		
P4612	起重作业安全管理程序		
P4613	焊割作业安全卫生管理程序		
P4614	高处作业安全管理程序		
P4615	相关方职业安全卫生监督管理程序		
P4616	矿井工程设计安全控制程序	01	集团公司生产技术管理制度
		02	矿井采区设计
		03	矿井通风设计
		04	工作面设计
		05	掘进工作面设计
P4617	矿井掘进安全控制程序	01	掘进机司机操作规程
		02	刮板输送机司机操作规程
		03	胶带输送机司机操作规程
		04	锚索钻机操作规程
		05	锚网支护工操作规程
		06	掘进钻眼工安全技术操作规程
		07	胶带输送机安装安全技术措施
		08	刮板输送机安装安全技术措施
		09	轨道铺设安全技术措施
		10	砌墙安全技术措施
		11	掘进工作面作业规程

续表

编号	名称	作业文件	
P4618	矿井采煤安全控制程序	01	回采作业规程
		02	作业规程及安全技术措施审批制度
		03	工作面设备安装安全技术措施
		04	安装皮带安全措施
		05	工作面初次放顶安全技术措施
		06	工作面循环放顶安全技术措施
		07	采煤机司机操作规程
		08	刮板输送机司机操作规程
		09	转载机司机操作规程
		10	处理冒顶安全措施
		11	铺网安全措施
		12	工作面收尾专项安全技术措施
		13	轨道铺设安全措施
		14	锚索钻机操作规程
		15	制作起吊装置安全措施
P4619	矿井运输安全控制程序	01	年度机车年审计划
		02	电机车列车制动距离试验报告
		03	蓄电池机车司机安全操作规程
		04	窄轨架线电机车司机安全操作规程
		05	提升信号工操作规程
		06	轨道检修工安全操作规程
		07	给煤机司机安全操作规程
		08	推车机司机安全操作规程
		09	无极绳绞车操作规程
		10	架空乘人装置操作工安全操作规程
		11	架空乘人装置维修工安全操作规程
		12	把钩工安全操作规程
		13	电机车修理工操作规程
		14	调度绞车安全操作规程
		15	翻车机司机安全操作规程

续表

编号	名称	作业文件	
P4619	矿井运输安全控制程序	16	矿车修理工操作规程
		17	提升绞车安全操作规程
		18	提升翻矸绞车司机安全操作规程
		19	胶带输送机维护工操作规程
		20	胶带输送机司机安全操作规程
		21	蓄电池机车充电工安全操作规程
		22	砂轮机安全操作规程
P4620	矿井机电安全管理程序	01	设备安装设计
		02	设备安装安全技术措施
		03	作业规程及安全技术措施审批制度
		04	主要通风机司机操作规程
		05	空气压缩机司机操作规程
		06	主排水泵工操作规程
		07	热风机司机操作规程
		08	井下配电工操作规程
		09	配电工操作规程
P4621	矿井通风安全控制程序	01	矿井配风计划
		02	矿井反风演习计划
		03	矿井煤层注水设计
		04	注氮气防灭火系统设计
		05	安全监控及通讯系统设计
		06	巷道维修安全技术措施
		07	测风工安全操作规程
		08	巷道维修工操作规程
		09	局部通风机工操作规程
		10	通风设施工安全操作规程
		11	综合防尘工操作规程
		12	瓦斯抽放钻机工安全操作规程
		13	隔爆设施安装工操作规程
		14	矿井测尘工操作规程

续表

编号	名称	作业文件	
P4621	矿井通风安全控制程序	15	通风实验室作业安全操作规程
		16	瓦斯和二氧化碳鉴定报告书
		17	瓦斯检查工操作规程
		18	瓦斯超限分析处理报告
P4622	矿井地测防治水安全管理程序	01	采掘地质说明书
		02	工作面探放水设计
		03	探放水措施
		04	防洪、防排水、防雷电安全措施
		05	测量工操作规程
P4623	爆破作业安全管理程序		
P4624	洗煤作业安全卫生管理程序	01	给煤机操作规程
		02	手选岗位操作规程
		03	筛分机操作规程
		04	破碎机操作规程
		05	跳汰机操作规程
		06	磁选机操作规程
		07	浮选机操作规程
		08	离心机操作规程
		09	过滤机操作规程
		10	压滤机操作规程
		11	澄清和浓缩安全操作规程
		12	胶带运输机操作规程
		13	刮板输送机操作规程
		14	斗式提升机操作规程
		15	辅助设备安全操作规程
P4625	发供电系统运行与维修安全管理程序	01	锅炉运系统行与维护作业指导书
		02	汽轮机系统运行与维护作业指导书
		03	电气系统运行与维护作业指导书
		04	水处理系统运行与维护作业指导书
		05	燃料系统运行与维护作业指导书

续表

编号	名称	作业文件	
P4625	发供电系统运行与维修安全管理程序	06	热网系统运行与维护作业指导书
		07	供电系统运行与维护作业指导书
		08	热工系统运行与维护作业指导书
		09	电厂热力、机械系统操作票、工作票管理规定
		10	电厂电气试验作业指导书
P4626	仓储作业安全管理程序		
P4627	受限空间作业安全卫生管理程序		
P4628	动力管线作业安全管理程序		
P4629	煤质检测、化验安全管理程序		
P4630	油库安全管理程序		
P4631	放射性工作安全卫生管理程序		
P4632	辅助作业安全管理程序	01	绿化设备安全操作规程
		02	炊事机械安全操作规程
		03	洗衣设备安全操作规程
		04	集团公司水质要求
P4633	工程机械作业安全管理程序		
P47	综合应急预案	01	矿井顶板事故专项应急预案
		02	矿井水害事故专项应急预案
		03	矿井井下火灾事故专项应急预案
		04	矿井瓦斯煤尘爆炸事故专项应急预案
		05	矿井通风系统破坏事故专项应急预案
		06	矿井供电事故专项应急预案
		07	煤矿地面火灾事故应急专项预案
		08	煤矿公共卫生事故专项应急预案
		…	…
		15	矿井顶板事故现场处置方案
		16	矿井水害事故现场处置方案
		17	矿井井下火灾事故现场处置方案
		18	矿井瓦斯煤尘爆炸事故现场处置方案
		19	矿井通风系统破坏事故现场处置方案
		…	…

续表

编号	名称	作业文件
P51	绩效测量和监视管理程序	
P5301	事故调查处理程序	
P5302	不符合、纠正和预防措施管理程序	
P54	记录管理程序	
P55	内部审核和评定程序	

注：P32 中包含合规性评价的内容。

二、管理手册的作用和编写要求

1. 安全生产管理手册的作用

安全生产管理手册的作用可概括为以下三方面：

（1）全面、概括地描述企业的安全生产管理体系，包括企业的安全生产方针、目标和体系的范围；

（2）描述安全生产管理体系的要素及其相互作用，说明企业如何实现要素的要求，包括相关的职责；

（3）提供查询相关程序文件的途径。

管理手册的读者主要是：最高管理者（最高管理层成员），二级单位和职能部门负责人，安全生产管理人员，上级单位或母公司负责人和安全生产管理人员。

2. 管理手册的编写要求

（1）管理手册的结构

管理手册的核心内容是描述 17 个要素的基本要求。此部分内容之前，是由最高管理者（企业负责人）签字的手册的发布令和对安全生产（职业安全卫生）管理者代表的任命书、企业的安全生产方针、组织简介和对手册的说明。此部分内容之后是附录，一般包括生产流程图、组织机构图、职能分配表、体系文件清单等。

有的企业把安全生产法规清单、危险源识别和风险评价的结果、不可接受风险控制计划、已制订的治理方案也作为手册的附录。但这些内容是需要定期更新的，修订的周期一般比手册要短，最好不放在手册中。

（2）前后两部分应注意的问题

手册发布令中最重要的语言是声明管理手册是企业的法规性文件或企业标准，必须严格执行。

对手册的说明,一般包括:目的,适用范围,引用标准,术语和定义,手册的管理(发放和登记,修改,手册由何部门归口管理和解释等)。

注意"目的"指手册的目的,不要写成安全生产管理体系或安全生产标准化的目的。例如某公司这样说明手册的目的:"昭示公司安全生产方针,阐明公司安全生产管理体系(或安全生产标准化)的要求,建立并保持文件化的安全生产管理体系。"

在"术语和定义"部分,可说明体系标准中的定义和术语适用于本手册,而不必重复;主要定义其他适用于本企业的术语。

在手册的"发放和登记"中,可说明有关受控的规定。

职能分配表要体现"事事有人管,一事一主管"的原则。一个要素可能就是一件事,也可能不止一件事,如要素"法律法规与安全管理制度"可以分成两件事。

体系文件清单应反映文件系统的构成。

(3)对 17 个要素的描述

对要素的描述一般包括总则(目的)、职责、控制要求、相关文件、相关记录等内容。

总则(目的):写明本要素的具体目的,不要写管理体系或标准化的目的,不宜出现诸如"保护员工的安全健康"、"提高安全生产管理水平"、"预防事故的发生"等语句。对于需要制定程序(制度、规程)的要素,可首先说明"建立、实施并保持程序,……"。

职责:对于需要制定程序的要素,关于职责的描述应当简明,不需要像相应程序描述的那样细致。

控制要求:简明地阐述企业如何做以实现该要素的要求,注意不要照抄标准的原话。

相关文件:除本要素的程序文件外,只列出与本要素关系较为紧密的要素的相关文件。

相关记录:对于需要制定程序的要素,一般不列相关记录,相关记录列入程序文件中。

(4)详略分明

在"控制要求"部分,对于需要制定程序的要素,只需说明程序的内容要点,不需要罗列程序的细致内容(少数特别重要之处除外),而在"相关文件"中给出程序文件的编号和名称以供查阅。对于不需要制定程序的要素(方针、目标,治理方案,管理评审等),应当较细致地说明:为实现该要素的要求,企业应当如何做。

三、程序文件的编写要求

1. 文件各栏目的编写

程序文件可以包含范围（目的、适用范围）、定义、职责、工作程序及要求、相关文件、相关记录等栏目，可有附录、附表。

目的：写明本程序的具体目的，不要写安全生产管理的目的，不宜出现诸如"保护员工的安全健康"、"提高安全生产管理水平"、"预防事故的发生"等语句。

适用范围：应是行政范围，如整个企业或某些二级单位（含职能部门和业务单位）。

定义：文件中用到的定义可以集中放在一处（例如置于管理手册中或程序文件合订本的前面），而不需要在每个程序文件中重复那些常用的定义。只有那些仅在个别程序中用到的术语需要在相应程序中定义。例如在《高处作业安全管理程序》中定义"三宝"、"四口"等。

职责：说明谁管什么事，即什么部门或什么人负责什么工作。要把相关的职责说全，不要遗漏。例如《培训教育管理程序》就培训而言，要说明以下工作的负责部门或负责人：培训需求的确定和提出，培训计划的制定、审批，培训计划的组织实施，培训效果的评价，培训记录的保存等。注意不要把"怎么做"的内容写在这里。

工作程序及要求：这是程序的核心部分。编写这部分时应注意：

（1）不要漏掉要点。例如某企业危险物品安全管理程序，涉及采购，运输，储存、领取、使用，回收、处置，人员知识和能力要求，检查等方面。编写前就要考虑到这些要点。

（2）对于程序包含的每个要点即每个方面内容，都要说明做什么、谁去做、何时或何种情况下做、怎么做、达到怎样的标准，以及留下什么记录。内容要具体、具有可操作性，切忌空话、原则性的话。

（3）程序要说清怎么做才能符合与主题内容有关的法规中的强制性要求。如果某个法规性文件的全部内容或绝大多数内容都适用，可以直接引用该文件（并说明不适用的条款）；如果只有少数或个别条款适用，则不要直接引用该文件，而把相关内容体现在程序中。

（4）对所有与主题内容有关的不可忽略风险（评价出的最低一级风险中的某些后果极轻微的风险可以忽略），都要做出如何控制的明确、具体的规定。对不可接受风险的控制措施更要具体、细致。

（5）不要出现"按有关规定（制度，办法）执行"这类泛指语句，应指明按什么规定（制度，办法）执行，给出文件名、文件中的条款号。

（6）强制性而非建议性的内容，尽量避免使用"应"字而使用"要"或"必须"，因为企业不易理解质量管理体系中的"应"(shall)和"应该"(should)的区别。

(7)尽量避免使用"定期",代之以具体如何定期的规定;尽量避免使用"严格"、"认真"这样的词汇,代之以具体做法。

(8)引用的文件,可以是法规或母公司的相关文件,其他程序文件,本程序的作业文件,也可以是"借用的"质量管理体系或环境管理体系文件,但不能是企业自己的其他与安全生产有关的文件,即不容许在文件系统之外,还存在与安全生产有关的文件。

相关文件:是"工作程序及要求"中提到的,包括上述"引用的文件"的几种类型,写明文件号和文件名。

相关记录:是"工作程序及要求"中提到的,给出记录号和记录名,并说明负责保存的部门和保存期限。

2. 其他要求

(1)避免重复

同样的内容不应在多个文件中重复,将其放在最贴切的文件中,其他文件可以引用。

同样的语句尽量不要在一个文件中重复,将其放在最贴切的位置。

(2)追求最小化

在满足充分性的前提下追求最小化,即:在文件设置上,能少一个文件就少一个文件;在一个文件中,能少一个栏目就少一个栏目;在一个栏目下,能少一个段落就少一个段落;在一个段落中,能少一句话就少一句话;在一句话中,能少一个字就少一个字。

(3)不要动辄发出与文件内容相同、相近或相悖的红头文件

安全生产文件是企业标准,在制定并完善之后,企业的职能部门要改变工作方法,按其规定进行安全生产管理,而不能动辄发出与文件内容相同、相近或相悖的红头文件。

四、作业文件的编写要求

作业文件的编写方法和程序文件没有本质的不同。

关于作业文件的格式,并没有统一的规定。

作业文件的栏目,通常比程序文件要少。

作业文件的使用者主要是基层的一线操作人员,文件的内容要有可操作性,语言要通俗易懂。

五、应急预案编制的要求

应急预案编制需注意的问题见参考文献[1]第八章。

六、记录格式设计的要求

记录格式设计的要求：

（1）把检查的对象和要求在格式中明确列出，确保不同检查者的检查无漏项，确保对符合性要求的一致性。

（2）对应达到的要求（标准）的叙述要明确、具体。

（3）检查结果为不符合时，要有原因分析、整改时限、整改验证等栏目。

（4）有检查日期、检查者和被检查者签字等栏目。

七、合规性评价报告的内容

合规性评价报告应当包含以下内容：

（1）组织和开展情况；

（2）评价活动的依据；

（3）合规性依据（规范性文件及其条款号）；

（4）评价方法；

（5）评价结果，包括合规表现和违规行为；

（6）整改要求。

八、标准化评定报告的内容

标准化评定报告应当包含以下内容：

（1）评定依据，包括依据的标准和依据的方法；

（2）评定过程，包括评定策划、评定培训、现场评定；

（3）评定方法；

（4）评定结果，包括评定记录、评定分数和不符合汇总；

（5）结果分析，包括总分水平、要素状态较好的原因、要素状态较差的原因以及某些要素得分中等的原因；

（6）整改建议。

本书将给出管理手册、程序文件和作业文件的范例，应急预案、记录格式、合规性评价报告和标准化评定报告的例子见参考文献[1]。

第二章　管理手册范例

　　北京市某装配、安装热处理设备的外资企业按照 OHSAS 18001:2007 建立了安全生产管理体系,并按照《北京市机械、冶金、建材、轻纺和烟草等行业安全生产标准化评定标准》实施了安全生产标准化建设。下面是该企业满足标准化要求的安全生产管理手册正文的第四部分(前三部分分别是"范围"、"引用文件"和"术语和定义")。

4　安全生产管理体系要求

4.1　总要求

　　依据 OHSAS 18001:2007《职业安全卫生管理体系要求》和《北京市××区企业安全生产标准化考核标准》,建立、实施、保持并持续改进适合本公司的文件化的安全生产管理体系。

　　公司建立的安全生产管理体系,采用"策划—实施—检查—改进"PDCA 模式,覆盖了 OHSAS 18001:2007 和《北京市××区企业安全生产标准化考核标准》的所有要素。

　　公司安全生产管理体系的范围,是公司的业务活动及相关管理活动的安全生产管理,包括以下职能部门和业务部门:总经理办公室,财务部,成本管理部,用户服务部,机械工程部,电气工程部,技术中心,信息中心,项目管理组,计划部,行政办公室,物流部,制造部,品质保证部,企业管理部,市场部,进出口部,销售部。

4.2　安全生产方针

4.2.1　总则

　　安全生产方针是公司在安全生产方面的宗旨、方向和行动准则,是公司最高管理者改善安全生产绩效的正式承诺。

4.2.2　职责

最高管理者批准和发布安全生产方针。

管理者代表组织制定、修订安全生产方针。

各部门落实体系文件的有关规定,有效地控制不可接受风险,以实现安全生产方针。

员工安全生产代表参与安全生产方针的确定和评审。

4.2.3　方针的制定依据

(1)公司的不可接受风险；

(2)公司应遵守的安全生产法律要求及其他要求；

(3)公司最高管理层关于安全生产的价值观和指导思想；

(4)公司目前安全生产绩效和资源情况；

(5)OHSAS 18001:2007 要素 4.2 和《北京市××区企业安全生产标准化考核标准》的要求。

4.2.4　方针的制定

根据最高管理者确定的在安全生产方面的价值观和指导思想,经危险源识别、风险评价所确定的不可接受风险,适用的安全生产法律要求及其他要求,充分考虑本公司目前的安全生产绩效及现有资源情况,管理者代表组织有关人员确定出近三年内安全生产总目标和绩效改进的幅度,经最高管理层、各级管理人员和员工安全生产代表充分讨论和研究,予以确定。

4.2.5　方针的内容

(1)最高管理者关于安全生产的理念；

(2)公司安全生产工作的宗旨和优先控制的风险；

(3)公司安全生产总目标(反映安全生产绩效改善的幅度)；

(4)公司在安全生产方面的行动准则；

(5)对遵守适用的安全生产法律要求及其他要求、事故预防和持续改进安全生产绩效的承诺。

4.2.6　方针的发布与传达

(1)方针由最高管理者批准、发布；

(2)企业管理部负责以文件形式下发到各部门；

(3)各部门负责人将安全生产方针传达到全体员工,并将其纳入员工教育培训内容；

(4)相关职能部门负责将公司的安全生产方针传达给各自的相关方。

4.2.7　方针的实施

最高管理者提供建立、实施、改进安全生产管理体系所需的资源。

各部门按职责范围,落实管理手册及其他体系文件的要求,通过对风险进行有效控制,使方针得以实现。

4.2.8　方针的评审和修订

在管理评审时或方针制定依据发生较大变化时,由最高管理者决定对其进行及时评审与修订,以确保安全生产方针对公司的适宜性。

修订后的方针需重新发布。

4.3 策划

4.3.1 危险源识别、风险评价与控制策划

4.3.1.1 总则

建立、实施并保持危险源识别、风险评价及控制策划程序，以充分识别危险源并合理评价风险，确定不可接受风险，制定控制计划，并根据实际情况及时更新，为建立和运行安全生产管理体系的各项决策提供依据。

4.3.1.2 职责

管理者代表负责公司危险源识别、风险评价的组织，审批不可接受风险控制计划。

企业管理部组织各部门进行危险源识别、风险评价，汇总、调整识别和评价结果，起草和修订不可接受风险控制计划，并负责识别与评价的更新。

各部门负责本部门危险源识别，将企业管理部确认的与本部门有关的识别、评价结果传达给本部门人员。

4.3.1.3 控制要求

ASEP01《危险源识别、风险评价和控制策划程序》就危险源识别、风险评价与控制策划作出规定。

为进行危险源识别，首先对公司的作业活动进行划分。

危险源识别考虑公司所有常规和非常规的作业活动，所有进入作业现场人员的活动，所有作业场所内的设备、设施，相关的人机工效学因素，工作场所附近及来自工作场所外部、对工作场所有影响的危险源，违反法律要求及其他要求的行为，各种变化对作业活动的影响。针对每种作业活动的每个作业内容，考虑人、物、作业环境和管理四方面的不安全因素。

风险评价采用 MES 法，职能履行方面的风险评价采用风险矩阵法。

依据风险评价的结果、事故经历和违规的性质确定不可接受风险。

需进行技术改造才能控制的不可接受风险，制定具体目标并为实现具体目标制定治理方案；属于经常性或周期性出现，不需要进行技术改造、但需规范作业活动中设备、环境、人的行为及管理的不可接受风险，制定并保持相关的程序文件或作业文件，予以控制。

4.3.1.4 相关文件

ASEP01 危险源识别、风险评价和控制策划程序。

4.3.2 法律要求和其他要求

4.3.2.1 总则

建立、实施并保持法律要求及其他要求管理程序，获取、识别适用的安全生产法律要求及其他要求，将其融入相关程序文件或作业文件，及时更新这些要求，并传达给有关人员和相关方。

4.3.2.2　职责

管理者代表负责审批安全生产法律要求及其他要求清单和手册。

企业管理部组织各相关职能部门和工会获取、识别、更新相关的法律要求及其他要求，将其融入相关程序文件或作业文件，制定相关的培训计划。

各部门负责对本部门相关人员进行相关法律要求及其他要求的传达和培训。

各相关职能部门负责对其相关方传达有关的法律要求及其他要求。

4.3.2.3　控制要求

ASEP03《安全生产法律要求及其他要求管理程序》就适用公司的安全生产法律要求及其他要求的获取、识别、融入、更新、传达作出具体的规定。

企业管理部组织各相关职能部门和工会，与有关部门和机构建立有效的联络渠道，并通过互联网和各种媒体及时获取安全生产法律要求及其他要求，在获取的同时对其适用性进行确认，形成清单和手册，并将这些要求融入相关程序文件或作业文件。企业管理部组织安全生产法律要求及其他要求的更新，每年发布一次清单，将更新情况通知有关部门。

各部门通过相关程序文件或作业文件予以传达或培训。

各有关职能部门将相关法律要求及其他要求传达给其相关方。

4.3.2.4　相关文件

ASEP03 安全生产法律要求及其他要求管理程序。

4.3.3　具体目标和治理方案

4.3.3.1　总则

依据所确定的不可接受风险，制定公司的安全生产具体目标，并为实现具体目标制定治理方案。

4.3.3.2　职责

最高管理者批准具体目标和治理方案。

管理者代表审核具体目标和治理方案。

企业管理部负责组织有关部门拟定具体目标和治理方案，并对具体目标和治理方案的实施情况进行监督检查。

员工代表参与具体目标和治理方案的制订。

责任部门和相关部门负责实施与其有关的具体目标和治理方案。

4.3.3.3　控制要求

(1)具体目标的制定原则

针对凡需进行技术改造才能控制的不可接受风险，制定具体目标，以便将风险降低到可接受的程度。

具体目标应有时限、应量化。

（2）治理方案的内容

主管部门、责任部门、相关部门的职责与权限；

实现具体目标的方法，包括各项技术措施；

起始和完成的时间以及进度表；

有关的资金预算；

检查、评审、验收的规定。

在确定实现方案的技术措施时，应首先考虑消除危险源，其次考虑降低风险，最后考虑必要的个体防护措施。

（3）具体目标和治理方案的制订程序

管理者代表组织有关部门制订具体目标和治理方案，员工代表参与，报最高管理者批准。

（4）具体目标和治理方案的实施

企业管理部负责将具体目标和治理方案传达到主管部门、责任部门和相关部门；

最高管理者对治理方案提供资源保证；

主管部门、责任部门和相关部门按治理方案规定的相关职责、权限、方法、进度表予以实施。

（5）具体目标和治理方案的检查、评审和修订

具体目标和治理方案的检查、评审和修订按 ASEP31《安全生产绩效检查程序》的规定。

对每一个治理方案，定期或在一定的时间间隔内，对其实施情况进行检查和评审，情况有变化的应进行修订，修订应履行审批手续。有重大变化的，应先进行危险源识别、风险评价，为治理方案的修订提供依据。

（6）目标实现情况的评审

治理方案经验收、审批后，管理者代表组织对相关目标实现程度的评审，并对相关风险重新进行评价，修订不可接受风险控制计划。

4.3.3.4　相关文件

ASEP31 安全生产绩效检查程序。

4.3.3.5　相关记录

安全生产具体目标、治理方案格式（本手册附录4，略）。

4.4　实施和运行

4.4.1　资源、作用、职责与权限

4.4.1.1　总则

最高管理者确保为安全生产管理体系的建立、实施、保持和改进提供必要的资源，明确规定各类人员在安全生产方面的作用、职责和权限，并予以传达，

确保体系的有效运行。

4.4.1.2　职责

最高管理者负责安全生产管理体系运行所需资源的提供,组织机构的设立,各部门负责人的任命,各级负责人在安全生产方面作用的规定、责任及职责的分配及授权。

4.4.1.3　资源提供

资源包括人力资源、财力资源、基础设施、技术和信息。

最高管理者首先要保证为满足适用的法律要求和其他要求所需要的资源,保证不可接受风险控制所需要的资源,保证安全生产管理体系各要素有效运行所需要的资源。

最高管理者每年要确定一个符合公司自身安全生产状况、能实现安全生产方针并能持续改进绩效的年度投资计划。

最高管理者应重视公司各部门所提出的安全生产资源需求,及时予以解决。

在管理评审时,应专门对安全生产资源提供进行评审,确保充分和适宜。

4.4.1.4　作用、责任及职责

(1)作用、责任及职责的确定依据

安全生产法律要求及其他要求的有关规定;

OHSAS 18001:2007 和《北京市××区企业安全生产标准化考核标准》的要求;

安全生产方针;

组织机构设置(组织机构图为本手册附录 1,略);

最高管理层的意见;

××总部的要求;

所有的职责都有主管部门或主管人员,一项职责只能有一个部门主管。

(2)各部门安全生产职责

ASEP04《××热处理系统(北京)有限公司各部门安全生产职责》规定了各部门的安全生产职责。

(3)最高管理者的职责

承担安全生产的第一责任;

批准安全生产方针,批准和颁布安全生产管理手册;

批准安全生产治理方案;

批准各部门、各级各类人员安全生产职责,任命安全生产管理者代表;

为安全生产管理体系的建立、实施、保持和改进提供必不可少的资源;

担任或任命公司级专项应急救援总指挥;

担任或任命应由公司调查处理的事故调查组组长；

主持安全生产管理评审；

履行适用的安全生产法律要求及其他要求(如《中华人民共和国安全生产法》《中华人民共和国职业病防治法》《中华人民共和国环境保护法》)所规定的职责。

(4)安全生产管理者代表的职责

在最高管理者领导下,负责公司安全生产管理体系的建立、实施和保持：

组织公司适用的安全生产的法律要求及其他要求的识别、获取、融入、更新和传达；

组织公司危险源识别、风险评价,审批不可接受风险控制计划；

审核安全生产具体目标和治理方案；

审批安全生产程序文件；

指导绩效检查,组织内部审核和标准化自评,批准针对严重不符合的整改措施并组织对实施效果的验证；

被授权时,担任公司级专项应急救援总指挥；

被授权时,负责公司组织的事故调查处理；

组织管理评审；

向最高管理者报告安全生产管理体系的整体绩效；

处理有关安全生产管理的外部事宜。

(5)安全生产委员会的职责(略)

(6)其他最高管理层成员的职责

在主管的工作范围内,督促、检查分管的部门和人员,落实安全生产管理体系文件的有关规定；

主持主管工作的安全生产合规性评价；

参与或主持与主管工作有关的事故调查；

参与管理评审、内部审核和评定。

(7)工会主席的职责

领导工会,落实安全生产管理体系文件的有关规定；

履行《中华人民共和国安全生产法》《中华人民共和国职业病防治法》《中华人民共和国工会法》关于安全生产、职业病防治方面职工权益保护的规定；

履行《中华人民共和国劳动法》关于工作时间、女工保护的规定；

履行《中华人民共和国合同法》有关工作条件的相关规定；

确保工会履行 ASEP04《××热处理系统(北京)有限公司各部门安全生产职责》规定的工会职责；

提供保证条件,确保本手册规定的员工安全生产代表和员工的职责的履行。

（8）专职安全管理员的职责

在企业管理部负责人的领导下，代表企业管理部负责人：

对公司各部门安全生产工作实施监督管理；

协调公司各部门安全生产工作事宜；

被授权时，负责与地方政府部门、相关机构的联络事宜；

公司其他安全生产工作。

（9）兼职安全管理员的职责

对新进员工进行班组级安全教育，负责开展班组各项安全活动；

负责班组的安全检查，发现隐患及时督促整改，重大隐患及时上报，并有权制止违章行为；

监督、检查班组人员正确穿戴和使用劳动防护用品。

（10）员工安全生产代表的职责

参与安全生产方针、具体目标的制订和评审，参与危险源识别、风险评价和风险控制计划的制订，参与安全生产检查，参与事故调查处理，参与所有重大安全生产问题的决策，在所有与安全生产有关的会议上代表员工发表意见；

遇有违章指挥、强令危险作业，组织员工拒绝作业、撤离现场，向管理层提出改变决定的建议，必要时采用法律手段。

（11）员工的职责

了解本岗位安全生产职责，遵守相关体系文件的规定；

接受安全生产培训；

了解与本岗位有关的危险源和不可接受风险、相应的控制措施和应急措施；

正确佩戴和使用必要的劳动防护用品；

及时向管理人员和员工安全生产代表反映作业场所风险控制及安全生产管理方面的问题；

有权拒绝危险作业。

（12）职责的传达

各部门向所属人员传达 ASEP04《××热处理系统（北京）有限公司各部门安全生产职责》的相关规定，使他们明确自身职责及相关职责间的接口，做到公司安全生产的所有事务都有人管，且每项事务只有一个主管部门。

（13）作用、责任及职责的修订

在管理评审中以及其他必要的时刻，考虑对安全生产职责进行必要的修订。如果由于职责的问题影响到体系的运行，则由最高管理者随时组织对职责的修订，并修订相关的体系文件。

4.4.1.5 相关文件

组织机构图（本手册附录1，略）；

ASEP04 ××热处理系统（北京）有限公司各部门安全生产职责。

4.4.2 能力、培训和意识

4.4.2.1 总则

建立、实施并保持程序，加强教育和培训，确保公司各有关职能和层次的员工具备安全生产能力及意识。

4.4.2.2 职责

公司主管领导审批公司年度安全生产培训计划。

行政办公室制定公司年度安全生产培训计划并组织实施，组织培训效果的评价，保存培训记录，并负责安全生产意识宣传教育。

企业管理部负责公司安全生产绩效和能力评价。

各部门申报本部门安全生产培训需求，组织实施本部门安全生产培训计划。

4.4.2.3 控制要求

ASEP05《能力、培训和意识管理程序》规定了有关各类人员的安全生产培训内容、培训方法及资格要求，规定了培训需求确定、培训实施及效果评价的程序和方法，规定了安全生产绩效和能力的评价方法。

公司及各部门采取各种宣传教育方式，增强员工安全生产意识。

4.4.2.4 相关文件

ASEP05 能力、培训和意识管理程序。

4.4.3 沟通、参与和协商

4.4.3.1 总则

建立、实施并保持程序，在公司内部各部门和各层次之间就安全生产信息进行有效的沟通，公司与外部相关方之间就安全生产问题进行协商；建立全员参与机制，维护员工安全生产权益。

4.4.3.2 职责

管理者代表代表公司最高管理层与公司内部、外部进行安全生产信息沟通，负责公司安全生产重要信息的处理；

工会负责员工安全生产代表队伍的建立、员工参与、员工权益保护；负责员工反映问题的收集、整理、反馈及员工抱怨处理；

行政办公室配合工会处理员工抱怨；

各部门确保本部门内部安全生产信息的沟通；

相关职能部门与有关的相关方就必要的安全生产问题进行协商。

4.4.3.3　控制要求

安全生产信息沟通、员工参与和与相关方的协商按 ASEP06《沟通、参与和协商管理程序》执行。

内部安全生产信息沟通包括各部门间、各层次间由下而上及由上而下的信息沟通，与外部的信息沟通包括公司与政府主管部门、××总部、检测检验等中介机构、地方应急机构、承包方和供应商等之间的沟通。程序对信息沟通的内容、方式和记录做出了规定。

公司建立有效的全员参与机制，员工参与重大安全生产问题的决策，保证员工在安全生产事务上享有代表性，维护员工权益。

工会建立员工抱怨处理机制，开展独立的安全生产检查活动。

公司建立与承包方就必要的安全生产问题进行协商的制度。

4.4.3.4　相关文件

ASEP06 沟通、参与和协商管理程序。

4.4.4　文件

4.4.4.1　总则

建立、实施并保持文件化的安全生产管理体系，描述管理体系核心要素及其相互作用，明确查询相关文件的途径。

4.4.4.2　职责

最高管理者批准、颁布安全生产管理手册。

管理者代表批准、发布程序文件和作业文件。

企业管理部组织体系文件的编制和修订。

4.4.4.3　控制要求

（1）公司安全生产管理体系文件的种类和功能

安全生产方针和目标——在管理手册中描述；

对安全生产管理体系范围的描述——在管理手册中描述；

管理手册——对安全生产管理体系主要要素及其相互作用的描述，包括相关程序文件的查询途径；

程序文件——OHSAS 18001：2007 要求"建立并保持程序"的文件，包括相关作业文件的查询途径；

作业文件——除程序文件外，公司确定的为确保对与安全生产风险控制相关的过程进行有效策划、运行和控制所需的文件；

记录格式——一种特殊形式的文件，为安全生产管理体系运行情况提供证实；

适用公司的安全生产法律要求和其他要求；

安全生产初始评审的结果——危险源识别、风险评价汇总表，不可接受风险控制计划等；

其他被纳入文件化的管理体系的有关安全生产管理体系运行的文件。

（2）文件内容的要求

安全生产管理体系文件的内容，要说明公司如何遵守适用的法律要求和其他要求，如何控制各种风险，尤其是不可接受风险。

（3）文件的系统性

所有的程序文件被管理手册引领，每个作业文件被特定的程序文件引领，记录格式被相关程序文件或作业文件引领，构成清晰的文件系统。

（4）文件的可操作性

文件内容及其表达要具体、可操作、便于员工理解。

（5）追求最小化

在满足有效性和效率的前提下，要使文件最小化。

4.4.5 文件控制

4.4.5.1 总则

建立、实施并保持程序，确保与安全生产管理体系有关的文件和资料得到控制，确保所有部门和岗位能够及时得到现行版本。

4.4.5.2 职责

企业管理部负责安全生产管理体系文件和资料的发放、回收、销毁，组织对文件的定期评审。

技术中心负责文件和资料的借阅、存档。

各部门管理本部门的文件和资料。

4.4.5.3 控制要求

受控文件和资料主要是：安全生产管理体系文件；某些与安全生产有关的技术文件或资料。

ASEP07《文件控制程序》就文件编制、批准、标识、发放、修改、换版、定期评审、作废处置以及外来文件和资料的管理作出规定。

程序要求：文件应定位存放，便于查找；在管理评审中，对文件进行定期评审，必要时随时进行评审、予以修订并由有相应职责的被授权人确认其适应性；修订后的文件在实施之前送达文件持有部门；失效的文件三天之内送回文件发放部门，防止误用；对需要保留的失效文件，应有"作废保留"标识，技术中心存档。

4.4.5.4 相关文件

ASEP07 文件控制程序。

4.4.6 运行控制

4.4.6.1 总则

建立、实施并保持程序，确保经评价需要控制的风险（特别是不可接受风险)都得到控制。

4.4.6.2 职责

与各运行控制程序及其作业文件有关的职责,在相应的程序文件或作业文件中均做出明确的规定。

4.4.6.3 控制要求

对于缺乏程序指导就可能偏离安全生产方针——即有可能发生事故的运行和活动,需建立并保持文件化的程序,在程序中规定运行标准和风险控制措施。

这些程序体现在本手册附录 3(安全生产程序文件和作业文件目录,略)中编号 ASEP08 到 ASEP29 的程序文件及相关作业文件。

这些文件的规定都应当落实,使程序得以实施和保持。

4.4.6.4 相关文件

附录 3(安全生产程序文件和作业文件目录,略)中编号 ASEP08 到 ASEP29 的程序文件及相关作业文件。

4.4.7 应急准备和响应

4.4.7.1 总则

建立、实施并保持公司应急救援预案,规定应急准备和响应程序,预防或减少事故或紧急状态所造成的人员伤亡、财产损失。

4.4.7.2 职责

最高管理者或其指定的最高管理层成员负责公司级应急预案的审批,担任应急期间总指挥;

各应急预案规定的应急指挥机构组织应急预案的培训、演练,做出预案启动和终止的决策;

公司应急救援办公室审批部门级专项应急预案;

相关部门审批其管辖范围内的现场处置方案,准备和维护应急设施和应急物资,参与公司、实施本部门或指导班组的应急救援活动。

4.4.7.3 控制要求

ASEP30《××热处理系统(北京)有限公司突发公共事件综合应急预案》阐述了公司的应急工作原则、应急响应分级、组织机构及职责、预防与预警、应急响应、信息发布、后期处置、保障措施、培训与演练及预案评审、修订等内容。

针对爆炸、火灾、中毒、触电、起重伤害等事故,制定了公司级、部门级专项应急预案和现场处置方案。综合应急预案和这些预案相互衔接,构成完整的应急预案体系。

4.4.7.4 相关文件

(1)ASEP30 ××热处理系统(北京)有限公司突发公共事件综合应急预案。

（2）附录3（安全生产程序文件和作业文件目录,略）列出的专项应急预案和现场处置方案。

4.5 检查

4.5.1 安全生产检查

4.5.1.1 总则

建立、实施并保持程序,检查安全生产绩效,以利于风险控制。

4.5.1.2 职责

管理者代表组织领导安全生产绩效的检查;

企业管理部检查安全生产治理方案实施情况;负责事故的上报、记录和统计分析;监督检查其他部门的安全生产绩效检查工作;

相关职能部门履行 ASEP31《安全生产绩效检查程序》表1、表2、表3 规定的职责,履行其他相关体系文件规定的绩效检查职责;

各业务部门负责本部门安全生产绩效的自查和有关内容的上报。

4.5.1.3 控制要求

ASEP31《安全生产绩效检查程序》围绕治理方案实施情况的评审、运行标准符合性的检查和事故记录及统计分析几个方面,对需进行的检查项目(参数)、检查的频次、场所、方法(标准)、要求、所需的测量设备及记录保持做出了规定。通过预防性和事后性的检查,定性和定量的检查,来评价安全生产绩效,为整改工作提供可靠信息。

各有关部门对所使用的测量设备进行定期校准和维护,并保存校准和维护记录。

委托外单位进行测量时,要求外单位应有相应资质,并保留测量记录。

4.5.1.4 相关文件

ASEP31 安全生产绩效检查程序。

4.5.2 合规性评价

4.5.2.1 总则

建立、实施并保持程序,对符合安全生产法律要求和其他要求的情况进行评价,以履行遵守法律要求和其他要求的承诺。

4.5.2.2. 职责

总经理批准年度合规性评价报告;

安全生产管理者代表组织年度合规性评价,审核合规性评价报告;

企业管理部协助管理者代表组织年度合规性评价,提供评价的输入,保存评价记录,提交合规性评价报告。

4.5.2.3 控制要求

ASEP03《安全生产法律要求及其他要求管理程序》就合规性评价的频次、时间、内容、参加者、评价报告等作出了规定。

针对违反相关法律要求和其他要求的不符合,主管部门责成并帮助责任部门制定整改措施,限期整改。

管理者代表将评价结果报最高管理者,并作为管理评审的输入。

4.5.2.4 相关文件

ASEP03 安全生产法律要求及其他要求管理程序。

4.5.3 事故调查,不符合及整改措施

4.5.3.1 总则

建立、实施并保持程序,规范事故调查处理和不符合处置工作,及时采取有效的整改措施。

4.5.3.2 职责

总经理或总经理委托主管副总经理主持需要公司组织的事故调查,配合需要地方政府组织的事故调查;

企业管理部参与或负责公司职业伤害事故、交通事故的调查,事故信息的统计、分析和上报;

行政办公室负责联系劳动能力鉴定事宜,落实工伤保险和受伤害者待遇;

工会参与职业伤害事故的调查处理,监督整改措施的落实,进行事故的善后处理;

司机班配合公安交警部门对本公司与工作业务有关的厂外交通事故的处理事宜;

事故责任部门报告事故,参与事故调查和处理,落实整改措施。

4.5.3.3 控制要求

ASEP32《事故调查处理程序》对事故发生后的措施、事故报告、事故调查、事故原因分析、工伤认定、整改措施等方面均做出规定。

ASEP33《不符合及整改措施管理程序》对不符合信息来源、一般不符合和严重不符合的处置方法等做出规定。

两程序均要求,整改措施在实施前应进行风险评价;记录并沟通所采取的整改措施的结果,评审所采取的整改措施的有效性;任何因整改措施引起的必要的变更,要反映在安全生产管理体系文件中。

4.5.3.4 相关文件

ASEP32 事故调查处理程序;

ASEP33 不符合及整改措施管理程序。

4.5.4 记录控制

4.5.4.1 总则

妥善管理安全生产相关记录,确保记录的真实、完整,具有可追溯性,为体系运行及其绩效提供证据。

4.5.4.2　职责

企业管理部负责与公司安全生产有关的记录的管理；

技术中心负责记录的归档保存及超期记录的销毁，并按规定向有关部门传递所需记录；

各部门负责与本部门有关的记录的保存和管理。

4.5.4.3　控制要求

ASEP34《记录控制程序》对公司安全生产记录的种类、设计、标识、保管、保护、检索、留存和处置及填写要求等作了明确规定。记录应字迹清楚，标识明确，具有可追溯性，便于查阅，避免损坏、变化或遗失。

4.5.4.4　相关文件

ASEP34 记录控制程序。

4.5.5　内部审核与评定

4.5.5.1　总则

建立、实施并保持程序，定期开展安全生产管理体系审核和安全标准化自评，判定安全生产管理体系的符合性、有效性、适宜性和满足《北京市××区企业安全生产标准化考评标准》的程度。

4.5.5.2　职责

管理者代表负责任命审核组长，批准公司内部审核计划和审核报告；

审核组长负责组建审核组、编制审核计划、组织审核实施，组织对整改措施进行跟踪验证；

管理者代表（主管安全生产的领导）任自评组组长；

企业管理部负责组建自评组；

自评组实施安全标准化自评，编制安全标准化自评报告。

4.5.5.3　控制要求

ASEP35《内部审核和评定管理程序》就内部审核的以下方面做出规定：审核策划及计划，审核前的准备，审核实施，审核报告，纠正措施或预防措施及验证；就安全标准化自评的以下方面做出规定：频次和时机，自评的组织，自评的方式，自评报告，不符合处置。

审核员、自评人员的选择和审核、自评的开展应确保审核、自评过程的客观性及公正性。

4.5.5.4　相关文件

ASEP35 内部审核和评定管理程序。

4.6　管理评审

4.6.1　总则

最高管理者定期主持管理评审，确保安全生产管理体系的持续适宜性、充分性和有效性。

4.6.2　职责

最高管理者主持安全生产管理体系评审,批准评审计划和评审报告,批准整改计划;负责整改计划跟踪验证结果的审批。

管理者代表负责组织管理评审并在管理评审会议上向最高管理层汇报安全生产管理体系的总体绩效;负责管理评审报告的审核。

企业管理部负责编制管理评审计划,组织管理评审输入资料,负责管理评审记录的整理、归档,负责起草管理评审报告。

企业管理部和相关部门对需要的整改项目进行策划,向最高管理者和整改项目负责人提交整改计划。

相关部门按管理评审计划提供评审资料,参与管理评审,实施整改计划。

整改项目负责人负责整改计划的组织实施。

员工安全生产代表参与管理评审。

4.6.3　控制要求

(1)评审频次

管理评审每年进行一次(间隔不超过 12 个月),一般在内部审核和合规性评价结束后、外部审核之前进行。评审可针对整个管理体系的全面情况或存在共性、重要问题的某些方面。当公司内部或外部或安全生产管理体系发生重大变化时,要增加管理评审次数,具体时间由最高管理者确定。

(2)评审准备

管理评审前,企业管理部收集与管理评审有关的输入资料,并编制《管理评审计划表》,报管理者代表审核,经最高管理者批准后,在评审会议召开两周前将纸质材料下发给参加管理评审的人员。

(3)参加管理评审的人员

最高管理者担任组长,成员有管理者代表、公司副经理、公司工会主席、各相关部门负责人及员工职业安全卫生代表。

(4)管理评审输入的主要内容

合规性评价的结果;

内、外部审核和标准化自评、复评的结果;

安全生产绩效测量和监视的结果;

参与和协商的结果;

来自外部相关方的沟通信息,包括抱怨;

具体目标和治理方案的实现程度;

事故调查及整改措施的完成情况;

以前管理评审的后续措施的完成情况;

客观环境的变化,包括与安全生产相关的法律要求和其他要求的发展变化;

改善建议。

(5)管理评审的形式和任务

管理评审会议由最高管理者主持,会上由管理者代表和各主要相关部门负责人做关于安全生产绩效的报告。企业管理部负责记录,与会人员签到。

根据需要,管理评审也可选择在一些现场进行。

管理评审的任务是:依据管理评审的输入,评价体系的整体绩效,评价体系的持续适宜性、充分性和有效性,确定管理评审的输出。

(6)管理评审输出的主要内容

在为满足包括方针、目标在内的17个要素的要求方面,公司应进行哪些修改;

针对需要进行整改的共性问题和重要问题制定专项整改计划,包括责任人(最高管理层成员)、措施、责任和进度;

与安全生产绩效、安全生产方针和目标、资源、安全生产管理体系其他要素的可能的变化有关的决策和措施。

(7)管理评审报告

管理评审报告的内容包括:

管理评审的时间、地点、形式、参加者;

对管理评审十方面输入的评价;安全生产方针、目标的实现程度;对安全生产管理体系整体绩效的评价等;

对管理评审过程的描述;

对安全生产管理体系的持续适宜性、充分性和有效性的评价;

管理评审的输出及相关的责任人;

最高管理者的签字。

应在公司内部对管理评审报告进行沟通。

(8)管理评审输出的落实

将管理评审的输出落实到相关部门,并限期完成;

修改事项的落实由管理者代表负责;

专项改进计划的落实、完成情况由责任人形成报告,最高管理者审批;

落实过程中如发现异常应及时调整,或报告最高管理者。

(9)记录保存整理

企业管理部负责对管理评审报告和管理评审过程中所形成的记录、资料及对管理评审输出跟踪验证的结果进行收集、整理并保存归档。

第三章　共性文件范例

一、危险源识别、风险评价和控制策划程序

某危险化学品生产企业的危险源识别、风险评价和控制策划程序如下。其内容要点是：

（1）作业活动划分；

（2）危险源识别；

（3）风险评价；

（4）确定不可接受风险；

（5）制订不可接受风险控制计划；

（6）可接受风险的控制；

（7）工作程序；

（8）危险源识别、风险评价的更新；

（9）新、改、扩建项目的危险源识别、风险评价。

1　范围

本程序的目的：充分识别危险源，合理评价风险，判定不可接受风险并制定控制计划，及时更新这方面的信息。

本程序适用于公司管理体系所涉及的地理区域内的各项业务活动。

2　职责

2.1　管理者代表

负责公司危险源识别、风险评价的组织，审批不可接受风险的控制计划。

2.2　安全环保部

负责对各单位危险源识别、风险评价的结果进行汇总、分析、调整，起草和修订不可接受风险的控制计划，并负责组织危险源识别和风险评价的更新。

2.3　各相关职能部门负责违反法律要求和其他要求的职能履行缺陷的确认和风险评价，负责本部门职责范围内不可接受风险控制计划的实施。

2.4　各业务单位

2.4.1　负责本单位作业活动划分、危险源识别、风险评价及更新；

2.4.2　负责将本单位危险源识别、风险评价结果及更新情况上报安全环保部；

2.4.3　负责将经安全环保部确认的本单位危险源识别、风险评价的结果传达给本单位人员。

3　工作程序及要求

3.1　危险源识别、风险评价和风险控制策划的基本步骤

按照作业安全分析(JSA)的方法进行危险源识别、风险评价和风险控制策划。其步骤如图3-1所示。

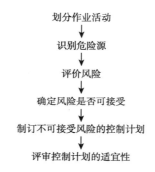

图3-1　作业安全分析方法的基本步骤

3.2　作业活动划分

3.2.1　作业活动划分的要求

(1)所划分出的每种作业活动既不能太复杂(如包括多达几十个作业步骤或作业内容)，也不能太简单(如仅由一、两个作业步骤或作业内容构成)；

(2)划分出的作业活动在性质上相对独立。

3.2.2　划分作业活动的方法

以生产(工作)流程为主，兼顾其他方面，每种作业类别分为若干种作业活动，每种作业活动分为若干作业内容(步骤)。

3.3　危险源识别

3.3.1　危险源识别的方法

将选定的作业活动分解为若干个相连的工作步骤或内容，对每个步骤或内容，识别危险源，而后汇总。

3.3.2　危险源识别的范围

危险源识别的范围应覆盖所有的作业活动；对每个作业活动，覆盖所有的作业内容，并充分考虑四种不安全因素：物的不安全状态，人的不安全行动，作业环境的缺陷，安全卫生管理的缺陷。

3.3.3　危险源识别的法规把关和事故把关

(1)法规把关

对照公司GXP 03—01《适用职业安全卫生法律要求和其他要求手册》的所

有内容,凡属本公司违反的内容或未做到的,都作为危险源,补充到危险源识别表的相应的作业活动中。

(2)事故把关

对照本公司以往的全部事故调查报告,将所有的事故直接原因都作为危险源,补充到危险源识别表的相应的作业活动中。

3.3.4　危险源识别充分性的确认方法

识别出的危险源应覆盖本公司以往所有事故的直接原因,覆盖本公司所有违反法律要求和其他要求的现象。

3.4　风险评价

对识别出的每个危险源,都应进行风险评价。采用 MES 法(附录 1)评价风险程度;对于危险源识别法规把关中发现的属于职能履行缺陷的危险源,用风险矩阵法(附录 2)评价其风险程度。

3.5　确定不可接受风险

不可接受风险的确定依据本公司的法律义务和职业安全卫生方针。

属于以下情况之一者,判定为不可接受风险:

(1)以前发生过死亡、重伤、职业病、重大财产损失的事故,或轻伤、一般财产损失三次及其以上的事故,且现在发生事故的条件依然存在,无论风险级别为几级,一律为不可接受的风险。对于曾发生过上述事故,但条件已发生变化,不会再有此类事故发生,这种情况不必列入。

(2)对于违反国家有关职业安全卫生法律要求及其他要求中强制性规定的,列为不可接受风险。对于其他违规,凡是后果严重的,列为不可接受风险。

(3)评价结果为前二级的风险为不可接受风险。

3.6　制订不可接受风险控制计划

3.6.1　控制计划的选择

(1)需上硬件设施、需要进行技术改造才能控制的风险,采用"具体目标—方案"方式,制订控制该种风险的目标并为实现目标制订方案;

(2)属于经常性或周期性工作中的不可接受风险,不需要上硬件设施,但需要制订新的文件(程序或作业文件)或修订原来的文件,在文件中明确规定对该种风险的有效的控制方法或应急措施,并在实践中落实这些规定,即采用"运行控制"方式;

(3)对于某些不可接受的风险,可能需要同时采取两种方式;

(4)属于职能履行缺陷的不可接受的风险,采用"运行控制"方式。

安全环保部汇总编制"不可接受风险控制计划表",报管理者代表审批。

3.6.2　确定控制方法或考虑变更现有控制方法时,应按照以下的优先级顺序来降低风险:

（1）消除；

（2）替代；

（3）工程控制措施；

（4）标志/警告/管理控制措施；

（5）个体防护用具。

3.7　可接受风险的控制

3.7.1　对于可接受风险，凡需上硬件设施、需要整改才能控制的风险，有关单位要在符合成本—有效性原则的情况下，制订"整改计划"并实施，但投资过大的可缓行，而维持现有措施；凡需采用"运行控制"方式的，要在程序文件或作业文件中有所体现。

3.7.2　被评价为五级的风险中可能有少数属于可忽略的风险，不必予以控制。

3.8　工作程序

3.8.1　参与识别、评价的人员，应包括各单位、各部门及工会的管理人员、技术人员、安全员，并在工作开始前接受专门的培训。

3.8.2　各业务单位进行本单位作业活动划分，安全环保部汇总后将定稿的作业活动划分表发给各单位。

3.8.3　各业务单位危险源识别的结果填写在《危险源调查表》上，安全环保部组织专门工作小组对各单位识别的结果进行评审，进行补充和调整；然后进行评价，将结果填写在该表上。

3.8.4　对于职能履行缺陷，由相关职能部门进行评价，将结果填写在《职能履行缺陷风险评价表》上。

3.8.5　安全环保部汇总并形成公司《危险源识别与风险评价汇总表》和《职能履行缺陷风险评价汇总表》。

3.8.6　安全环保部起草《不可接受风险控制计划》，在征求有关部门和工会意见后，报公司管理者代表审批。

3.8.7　各有关单位制定的整改计划（见3.7.1）报安全环保部备案。

3.9　危险源识别、风险评价的更新

3.9.1　危险源识别的更新

（1）修改、补充原来不完善或遗漏之处，不完善或遗漏之处可能是主动发现的，也可能是发生事故后发现的；

（2）着眼于作业活动、作业内容的变化，即对新的作业活动、作业内容，进行危险源识别；对已不再从事的作业活动、作业内容，删去原来识别的内容。

3.9.2　风险评价的更新

风险评价的更新着眼于：

（1）修改、调整原来评价不准确之处；

（2）对新危险源的评价；

（3）发生事故后，对相关的危险源的再评价；

（4）法规、标准等的变化引起对风险等级的修改；

（5）不可接受风险受控后（降为可接受风险）对新的不可接受风险及其控制计划的调整。

3.9.3　危险源识别、风险评价每年更新一次，一般在第一季度进行；遇有重要变化随时进行。此项工作由安全环保部组织有关部门、单位和工会进行。

3.9.4　安全环保部每年发布新的《危险源识别与风险评价汇总表》、《职能履行缺陷风险评价汇总表》或其修改页，每年发布新的《不可接受风险控制计划》。在这些文件的封面上，均应写明年、月的字样，并有管理者代表的签字。

3.9.5　如果新的《不可接受风险控制计划》导致文件的修改，则需同时发布文件的修改页。

3.10　新、改、扩建项目的危险源识别、风险评价

新建、改建、扩建项目的危险源识别、风险评价工作，在按 3.3、3.4、3.5、3.6 的要求去做时，可同时参考政府部门认可的有资质的机构提出的安全评价报告。

3.11　安全环保部及各单位要保持危险源识别、风险评价与风险控制策划中的所有有关记录，并按 GXP 05《记录管理程序》的有关要求管理。

4　相关文件

GXP 05 记录管理程序；

GXP 03—01 适用职业安全卫生法律要求和其他要求手册。

5　相关记录

记录编号	记录名称	保管单位	保存期限
GXR 18—01	作业活动划分汇总表	安全环保部	5 年
GXR 18—02	危险源调查表	安全环保部	5 年
GXR 18—03	危险源识别与风险评价汇总表（一）	安全环保部	5 年
GXR 18—04	危险源识别与风险评价汇总表（二）	安全环保部	5 年
GXR 18—05	职能履行缺陷风险评价汇总表	安全环保部	5 年
GXR 18—06	不可接受风险控制计划	安全环保部	5 年

附录 1：作业条件风险程度评价——MES 法（略，参见参考文献[1]第五章"三、风险评价"）

附录 2：风险矩阵法（略，参见参考文献[1]第五章"三、风险评价"）

附表（略）

二、法律要求及其他要求管理程序

某危险化学品生产企业的安全生产法律要求及其他要求管理程序如下。其内容要点是：

(1)法律要求及其他要求的获取；

(2)法律要求及其他要求的识别；

(3)法律要求和其他要求的融入；

(4)传达与培训；

(5)法律要求及其他要求的更新；

(6)合规性评价。

程序中××事业部是该企业的上级领导部门，××集团是××事业部的上级领导部门。

1 范围

获取、识别、更新适用于本公司的安全生产法律要求及其他要求，将其融入相关文件，并定期进行合规性评价。

2 职责

2.1 总经理批准年度合规性评价报告。

2.2 安全生产管理者代表批准适用于本公司的安全生产法律要求及其他要求清单，批准公司适用安全生产法律要求及其他要求手册，组织年度合规性评价。

2.3 安全环保部、人力资源部、生产技术部、财务部等相关职能部门和工会负责获取、识别、更新相关的安全生产法律要求及其他要求，协助管理者代表组织年度合规性评价，提供评价的输入，保存评价记录，提交合规性评价报告。

2.4 各相关职能部门负责对其相关方传达有关的安全生产法律要求及其他要求。

2.5 各部门和单位负责对本单位相关人员进行安全生产法律要求及其他要求的传达和培训。

2.6 人力资源部负责制定关于安全生产法律要求及其他要求的培训计划。

3 工作程序及要求

3.1 法律要求及其他要求的获取

3.1.1 法律要求及其他要求

法律要求包括：法律；行政法规；××自治区地方法规；国务院部委和××自治区人民政府颁布的行政规章；国家标准、行业标准、地方标准。

其他要求主要是：××集团、××事业部发布的文件；行业规范；××市人民政府发布的规范性文件。

3.1.2　获取渠道

相关职能部门通过以下渠道获取相应的规范性文件：

(1)各级政府部门；

(2)工会系统；

(3)××集团、××事业部；

(4)互联网等媒体；

(5)有关机构。

3.2　法律要求及其他要求的识别

3.2.1　清单

安全环保部组织相关职能部门,对获取的安全生产法律要求及其他要求进行适用性评价,判定每个规范性文件的哪些强制性条款适用于哪个(些)二级单位,形成适用于本公司的《安全生产法律要求及其他要求清单》。

3.2.2　手册

安全环保部将所有适用的规范性文件的强制性内容分类编排,形成 GXP 03—01《公司适用安全生产法律要求及其他要求手册》。

在编排过程中,注意删去适用的条款中的不适用内容;如果针对某个问题,不同的法律要求或其他要求都有相同或相似的规定,则选择最有可操作性的内容;有时需要组合、裁减,保证不遗漏要点。

3.3　法律要求和其他要求的融入

GXP 03—01《公司适用安全生产法律要求及其他要求手册》的全部内容,都应在相关程序文件或作业文件中予以具体体现。

3.4　传达与培训

3.4.1　安全生产法律要求及其他要求"清单"和"手册"经安全生产管理者代表批准后,安全环保部将"手册"发给所有业务单位和相关职能部门。

3.4.2　各业务单位和相关职能部门做出安排,向相关的人员传达"手册"中的相关内容。必要时,按 GXP 11《培训教育管理程序》规定,向人力资源部提出培训需求,或由本单位制订培训计划并实施。

3.4.3　由于体系文件的内容已融入了安全生产法律要求及其他要求,因而体系文件的培训包含了安全生产法律要求及其他要求的培训。

3.4.4　各相关职能部门向其相关方传达相关的安全生产法律要求及其他要求,必要时要求他们对其员工进行培训,并监督其实施。

3.5　法律要求及其他要求的更新

3.5.1　相关职能部门和工会每半年获取、识别一次与其相关的法律要求及其他要求,修订原来的清单。

3.5.2　相关职能部门和工会平时在工作中了解到有关的信息时,应及时获取、识别与其相关的最新的法律要求和其他要求。

3.5.3　安全环保部每年修订或改版安全生产法律要求及其他要求"清单"和"手册",将"手册"的修订内容发给相关的业务单位和职能部门,或将新版"手册"发给所有业务单位和相关职能部门。

3.6　合规性评价

3.6.1　合规性评价制度

(1)全面的合规性评价每年一次,在管理评审之前进行。公司视情况可增加合规性评价的频次。

(2)总经理或总经理委托安全生产管理者代表主持年度合规性评价,有关职能部门和业务单位负责人、工会和员工代表参加。

(3)安全环保部提供合规性评价的输入,撰写合规性评价报告。

(4)合规性评价的结果写入合规性评价报告中,管理者代表审核,总经理批准,作为管理评审的输入。

3.6.2　评价内容

3.6.2.1　外部许可或授权

(1)安全生产许可证的有效性;

(2)GXP 44《建设项目管理程序》中关于安全设施、职业病防护设施、消防设施与主体工程"三同时",与安全、职业病危害相关的各种评价;

(3)GXP 44《建设项目管理程序》、GXP 21《消防管理程序》、GXP 20《电气安全管理程序》所规定的"三同时"、消防、防雷验收;

(4)GXP 14《特种设备管理程序》所规定的锅炉、压力容器、压力管道、起重机械、厂内机动车辆的注册登记和定期检验;

(5)GXP 22《职业病防治管理程序》规定的职业危害项目的申报;

(6)GXP 32《后勤服务管理程序》规定的卫生许可证;

(7)其他外部许可或授权。

3.6.2.2　安全生产检测结果

(1)GXP 47《安全生产绩效监视和测量管理程序》规定的重要检测项目的检测结果;

(2)GXP 22《职业病防治管理程序》规定的检测项目的检测结果;

(3)GXP 22《职业病防治管理程序》规定的体检和职业禁忌的合规性;

(4)所有委托监测结果的合规性。

3.6.2.3　以下内容的合规性

(1)重大危险源备案和定期评估;

(2)劳动防护用品管理;

（3）危险化学品管理；

（4）电气安全管理；

（5）特种作业人员管理；

（6）GXP 23《动火作业管理程序》、GXP 24《吊装作业管理程序》、GXP 25《高处作业管理程序》、GXP 26《受限空间作业管理程序》、GXP 27《动土、断路、盲板抽堵作业管理程序》、GXP 28《机械加工与设备检修作业安全管理程序》等规定的危险作业许可制度；

（7）应急管理；

（8）事故报告和调查处理。

3.6.2.4　GXP 43《相关方监督管理程序》规定的承包方、供应商资质的合规性。

3.6.2.5　GXP 09《人力资源管理程序》规定的劳动合同和工伤保险福利的合规性。

3.6.2.6　GXP 11《培训教育管理程序》表 1 中各种培训对象的培训内容、培训时间和资格要求的合规性。

3.6.2.7　其他方面的合规性，如女工保护等。

3.6.3　评价依据

（1）GXP 03—01《公司适用安全生产法律要求及其他要求手册》；

（2）国家、××自治区、××市新颁布的安全生产法律法规；

（3）××集团、××事业部新发布的文件；

（4）"3.6.2"中提及的管理体系文件。

4　相关文件（略）

5　相关记录（略）

三、安全生产职责

某公司二级文件《××公司职责》引领两个三级文件：《××公司各单位职责》和《××公司安全生产委员会职责及各级各类人员安全职责》。

此外，为实施体系文件，制订了公司各单位《管理体系运行路线图》，以表格的形式明确了与各单位相关的管理体系文件、每个文件的主要相关条款、每个条款的主要内容以及为证明条款得到实施应提供的证据。

1. 安全生产委员会

下面是关于公司安全生产委员会的内容。

(一)安全生产委员会的构成

总经理，副总经理（含职业安全卫生和环境管理者代表），总经理助理，财务总监,安全环保部、生产技术部、人力资源部、采购部、销售部、工会的负责人,车间主任(处长),员工职业安全卫生代表。

员工职业安全卫生代表的人数至少为委员会总人数的三分之一。员工职业安全卫生代表是班长以下级别,通过直接选举、差额选举产生。

(二)安全生产委员会的职责和权限

(1)职责

公司方针中的职业安全卫生内容评审;

不可接受风险控制情况评审;

具体目标和方案的落实情况评审;

公司季度安全检查情况的评审;

事故调查处理情况的评审;

职业安全卫生合规性评价结果及整改措施评审;

应急救援演练情况及公司级预案评审;

公司发生较大变化(新、改、扩建项目,组织机构,运营机制等)时的安全生产问题及对策;

其他安全生产重大事项的评审和议定。

(2)权限

公司重要安全生产问题的最高决策。

(三)安全生产委员会会议

(1)议题及沟通

议题围绕安全生产委员会的职责确定。

每次会议的议题确定前,总经理或委托职业安全卫生管理者代表与员工职业安全卫生代表沟通。

(2)主持人和参加者

总经理主持,参加者为安全生产委员会成员。

根据需要,有时需其他人员参会,参会的其他人员由安全生产委员会确定。

(3)时间

每年4次,每个季度第一周举行,总经理不在公司时推迟一周或两周举行。

遇重要问题、重要变化随时举行。

(4)会议记录

由安全环保部记录。

(5)决议及实施

安全生产委员会会议的决议只针对公司安全生产的重要问题,一般的问题则提请相关单位(职能部门或业务单位)予以解决。

公司高层管理人员接受并落实会议的决议,确定实施事项,包括负责人、单位、期限等。

（6）决议实施情况的跟踪

安全生产委员会委托安全环保部和工会跟踪决议实施情况，并以书面报告形式提供给每个安全生产委员会成员。

（7）通报

安全生产委员会会议及其决议，要通报公司各单位及全体员工。

2.《管理体系运行路线图》（安全环保部）

该公司《管理体系运行路线图》（安全环保部）以表格的形式明确了与安全环保部相关的管理体系文件、每个文件的主要相关条款、每个条款的主要内容以及为证明条款得到实施应提供的证据（见表3-1）。

表3-1　××公司《管理体系运行路线图》（安全环保部）

序号	文件	条款	工作	证据
1	GXM-11	4.2.1	愿景和价值观	愿景和价值观
2		4.2.2	方针	方针
3		4.3.5.3	起草职业安全卫生具体目标和方案及与排放类环境因素有关的环境具体目标、指标和方案	职业安全卫生具体目标和方案 排放类环境具体目标、指标和方案
4		4.6.1	会同品控部、生产技术部、销售部、人力资源部、工会于管理评审前进行年度绩效评估，提供书面的评估结果	年度绩效评估报告
5	GXP 01	全文	组织危险源识别、风险评价，对结果进行汇总、分析、调整，起草和修订不可接受风险控制计划，并负责组织危险源识别和风险评价的更新	作业活动划分表 危险源识别和风险评价汇总表 不可接受风险控制计划表 上述3表的年度更新
6	GXP 02	相关条款	组织环境因素识别、评价，对结果进行汇总、分析、调整，起草和修订排放类重要环境因素控制计划，并负责排放类环境因素识别和评价的更新	环境因素识别、评价表（排放类） 排放类重要环境因素控制计划 上述表的年度更新
7	GXP 03	3.1,3.2.1	职业安全卫生和环境法律要求及其他要求的获取、识别	职业安全卫生法律要求及其他要求清单 环境法律要求及其他要求清单 GXP 03—01适用职业安全卫生法律要求及其他要求手册 GXP 03—02适用环境法律要求及其他要求手册

续表

序号	文件	条款	工作	证据
8	GXP 03	3.3.1	职业安全卫生和环境法律要求及其他要求的融入	公司管理体系文件中与职业安全卫生和环境有关的文件内容
9		3.4.1	职业安全卫生和环境法律要求及其他要求的传达与培训	职业安全卫生和环境法律要求及其他要求的传达与培训记录（体系文件培训记录——因已融入）
10		3.5	法律要求及其他要求的更新	序号4证据的更新（年度或每两年）
11		3.6	职业安全卫生和环境合规性评价	合规性评价报告
12	GXP 04	3.1	管理体系文件中职业安全卫生和环境部分的组织编写	管理体系文件中职业安全卫生和环境部分
13	GXP 06	3.9	安全生产费用和安全生产风险抵押金	监督安全生产费用的提取、使用和安全生产风险抵押金的存储、使用
14	GXP 11	3.1表1	配合人力资源部落实表1中的安全生产培训内容、时间和资格获得	表1中的安全生产培训内容、时间和资格的落实
15		3.7	会同工会进行员工职业安全卫生意识宣传教育	员工职业安全卫生意识宣传教育记录
16	GXP 18	4.5.3	月专项安全检查	月专项安全检查记录
17		4.13	至少每2年委托具备国家规定资质条件的中介机构对公司重大危险源进行一次安全评估	重大危险源安全评估报告
18	GXP 19	4.1	进行危险化学品普查，建立危险化学品档案	GXP 19—01××公司危险化学品档案（需符合4.1.2规定的档案内容）
19		4.2	法规要求的符合性	生产许可证，安全生产许可证，运输资质证每两年对危险化学品生产、储存装置进行一次的安全评价报告变性燃料乙醇附有化学品安全技术说明书和安全标签（符合 GB 16483—2000和 GB 15258—1999）
20		4.3	危险化学品采购	向××市公安局申请领取的购买凭证
21		4.9	危险化学品的销毁：审查相关单位填写的"危险化学品销毁登记表"和制定的安全防范措施和实施方案，拟定处理方法	相关记录
22		4.10	每季度对危险化学品的储存场所进行检查	季度化学品库安全检查记录

续表

序号	文件	条款	工作	证据
23	GXP 19—02	二十	对爆炸危险场所每季度检查一次	季度作业现场安全检查表
24		2.4.1	全公司防雷装置的日常管理、验收及检测	防雷装置验收报告,防雷装置检测报告
25	GXP 20	3.9.4	委托有资质机构定期对防静电地板、工作台面、防静电接地等防静电设施进行检测,确保合格并做好记录	防静电设施检测记录
26	GXP 21	3.3.1～3.3.3	所有新、改、扩建项目的消防设施必须经北海市公安消防部门验收,安全环保部保存验收报告; 建立消防档案(包括消防的配置和布置,公司消防安全重点部位相关信息,各级消防安全管理人,消防安全检查记录,重大火灾隐患及整改情况,消防器材保养记录等); 请北海市消防检测中心对建筑消防设施每年至少进行一次全面检测,确保完好有效,检测记录应当完整准确并存档	新、改、扩建项目的消防设施验收报告 公司消防档案 年度建筑消防设施检测报告
27		3.5.1	每年将员工的消防安全教育培训纳入公司培训计划,由人力资源部会同安全环保部组织实施	消防安全教育培训记录
28		3.11	每月对每个消防安全重点部位的巡查记录至少进行一次监督检查; 组织相关部门每季度对各单位进行一次消防安全检查,重大节日前进行消防安全专项检查。 安全环保部对存在火灾隐患的单位下发《隐患整改通知书》	对消防安全重点部位巡查记录的监督检查记录 消防安全检查表 隐患整改通知书

序号	文件	条款	工作	证据
29		4.2	职业病防治工作会议和年度计划	拟订年度职业病防治计划（分管领导审核、批准）
30		4.4.2	各单位须配备专职或兼职的职业卫生人员	各单位配备了专职或兼职的职业卫生人员
31		4.4.3	危害公示和危害告知	存在严重职业病危害的单位醒目位置设置公告栏 对有害作业人员的危害告知
32	GXP 22	4.5	职业危害申报	向××市安全生产监督管理局申报记录
33		4.6～4.8	职业病危害因素控制的监督检查	季度作业现场安全检查表
34		4.9	职业病危害因素监测	GXP 22 表 5 中 7 项检测报告
35		4.11	劳动者健康监护档案和职业病报告	为每位职工建立一份健康监护档案 每年年底前向××市卫生厅报告当年职工健康体检情况
36	GXP 23～GXP 27	相关条款	审批一级动火作业、一级吊装作业、三级高处作业、发酵罐内、集水井内、炉膛内、滚筒内的受限空间《安全作业证》；审核特殊动火作业、特级高处作业《安全作业证》	危险作业《安全作业证》
37	GXP 28		机械加工与维修作业的安全监督管理	
38	GXP 29	3.8.3	安全标识（消防、职业病危害警示、劳动防护、其他）	现场查看
39		3.9.2	每季度一次作业现场职业安全卫生检查	季度作业现场安全检查表
40		3.2	会同工会、人力资源部制定、修订公司劳动防护用品发放标准	公司劳动防护用品发放标准
41	GXP 30	3.3	会同采购部和工会，对供应商提供的特种劳动防护用品三证（生产许可证、产品合格证、安全鉴定证或产品的检验报告）和安全标志进行检查确认	相关记录
42		3.7	确认使用部门提出的《劳动防护用品报废申请单》	

序号	文件	条款	工作	证据
43	GXP 30	3.8.3	与党群办（工会）定期或不定期对公司内的劳动防护用品进行抽查与检查	相关记录
44		3.9.2	会同采购部、保管处、党群办（工会）每年召开一次兼职劳动防护用品信息联络员会议	相关记录
45	GXP 31，GXP 33，GXP 34	相关条款	废水、废气、噪声排放限值监测：废水、电站锅炉燃烧烟气每季度一次，其他大气污染物、噪声水平较高的作业场所和厂界噪声每年一次 监督检查：废水、废气每周一次，噪声每季度一次	政府主管部门认可的机构的检测报告 环保工程师巡检记录
46	GXP 35	4.1～4.4，4.6.4	规范危险废物收集并交由有资质机构处理； 对各单位污染排放控制措施进行监督检查； 每月对全公司固体废弃物排放、处理情况进行统计	危险废物收集场地设置 危险废物交由有资质机构处理记录 固体废弃物排放、处置统计记录
47	GXP 36	3.1	建立全公司环境保护设施台账	公司环境保护设施台账
48		3.4	编制、修订环境保护监测设备操作规程	环境保护设施操作规程
49		4.9.2	每周对以下情况进行一次检查，并纳入考核：在线监测系统运行，系统维护，记录填写，定期校验，监测站房室内卫生，系统保洁。水处理车间还有蒸馏水、试剂添加及废液清理情况等； 每月对环境保护设施运行、使用状况进行一次检查	相关检查及考核记录 环保工程师巡检记录
50	GXP 39	3.12 3.13	上下班交通安全及工余安全的宣传教育； 工余事故信息的收集和统计	相关记录
51	GXP 41	3.3.3	销售合同评审中有关安全和环保项的评审	评审意见

续表

序号	文件	条款	工作	证据
52	GXP 42	相关条款	消防队：消防车的建档、维护，驾驶员技能培训、考核，车载各类灭火、救援设备的检查保养	相关记录
53		3.2.5	要求承包方对所有进入现场施工的作业人员进行安全、消防和环保教育	报安全环保部备案的承包方教育记录
54		3.2.7	要求建筑施工承包方配备专职或兼职的环境管理人员，对施工期间污染物的排放进行控制	配备情况
55		3.2.11	会同工程部、机动处在施工期间定期或不定期地对承包方的施工现场进行监督检查	承包方现场监督检查记录
56	GXP 43	3.3	会同采购部： 危险化学品供应商必须具有生产许可证或经营许可证，提供必要的物质安全数据（MSDS）和包装、运输、贮存条件等信息，签订派送、装卸、包装物废弃物回收协议，并审查其安全和环境影响（采购部复印存档）； 审查消防器材供应商的资质证书、营业执照、生产许可证、产品合格证（安全环保部复印存档）； 审查特种劳动防护用品供应商的生产许可证、产品合格证、安全鉴定证或产品检验报告（安全环保部复印存档）	安全环保部复印存档的资质材料
57	GXP 44	3.1.3	在招标时应审查投标单位是否具有与建设项目规模和性质相适应的专业资质，是否具有安全生产许可证，并调查其职业安全卫生和环境业绩	会同工程部审查投标单位资质等级证书、安全生产许可证 投标单位职业安全卫生和环境业绩调查
58		3.1.5	用于生产、储存危险物品的建设项目，会同工程部按照国家有关规定进行安全条件论证	安全条件论证报告

序号	文件	条款	工作	证据
59		3.2.3	对用于生产、储存危险物品的建设项目,将安全设施设计报××市或××省安全生产监督管理局审查	报审材料
60	GXP 44	3.1.6,3.2,3.3,3.4	确保环境保护设施、安全设施、职业病防护设施与主体工程同时设计、同时施工和同时投入使用; 聘请有资质机构进行安全设施预评价、验收评价,职业病防护设施预评价、控制效果评价,环境影响评价; 参与安全设施(含消防设施)、职业病防护设施和环境保护设施验收; 会同工程部、机动处对建筑承包方现场定期检查	5种评价报告及政府主管部门的批文 3种验收报告 现场监督检查记录
61	GXP 45	相关条款	组织制定公司综合应急预案、专项应急预案和现场处置方案; 合理确定事故应急响应级别; 在公司级应急预案中担任通讯联络组的作用; 组织对公司应急救援物资及装备的月度检查; 协助公司应急救援指挥部进行公司级专项应急预案的演练,指导车间级专项应急预案和现场处置方案的演练	GXP 45—02 至 GXP 45—12 应急预案的制订、修订、演练记录 GXP 45—13 至 GXP 45—41 应急预案制订和修订指导、演练记录备案 公司应急救援物资及装备月度检查记录
62	GXP 47	3.1～3.3,3.5,3.6	职业安全卫生目标、方案实施情况的检查评审和验收; 组织 GXP 47 表1中6项检查; 实施 GXP 47 表2中11项检查; 实施 GXP 47 表3中2项检查; 酒精灌区月度专项安全检查; 危险作业的现场监督检查; 季节性检查和节假日检查; 季度作业现场安全大检查	相关记录
63		3.4	职业事故和环境事故的登记、统计、分析	事故信息登记表 事故统计分析报告

续表

序号	文件	条款	工作	证据
64	GXP 47—01 GXP 47—02	全文	安全生产考核细则、公司安全生产目标奖惩管理办法的实施	实施记录
65	GXP 48	4.1~4.4, 4.8, 4.9, 4.12	按照国务院 493 号令的规定和××集团、事业部的要求报告事故；参与或负责公司职业事故、环境污染事故的调查，事故原因的分析、防范及整改措施的制定，按公司领导要求撰写事故调查报告	工伤认定 事故报告 事故调查报告 工伤认定结果
66	GXP 50	相关条款	向责任单位发出口头通知或整改通知单或纠正/预防措施报告，后两项的追踪和验证	整改通知单或纠正/预防措施报告及其追踪和验证记录
67	GXP 51	4	安全标准化自评的组织与实施	安全标准化自评报告 不符合记录及纠正/预防措施报告
68	GXP 51—16	全文	自评导引	

注：表中出现的文件号 GXM-11 代表管理手册，其他文件号所代表的文件名见表 3-3。

3.《管理体系运行路线图》(工会)

该公司《管理体系运行路线图》(工会)以表格的形式明确了与工会相关的管理体系文件、每个文件的主要相关条款、每个条款的主要内容以及为证明条款得到实施应提供的证据(见表 3-2)。

表 3-2　××公司《管理体系运行路线图》(工会)

序号	文件	条款	工作内容	证据
1	GXP 03	3.6	工会和员工代表了解合规性评价制度、评价内容，参加每年一次的合规性评价	合规性评价报告
2	GXP 06	4.9	监督安全生产费用提取和使用及安全生产风险抵押金存储和使用	

续表

序号	文件	条款	工作内容	证据
3	GXP 09	2.4,3.17	对劳动合同中包含《安全生产法》和《职业病防治法》要求的内容进行监督 发生劳动争议,遵照《中华人民共和国劳动争议调解与仲裁法》与劳动者调解,调解还不能解决,再移交到法院裁决	劳动合同的相关条款 劳动争议调解记录
4	GXP 11	3.7	会同安全环保部提出员工职业卫生意识宣传教育的重点和内容的意见,以工会为主开展宣传、教育工作	教育记录,录像,黑板报,宣传册,内部刊物,内部网络,知识竞赛试卷等
5	GXP 12	3.4.1	内部抱怨处理:建立意见表和抱怨台账,执行文件规定的抱怨处理程序	意见表 抱怨台账(包括调查结果、补救措施和登记的"关闭")
6		3.4.2	员工满意度调查,调查结果的沟通,针对确认的问题制订行动计划,实施并评估行动计划的完成情况	调查问卷 沟通记录 行动计划
7		3.6.1	员工权利和义务的维权	
8		3.6.2	工会的职责	
9		3.6.3	员工职业安全卫生代表参与制度	代表队伍的产生记录 员工职业安全卫生代表参与的活动记录
10		3.6.4	独立的检查活动	工会职业安全卫生检查报告
11	GXP 22	4.13	对职业病危害防治进行群众监督的对象和内容	监督记录
12	GXP 30	3.2	参与制定劳动保护用品发放标准	相关记录
13		3.3.4	会同采购部审查供应商的资质	相关记录
14		3.8	监督检查劳动防护用品质量及其发放和使用情况	相关记录
15		3.9	劳动防护用品的配备、使用过程中意见和建议的收集、反馈和处理	相关记录

续表

序号	文件	条款	工作内容	证据
16		2.3	上下班和工余安全的宣传教育,工余事故的统计	宣传教育记录,工余事故统计
17		3.12.3	会同安全环保部和各单位对员工进行交通安全法律法规知识的宣传教育	教育记录
18		3.13.2	组织员工开展有利于身心健康的文体活动	文体活动记录
19	GXP 39	3.13.3	针对"GXP 39 3.1.1.2e"中列出的危险源,会同安全环保部向员工及其家庭发放工余安全的宣传资料	上下班安全宣传活动记录,工余安全宣传资料发放记录
20		3.13.4	向员工及其家庭倡导报告工余事故,会同安全环保部和各单位收集工余事故的信息,统计分析工余事故的发生特点和原因,将结果纳入向员工及其家庭发放的宣传资料	上下班安全宣传活动记录,工余事故统计分析记录
21	GXP 47	3.3.2	表3中与工会有关的项目	统计报告
22	GXP 48	4.11	主动收集工余事故的信息,统计分析工余事故的发生特点和原因,将结果纳入向员工及其家庭发放的宣传资料	工余事故信息登记表

注:表中出现的文件号所代表的文件名见表3-3。

表3-3　表3-1、表3-2中出现的文件号所代表的文件名

文件号	文件名
GXP 01	危险源识别、风险评价与控制策划程序
GXP 02	环境因素识别与评价程序
GXP 03	法律要求和其他要求管理程序
GXP 04	文件管理程序
GXP 06	财务管理程序
GXP 09	人力资源管理程序
GXP 11	培训教育管理程序
GXP 12	沟通、参与和促进管理程序
GXP 18	重大危险源控制程序
GXP 19	危险化学品管理程序

文件号	文件名
GXP 19—02	爆炸危险场所安全管理规定
GXP 20	电气安全管理程序
GXP 21	消防管理程序
GXP 22	职业病防治管理程序
GXP 23	动火作业管理程序
GXP 24	吊装作业管理程序
GXP 25	高处作业管理程序
GXP 26	受限空间作业管理程序
GXP 27	动土、断路、盲板抽堵作业管理程序
GXP 28	机械加工与设备检修作业安全管理程序
GXP 29	作业现场管理程序
GXP 30	劳动防护用品管理程序
GXP 31	噪声控制程序
GXP 33	水污染物排放控制程序
GXP 34	大气污染物排放控制程序
GXP 35	固体废弃物排放控制程序
GXP 36	环境保护设施管理程序
GXP 39	安全保卫与社会安全控制程序
GXP 41	销售管理程序
GXP 42	交通运输管理程序
GXP 43	相关方监督管理程序
GXP 44	建设项目管理程序
GXP 45	××公司突发公共事件综合应急预案
GXP 47	职业安全卫生绩效监视和测量管理程序
GXP 47—01	××公司安全生产考核细则
GXP 47—02	××公司安全生产目标奖惩管理办法
GXP 48	事故、事件报告和调查处理程序
GXP 50	不符合处置及纠正和预防措施管理程序
GXP 51	内部审核和评估管理程序
GXP 51—16	××省标准化实施指南附件4与公司管理体系文件对接表及实施证据

四、安全生产投入制度

该公司与安全生产投入有关的制度体现在 3 个文件中:《财务管理程序》中关于安全生产费用和安全生产风险抵押金的提取和使用的规定,《保险福利管理制度》(《人力资源管理程序》的子文件)关于工伤保险的规定,《适用法律要求和其他要求管理程序》的"合规性评价"部分关于上述两方面的合规性评价。

下面是《财务管理程序》的节选。

4.9 安全生产费用和安全生产风险抵押金

4.9.1 安全生产投入保证

董事会决定保证公司应具备的安全生产条件所必需的资金投入,并对由于资金不足导致的后果承担责任。

依法保证安全生产所必需的资金投入包括:

(1)作业场所安全生产条件保证;

(2)安全培训教育;

(3)个体防护用品及保健品;

(4)安全设施、职业危害防治设施、应急救援设施;

(5)保证方案(安全技措项目或隐患整改项目)实施所需费用;

(6)安全检查、检测、评估;

(7)安全生产科学技术研究和安全生产先进技术的推广应用;

(8)应急救援演练;

(9)安全风险抵押金。

4.9.2 安全生产费用提取和使用

《高危行业企业安全生产费用财务管理暂行办法》(财企[2006]478号),规定从2007年1月1日起,我国境内从事危险化学品生产等高危行业的企业,建立安全生产费用提取使用管理制度。目的是确保高危行业企业安全生产投入资金有稳定的来源渠道。

(1)安全生产费用提取标准由国家安全生产监督管理总局和财政部联合制定,或遵守自治区制定的地方性标准。

(2)提取方式和使用原则:按年计算,分月足额提取,列入成本,由企业自行提取,专户核算,专款专用。当年使用有结余可转入下年度继续使用。

(3)安全生产费用使用规定:财务管理部建立公司安全生产费用台账。费用由公司自由支配,但财务管理部应会同安全环保部制定生产安全费用年度使用计划,并纳入企业全面预算。年度终了,财务管理部应将安全费用提取和使用情况报××市安全生产监督管理部门、财政部门和税务、审计等部门,接受监督检查。

4.9.3 安全生产风险抵押金

《企业安全生产风险抵押金管理暂行办法》(财建[2006]369号)规定,安全生产风险抵押金专项用于企业生产经营期间发生生产安全事故的抢险救灾和善后处理。

(1)安全生产风险抵押金存储标准

对于危险化学品企业,大型企业不低于人民币 150 万元。

(2)风险抵押金存储的要求

财务管理部到代理银行开设风险抵押金专户,并于核定通知送达后 1 个月内,将风险抵押金一次性存入。公司不得因变更企业法定代表人或合伙人、停产整顿等情况迟(缓)存、少存或不存风险抵押金,也不得以任何形式向职工摊派风险抵押金。

风险抵押金存储数额由省、市、县级安全生产监督管理部门及同级财政部门核定下达。

(3)风险抵押金使用规定

风险抵押金用于处理企业发生工伤事故而导致的抢险、救灾费用支出和为处理事故善后事宜的费用支出。

财务管理部对风险抵押金实行专户管理:专户存储、单独核算、专款专用,严禁挪用。

五、培训教育管理程序

某危险化学品生产企业的《培训教育管理程序》如下。程序涵盖了该公司各方面培训教育的要求,安全生产是其中的重点。其内容要点是:

(1)培训委员会及其例会制度;

(2)培训对象、内容、时间和资格要求;

(3)培训过程管理;

(4)外派培训;

(5)培训费用管理;

(6)安全意识教育。

程序中××事业部是该企业的上级领导部门,××集团是××事业部的上级领导部门。

1　范围

本程序就以下内容作出规定:培训对象、内容和时间,资格要求,培训过程管理,培训提供者选择评价,培训费用管理,以及安全意识教育等。

2　职责

2.1　培训委员会

(1)根据事业部要求和公司的实际情况审定本公司培训政策。

(2)审批年度培训计划。

(3)审批年度培训预算,监督其使用情况。

(4)监督、检查培训过程。

2.2 人力资源部培训中心

(1)负责公司中层干部和班组长培训:制订年度培训计划及预算,进行培训需求分析,组织实施培训,评价培训效果。

(2)建立并管理公司师资队伍。

(3)审核、指导各单位培训计划,监督、指导各单位的培训工作。

(4)开发公司核心课程教材。

2.3 各职能部门(安全环保部、品控部、生产技术部、行政管理部、财务管理部等)

(1)组织进行与本部门职能有关的培训需求分析。

(2)制订与本部门职能有关的公司级及部门级年度培训计划及预算。

(3)组织实施与本部门职能有关的培训,评价培训效果。

(4)建立并管理与本部门职能有关的公司师资队伍。

(5)监督、指导与本部门职能有关的各单位的培训工作。

2.4 安全环保部会同工会负责职业安全卫生意识的宣传教育。

2.5 各业务单位培训管理员

(1)制定本单位年度培训计划。

(2)组织、实施本单位培训计划。

(3)本单位培训过程管理。

3 工作程序及要求

3.1 培训委员会及其例会制度

公司总经理担任培训委员会主任,人力资源部主管副总担任副主任,各单位经理担任委员。委员会执行机构是人力资源部培训中心。

培训委员会每年召开至少两次例会,第一次例会评估上年度培训目标的完成情况,确定符合公司战略和生产经营计划的年度培训目标,培训目标涉及所有层次的人员。每次例会都要总结上阶段工作,调整、确定下阶段工作计划。

3.2 培训对象、内容、时间和资格要求

3.2.1 培训对象、内容、时间和资格要求见表3-4,其中"安全法规的要求"来源于国家安全生产监督管理总局令第3号《生产经营单位安全培训规定》。

3.2.2 培训的实施单位,按培训内容分别由主管职能部门(人力资源部、安全环保部、行政管理部、品控部、生产技术部等)和车间承担。调整岗位员工的培训由拟调岗位的直接主管领导、拟调部门的培训师组织实施。岗前培训由负责实施培训的部门进行考核。

3.2.3 关键岗位的持证人数应多于所需上岗人数,确保任何情况下的工作需求。

3.2.4 由外部相关机构颁发或复检的证书,由人力资源部负责统一办理,建

立台账并保存证书或其复印件,费用由公司承担。取证或复检员工按规定与公司签订培训服务协议,按协议约定的年限为本公司服务,否则相应费用由员工承担。

  3.2.5 公司内部上岗证由人力资源部统一发放、复检。

表3-4 培训对象、内容、时间和资格要求

序号	对象	内容	时间	资格要求
1	高层管理人员	1.××集团公司及事业部的要求 2.××集团公司安全管理绩效评估标准 3.公司愿景、价值观、方针(含总目标)、管理承诺 4.公司管理手册及相关的程序文件 5.公司适用职业安全卫生法规手册、环境法规手册 6.安全法规的要求 国家安全生产方针、政策和安全生产管理知识; 重大事故防范、应急管理和救援组织; 国内外先进的安全生产管理方法和经验; 典型事故(含职业病)案例分析。 7.公司的要求	1. 安全法规的要求:安全资格培训时间不得少于48学时,每年再培训时间不得少于16学时 2.××集团公司安全管理绩效评估标准要求:上岗培训在任职后第一周开始,并在第一个月内完成 3. 按××集团公司及事业部的要求	1. 安全法规的要求:安全资格培训必须由安全生产监管监察部门认定的具备相应资质的安全培训机构实施,经考核合格,由安全生产监管监察部门颁发证书,方可任职 2. 按××集团公司及事业部的要求
2	中层管理人员(含安全生产管理人员)	1.××集团公司及事业部的要求 2.××集团公司安全管理绩效评估标准 3.公司愿景、价值观、方针(含总目标)、管理承诺 4.公司管理手册及相关的程序文件 5.公司适用职业安全卫生法规手册、环境法规手册 6.安全法规的要求 国家安全生产方针政策和相关法律、法规,行业安全规程及标准; 安全生产管理知识; 有关的安全技术和职业卫生知识; 事故报告及调查处理方法; 应急管理、应急预案编制以及应急处置的内容和要求; 本单位不可接受风险和重要环境因素控制计划,相关的目标、指标和方案; 国内外先进的安全生产管理方法和经验; 典型事故(含职业病)案例分析。 7.公司的其他要求	1. 安全法规的要求:安全资格培训时间不得少于48学时,每年再培训时间不得少于16学时 2.××集团公司安全管理绩效评估标准要求:上岗培训在任职后第一周开始,并在第一个月内完成 3. 按××集团公司及事业部的要求	1. 安全法规的要求:安全资格培训必须由安全生产监管监察部门认定的具备相应资质的安全培训机构实施,经考核合格,由安全生产监管监察部门颁发证书,方可任职 2. 按××集团公司及××事业部的要求

续表

序号	对象	内容	时间	资格要求
3	技术岗位人员	1. 事业部的要求 2. 公司愿景、价值观、方针(含总目标) 3. 程序文件和作业文件中的相关内容 4. 本岗位质量、职业安全卫生和环境职责	1. 安全法规的要求：每年接受再培训的时间不得少于20学时 2. 按事业部的要求 3. 达到要求为止	按公司要求
4	专(兼)职安全员、班组长、员工职业安全卫生代表	国家安全生产方针政策和相关法律、法规,行业安全规程及标准; 安全生产管理知识; 有关的安全技术和职业卫生知识; 公司方针中的职业安全卫生内容; 程序文件和作业文件中的相关内容; 本单位危险源及不可接受风险控制计划、目标和方案; 事故抢救和应急处理措施等	1. 安全法规的要求：每年接受再培训的时间不得少于20学时 2. 达到要求为止	按公司要求
5	新员工	1. 公司愿景、价值观、方针(含总目标) 2. 安全法规的要求：岗前三级安全培训教育 公司级：本岗位职业安全卫生职责,与本岗位有关的程序文件和作业文件的相关内容,安全技术和职业安全卫生知识,从业人员安全生产权利和义务,有关事故案例等。 车间级：本车间作业活动中的危险源,本岗位职业安全卫生职责,与本岗位有关的程序文件和作业文件的相关内容,安全操作技能及强制性标准,自救互救、急救、疏散和现场紧急情况的处理,安全设备设施、劳动防护用品的使用和维护,有关事故案例。 班组级：本岗位危险源及控制措施,本岗位职业安全卫生职责,与本岗位有关的作业文件的内容,有关事故案例。	1. 安全法规的要求：新上岗的从业人员安全培训时间不得少于72学时 2. ××集团公司安全管理绩效评估标准要求：一般情况下,第一天开始、第一个月完成;有些员工的岗前培训可以在进入现场的第一天前完成	按公司要求

序号	对象	内容	时间	资格要求
		3. 其他 　岗位职责、工作流程、工作规范与标准； 　技术技能：基础理论知识、岗位操作规程等； 　公司人力资源政策、GXP 11—01《员工手册》； 　各单位认知培训； 　岗前实习(含车间培训和岗位培训)		
6	重新调整岗位员工	在调整工作岗位或离岗一年以上重新上岗时,应当重新接受车间级和班组级的安全培训	第一天开始、第一个月完成	岗前培训后,人力资源部对员工上岗条件进行审核,合格后方可调岗、上岗
7	特种作业人员	1. 公司级岗前安全培训教育的内容。 2. 与所从事的特种作业有关的专业技术	达到要求为止	取得自治区安全生产监督管理局颁发的特种作业人员操作资格证,有效期为 6 年,期间内按规定的复审时间复审。 (连续从事本工种 10 年以上,经原发证部门或者异地相关部门同意,不再复审,有效期可延长 2 年)
8	其他持证上岗人员	危险化学品作业见 GXP 19《危险化学品管理程序》 驾驶作业见 GXP 42《交通运输管理程序》 食堂作业见 GXP 32《后勤服务管理程序》 一线操作人员	达到要求为止	危险化学品运输作业的驾驶员、装卸管理人员、押运人员取得××市交通部门颁发的上岗资格证 驾驶员取得驾驶证、行驶证 食堂作业人员取得××市卫生部门颁发的健康证 一线操作人员取得本公司内部上岗证,每年进行一次考核、复检

续表

序号	对象	内容	时间	资格要求
9	有害作业人员	1. 公司级岗前安全培训教育的内容。 2.《中华人民共和国职业病防治法》及职业病防治方面的行政法规、部门规章、国家标准。 3. GXP 22《职业病防治管理程序》。 4. 本岗位职业病危害因素及控制措施、防护措施	达到要求为止	按公司要求
10	"四新"人员	1. 公司级岗前安全培训教育的内容。 2. 实施新工艺、新技术或者使用新设备、新材料所引起的危险源及控制措施，"四新"所需要的安全生产技术	达到要求为止	按公司要求
11	内审员/内评员	1. 质量管理体系内审员 GB/T 19001《质量管理体系要求》； GXP 51《内部审核和评估管理程序》； 内部审核的方法和技术。 2. 安全管理绩效评估员和安全标准化内部评估员 《××集团公司安全管理绩效评估标准》及评估表； AQ 3013《危险化学品从业单位安全标准化通用规范》； 专(兼)职安全员、班组长、员工职业安全卫生代表的培训内容； 危险源和环境因素识别、评价，计划和不可接受风险和重要环境因素控制计划，目标、指标和方案； GXP 51《内部审核和评估管理程序》； 内部评估的方法和技术	达到要求为止	按公司要求
12	序号3～11	公司级岗前安全培训教育的内容	安全法规的要求：每年接受再培训的时间不得少于20学时	
13	相关方人员的基本入场培训	见GXP 43《相关方监督管理程序》	××集团公司安全管理绩效评估标准要求：根据情况立即完成或第一天开始、第一周内完成	按公司要求

3.3 培训过程管理

培训过程管理执行××事业部培训管理体系文件,见表3-5。

表3-5 培训过程管理

阶段	文件	"4 工作程序"中的适用条款	输出文件或记录
确定培训需求	SHNY-PXJY-01 确定和分析胜任力程序	全部条款	SHNY-PXJY-01-01 岗位胜任力要求书
	SHNY-PXJY-02 确定和解决胜任力程序	4.2 4.3	SHNY-PXJY-02-01 员工现有胜任力和差距清单
	SHNY-PXJY-03 年度培训计划制定程序	4.1.2 4.1.4 4.2.2 4.2.3	SHNY-PXJY-03-01 培训需求调研表(经理人) SHNY-PXJY-03-02 培训需求调研表(单位) SHNY-PXJY-03-03 培训需求调研表(个人) SHNY-PXJY-03-04 培训需求调研汇总表 SHNY-PXJY-03-05 年度培训计划
	SHNY-PXJY-04 确定培训需求说明程序	4.1, 4.2,4.3 4.4.1 4.4.2 4.4.4	SHNY-PXJY-04-01 年度培训计划项目调整申请表 SHNY-PXJY-04-02 培训项目需求说明书
设计和策划培训	SHNY-PXJY-05 制约条件和培训方式选择程序	4.1.2 4.1.3 4.2.1 4.2.2	SHNY-PXJY-05-01 培训制约条件清单 SHNY-PXJY-05-02 培训方式清单 SHNY-PXJY-05-03 目标导向培训方式选择模型-TCM
	SHNY-PXJY-06 培训项目实施计划制定程序	全部条款	SHNY-PXJY-06-01 培训项目实施计划
	SHNY-PXJY-07 培训提供者选择评价程序	全部条款	SHNY-PXJY-07-01 年度培训课程名称表 SHNY-PXJY-07-02 内部培训师应聘申请批准书 SHNY-PXJY-07-03 内部培训师一览表 SHNY-PXJY-07-04 内部培训师资格证书 SHNY-PXJY-07-05 内部培训师试讲评价表 SHNY-PXJY-07-06 外部培训供方评价表 SHNY-PXJY-07-07 外部培训师评价表 SHNY-PXJY-07-08 外部合格培训提供者名单 SHNY-PXJY-07-09 培训协议

续表

阶段	文件	"4 工作程序"中的适用条款	输出文件或记录
提供培训	SHNY-PXJY-08 培训支持程序	全部条款	SHNY-PXJY-08-01 培训前简要介绍书 SHNY-PXJY-08-02 学员信息登记表 SHNY-PXJY-08-03 信息反馈暨反应式评价表 SHNY-PXJY-08-04 培训支持清单 SHNY-PXJY-08-05 培训学员签到考勤表
培训效果评价	SHNY-PXJY-09 培训结果评价程序	全部条款	SHNY-PXJY-08-03 信息反馈暨反应式评价表 SHNY-PXJY-09-01 受训者认知式评价表 SHNY-PXJY-09-02 受训者行为式评价表 SHNY-PXJY-09-03 受训者效益式评价表 SHNY-PXJY-09-04 受训者工作改进报告书 SHNY-PXJY-09-05 培训项目评估报告
过程监视改进	SHNY-PXJY-10 培训过程监视改进程序	全部条款	SHNY-PXJY-10-01 培训常规监视表 SHNY-PXJY-10-02 集中式监视计划 SHNY-PXJY-10-03 集中式监视检查表 SHNY-PXJY-10-04 集中式监视汇总报告 SHNY-PXJY-10-05 集中式监视组长任命书 SHNY-PXJY-10-06 培训管理体系运行绩效评价报告 SHNY-PXJY-10-07 纠正和预防措施处理单

3.4 外派培训（略）

3.5 培训费用管理

3.5.1 费用来源

公司培训费用按企业职工工资总额的 2.5% 提取，培训中心年初负责制定培训费用的预算。

3.5.2 使用范围

培训费用用于外部讲师酬劳、内部讲师补贴、购买培训教材、培训设备、设施的维护、场所租用、外出培训相关人员差旅食宿费用、培训奖励等项目支出。培训费用专款专用，不得挤占和挪用。

3.5.3 培训费用的核销

外派培训所发生的费用，应送人力资源部审核后方可报销，如未经审核，财务部不予以核销；培训不合格者不予报销培训费用。

费用金额在 2000 元以下的，由人力资源处处长、人力资源部经理审核。

费用金额在 2000 元及以上的，由人力资源部审核后报人力资源主管副总经理审核。

3.6 管理人员授课

3.6.1 高层管理人员每年亲自授课不低于1次,同时把培训、开发下属作为自己的职责,辅导他们制定个性化的自我开发和学习计划,积极推荐下属参加各种培训活动。

3.6.2 中层管理人员每季度授课至少1次,主管领导对下属的培养工作将纳入业绩评价体系,作为管理人员的一项重要指标进行考评,使培训成为其日常的工作内容。

3.7 安全意识教育

3.7.1 根据公司管理体系运行的需要,安全环保部会同工会提出员工职业安全卫生意识宣传教育的重点和内容的意见,并以工会为主开展宣传、教育工作。

3.7.2 对于职业安全卫生的重大事件、先进事迹和做法,宣传部要通过各种形式进行及时的宣传报道。

3.7.3 各部门/单位要对员工不断进行职业安全卫生意识的宣传教育。

3.7.4 宣传教育形式

根据不同层次员工的专业、岗位要求等具体情况,采取内部和外部培训班、安全生产委员会、中层干部会、班组长以上干部会、生产调度会、职业安全卫生专题会议与讲座、录像、事故现场分析会、黑板报、宣传册、内部刊物、内部网络、知识竞赛等多种形式进行。

3.8 文件和记录管理

人力资源部负责与培训有关的文件和记录管理。

文件和记录管理分别执行 GXP 04《文件管理程序》和 GXP 05《记录管理程序》,并同时满足××事业部文件 SHNY-PXJY-11《培训管理体系文件管理程序》的要求。

3.9 后备干部基础知识内容的确定

人力资源部负责后备干部基础知识内容的确定。

后备干部基础知识内容的确定,参照执行 SHNY-PXJY-13《后备干部基础知识确定管理程序》。

3.10 资质与证件管理

人力资源部负责与培训有关的资质和证件管理。

资质与证件管理参照执行 SHNY-PXJY-14《资质与证件管理程序》。

3.11 学历学位教育管理

人力资源部负责学历学位教育管理。

学历学位教育管理参照执行 SHNY-PXJY-15《学历学位教育管理程序》。

4 相关文件(略)

5　相关记录（略）

六、沟通、参与和促进管理程序

某公司《沟通、参与和促进管理程序》如下。程序涵盖了该公司关于沟通、参与和促进活动的要求,安全生产是其中的重点。其内容要点是:
(1)内部沟通的内容;
(2)会议;
(3)其他内部沟通方式;
(4)内部抱怨处理和员工满意度调查;
(5)外部信息沟通;
(6)参与;
(7)促进。
程序中××事业部是该企业的上级领导部门,××集团是××事业部的上级领导部门。

1　范围

本程序就以下方面作出规定:公司内部沟通的对象、内容和方式(包括各种会议)及抱怨处理程序和员工满意度调查制度;公司对外信息报送及与相关方沟通的要求;员工参与机制(包括工会职责、员工职业安全卫生代表参与制度)的建立和实施;促进活动(指导员工、奖励机制、班组建设、专题促进活动等)的要求。

2　职责

2.1　总经理确保内、外部沟通机制和员工参与机制的建立,参与促进活动。

2.2　公司副总经理、总经理助理、财务总监协助总经理确保相关内、外部沟通机制的建立,参与促进活动。

2.3　工会主席协助总经理确保员工参与机制的建立,参与促进活动。

2.4　工会负责员工参与机制的实施,会同人力资源部负责内部抱怨处理,开展班组建设活动,组织或协助组织专题促进活动。

2.5　相关职能部门负责相关内、外部沟通机制的实施。

2.6　人力资源部负责绩效评估和奖励机制的实施,组织或协助组织专题促进活动。

2.7　技术处指导车间进行工艺规程和操作法的培训。

2.8　各车间负责车间内部沟通、员工参与、指导员工、奖励机制、班组建设活动的实施,组织参与促进活动。

3 工作程序及要求

3.1 内部沟通的内容

3.1.1 公司愿景、价值观、方针、具体目标和方案

3.1.2 适用的法律要求、××集团和事业部的要求、××省和××市政府及其相关主管部门的要求

3.1.3 公司管理体系文件

3.1.4 公司管理绩效

(1)方针、具体目标和方案的落实情况；

(2)生产经营所涉及的各方面情况；

(3)财力、物力、技术和人力资源的状况和充分性；

(4)职责、培训教育、沟通、参与的履行和实施情况；

(5)设备设施与物资管理、采购、物流和承包商管理、建设项目和变更管理情况；

(6)不可接受风险和重要环境因素控制情况；

(7)顾客满意度；

(8)各种风险(职业安全卫生、环境、信息安全、安全保卫)的监视和测量结果；

(9)合规性评价、内部评估/审核的结果；

(10)应急管理和事件调查的情况和结果。

3.1.5 管理评审的输出。

3.1.6 纠正和预防措施的制定、实施和验证情况。

3.2 会议

3.2.1 公司会议

公司各种会议的目的、内容、时间、参会人员、主持者见表3-6。

其中总经理办公会议的详细内容和会议跟进的要求见 GXP 12—01《总经理办公会议制度》。

表中不包括董事会会议。向董事会汇报会议见 GXP 16《生产经营管理程序》。

表3-6 公司各种会议的目的、内容、时间、参会人员、主持者

序号	名称	目的	内容	时间或频次	参会人员	主持者
1	领导班子会议	议定"三重一大"事项	公司发展战略和目标；重要经营管理事项、重大投资事项和重要人事任免；关系公司战略性、政策性和全局性的其他重大问题	每周四下午14:30	公司总经理、副总经理、总经理助理根据涉及议题安排相关人员列席，办公室负责人列席	总经理

续表

序号	名称	目的	内容	时间或频次	参会人员	主持者
2	管理评审会议	评审管理体系的持续适宜性、充分性、有效性	输入、议程、输出见管理手册	每年12月中旬	见管理手册	总经理
3	总经理办公会	重点工作的部署、落实、质询	各部门以PPT形式汇报工作；财务分析；（需要时）专项议题讨论；公司领导提出工作要求	每周五8:30	公司领导部门经理各车间主任各处处长其他部门代表	总经理或其授权人员
4	安全生产委员会会议	议定安全生产重大事项（事项确定前应与员工职业安全卫生代表沟通）	不可接受风险控制情况，具体目标和方案的落实情况；公司季度安全检查情况通报；事故调查处理情况；合规性评价结果；应急救援演练情况及预案评审	每个季度第一周	安全生产委员会成员与会议事项有关人员（安委会确定）	总经理或委托职业安全卫生管理者代表
5	管理体系内部审核/评定首、末次会	评价管理体系的有效性、适宜性、充分性	见《内部审核/评估管理程序》	见《内部审核/评定程序》	见《内部审核/评估管理程序》	相关管理者代表
6	职代会	维护职工合法权益、促进员工与公司的沟通		每年一次，需要时二次，时间由公司领导和工会确定	公司领导员工代表（占全体员工的10%）	工会主席

续表

序号	名称	目的	内容	时间或频次	参会人员	主持者
7	安全分析会	风险控制情况分析	职业安全卫生检查情况通报及分析 环境检查情况通报及分析 信息安全、安全保卫、社会安全、上下班及工余安全分析 事故、事件原因分析	每月一次	公司领导 各部门负责人 安全员 员工代表	分管安全副总（职业安全卫生管理者代表）
8	经济运营分析会	经济运营分析	各个部门近期情况汇报与分析 每月各部门费用发生及控制情况对比分析 每月末将实际与预算、去年同期进行对比分析 平时周例情况根据实际需要选择对比期间进行分析	每周一次	公司领导 部门经理 各车间主任 各处处长 其他部门代表	财务部经理
9	生产工艺分析会	生产工艺分析，优化下月生产	讨论月度生产工艺，针对生产存在问题提出合理建议 （每月2日下班前车间上报生产工艺分析材料，5日下班前技术处报送公司领导与事业部）	每月10日之前	生产主管副总经理 生产技术部经理 生产车间主任、副主任、工艺工程师 质量管理处主管领导及工程师 质检中心主管领导及工程师 计量室主管领导及工程师 工程研发中心相关人员	技术处负责人
10	维修会议	评审、布置维修任务，维修工作总结	上次维修会议确定的有关措施的落实情况 评审维修方案、维修计划 评审维修工作对生产的影响 与生产部门、安全部门必要的沟通 对维修承包商的要求	大修和系统（装置）停车检修之前、之后	生产主管副总经理 生产技术部经理 生产车间主任和副主任、设备工程师 安全环保部负责人	机动处负责人

续表

序号	名称	目的	内容	时间或频次	参会人员	主持者
11	安全例会	周安全工作总结	总结本周安全工作,提出下周工作要求,传达相关新信息,对人员进行奖惩	每周一次	部门负责人 部门分管安全的副主任	安全环保部部长

3.2.2　专业管理协调会议

根据需要适时召开各专业管理协调会议。

3.2.3　基层会议

3.2.3.1　各部门区域会议

内容、时间由各个部门规定,参加人员为各个部门负责人和员工。

3.2.3.2　车间/班组会

(1)议题

——相关管理体系文件的学习;

——质量、安全生产、环境、能源资源绩效情况通报;

——事件/事故及处理情况;

——抱怨处理;

——促进活动;

——工余信息等。

确定议题之前,会议组织者应听取员工的意见。

(2)会议组织者要有相关议题的资料,最好准备了辅助的演示工具。

(3)让员工在会议上充分发表意见。

(4)车间会议记录应包括:时间,议题,主持人,参加人,提出的措施或建议。

(5)会议组织者对会议提出的问题进行跟踪、解决,必要时与主管领导和相关职能部门沟通。

3.2.3.3　班前会

(1)参加人员:各个班组成员,时间为每天上岗前 15 至 35 分钟之间。

(2)内容

——由值长或班长传达当天工作要求,对上一班未完成工作进行通知与交接,必要时进行操作指导;

——安全员或班长说明主要的危险源、控制方法和安全注意事项。

(3)对于复杂的、不经常开展的或新的工作,一定要召开班前会,并保留记录。

3.2.4　会议的有效性评估

会议的组织者对决定的措施进行跟踪,落实会议决议,以此评估会议的有效性,提出改进措施。

3.3　其他内部沟通方式

(1)口头或书面意见和建议,如意见箱;

(2)电子邮件;

(3)文件、通知;

(4)统计报表;

(5)黑板报等内部通讯;

(6)参观;

(7)家访;

(8)其他方式。

3.3.1　行政管理部采用公文流转传递公司内、外部信息。

3.3.2　信息中心维护公司内部信息网,保证公告、收发文、邮箱信息传递途径的畅通。

3.3.3　各部门/车间按照公司的宣传要求来制作有企业、部门文化特色的板报,沟通基层管理的信息。

3.3.4　安全环保部收集工余信息,并与员工家庭进行沟通。

3.3.5　各部门/车间及时收集信息接受者的反馈意见,评估沟通方式的有效性,采取改进措施。

3.4　内部抱怨处理和员工满意度调查

3.4.1　内部抱怨处理

3.4.1.1　意见表和抱怨台账

(1)意见表

公司工会和各部门工会设立两级意见表。公司员工可把自己的意见写入任何一级意见表中,也可通过电子邮件发送给公司工会。

(2)抱怨台账

公司工会和基层工会建立抱怨台账,每周一次把意见表中或电子信箱中属于抱怨的内容和抱怨者姓名(如署名)记入抱怨台账中。

(3)抄送或汇报

——公司工会将抱怨台账发送或抄送人力资源部一份;

——基层工会将抱怨内容向部门领导汇报,涉及对部门领导的抱怨向公司工会汇报,并记入公司工会的抱怨台账;

——对于自身难以解决的抱怨,公司工会向公司领导汇报。

3.4.1.2　抱怨处理程序

（1）公司工会或基层工会向抱怨者确认已收到抱怨；

（2）公司工会会同人力资源部对抱怨进行调查；基层工会在部门领导同意下对抱怨进行调查；

（3）公司工会或基层工会在抱怨台账上登记调查结果和补救措施；

（4）调查者将调查结果和补救措施告知抱怨者；

（5）被抱怨者认可的补救措施完成后，公司工会或基层工会在抱怨台账上登记关闭；

（6）公司工会或基层工会将登记关闭的信息告知人力资源部或部门领导。

3.4.1.3　抱怨处理时间

（1）一般情况下，从记入抱怨台账起一周内；

（2）涉及范围宽或影响大或较紧迫事项的抱怨，当即处理；

（3）一时难以解决的抱怨，不应超过一个月。

3.4.1.4　特殊抱怨处理

特殊抱怨指在强令冒险作业、恶劣气候条件、作业条件不安全、生理状况不良、超时加班等情况下拒绝工作。对特殊抱怨采取容许态度，任何人不得因此而进行报复。

3.4.2　员工满意度调查

3.4.2.1　满意度调查制度

工会每年至少进行一次员工满意度调查，调查人员为职代会代表。调查前，先设计好调查问卷，问卷的内容以员工权益维护为主，并包含公司管理体系在生产经营、安全生产、环境保护、节能降耗、产品质量、工余安全等方面的运行和绩效情况。调查前确认被调查的人员，调查后对结果进行评估。

3.4.2.2　沟通

工会要及时将调查结果传达到所有人。

3.4.2.3　问题处理

（1）工会正式确认员工调查中发现的问题；

（2）工会针对确认的问题制订行动计划，并使提出问题的员工确认行动计划；

（3）工会进行协调，使相关行政领导批准行动计划；

（4）实施行动计划；

（5）工会评估行动计划的完成情况。

3.5　外部信息沟通

3.5.1　对外信息报送

（1）对外信息报送的内容、对象、时间、责任单位和签发人

对外信息报送的内容、对象、时间、责任单位和签发人见附录1《对外报送信息目录》(略)。

(2)对外信息报送的审核

各车间、处室对拟报送信息进行初审,由部门负责人审核,再按目录规定由分管副总经理或总经理签发。

审核内容:

——语言表述、统计数据是否准确;

——对外发布范围是否适宜;

——是否涉密;

——有无敏感信息,是否会引起不良影响等。

审核人在审核报送信息时,要提出是否可以报送的意见,如涉及公司内部相关部门工作职责,经办人应先行报请会签。在与会签部门意见一致后,方可呈送公司领导;如会签部门与文件主办单位意见不一致,由经办部门负责人进行协调,取得一致后,方可呈报公司领导。如确实无法取得一致意见,需列明具体意见或原因后,再呈报公司领导。

(3)如涉及《对外报送信息目录》以外的信息,在接到需报送信息通知后,由经办人在15分钟内填写《对外报送信息审批表》(见附录2,略),经逐级审核后,提交总经理签发。行政处根据总经理批示及时更新、调整《对外报送信息目录》。

(4)相关罚则见 GXP 12—02《对外报送信息制度的相关罚则》。

3.5.2　与顾客的沟通

与顾客的沟通见 GXP 41《销售管理程序》。

3.5.3　与相关方的沟通

(1)与供应商的沟通见 GXP 40《采购管理程序》。

(2)与承包方、外部来访人员和来宾的沟通见 GXP 43《相关方监督管理程序》。对于重要事项,特别是安全生产的重要事项,必要时要和承包方进行协商。

3.5.4　外部抱怨处理程序

(1)相关部门记录收到的抱怨,并告知抱怨者将尽快予以回复;

(2)相关部门向主管领导汇报收到的抱怨;

(3)主管领导决定对抱怨的处理方式,确定负责调查的部门和调查的期限;

(4)调查者调查抱怨,并向主管领导汇报调查结果和必要的补救措施;

(5)相关部门回复抱怨者,并在被认可后,在记录上登记关闭。

3.5.5　对外宣传

对外宣传执行 GXP 12—03《宣传管理制度》。

3.6　参与

3.6.1　全体员工参与

（1）权利和义务

行使《中华人民共和国安全生产法》第三章第四十四至四十八条和《中华人民共和国职业病防治法》第三十六条规定的权利；

履行《中华人民共和国安全生产法》第三章第四十九至五十一条和《中华人民共和国职业病防治法》第三十一条规定的义务。

（2）相关体系文件的要求

遵守所有相关体系文件的规定，提升个人绩效。

3.6.2　工会的职责

（1）落实《中华人民共和国安全生产法》第五十二条和《中华人民共和国职业病防治法》第三十七条规定的职责。

（2）监督公司落实《中华人民共和国劳动法》关于工时和女职工、未成年工特殊劳动保护的规定。

（3）落实本程序、GXP 09《人力资源管理程序》、GXP 11《培训教育管理程序》、GXP 22《职业病防治管理程序》、GXP 30《劳动防护用品管理程序》、GXP 18《重大危险源控制程序》、GXP 03《法律要求和其他要求管理程序》及其他相关程序规定的职责。

（4）落实法律、法规及××集团和××事业部规定的其他维护员工权益的规定。

3.6.3　员工职业安全卫生代表

（1）员工职业安全卫生代表队伍

员工职业安全卫生代表队伍和职工代表大会代表队伍、员工劳动保护监督检查队伍合一。员工代表的人数不少于公司全体员工人数的10%，员工代表人数按不同工作性质、不同部门的分配由职工代表大会决定。员工代表由全体员工直接选举、差额选举产生，任期二年。

（2）员工职业安全卫生代表参与制度

员工职业安全卫生代表参与：

——职业安全卫生方针的制定和评审；

——各级行政组织的职业安全卫生检查；

——职业病防治管理的监督；

——劳动防护用品管理的监督；

——本公司组织的所有事故的调查；

——职业安全卫生合规性评价会议（至少一名职业安全卫生代表参加）；

——管理评审会议（至少一名职业安全卫生代表参加）；

——关于变化及其对策的协商：如果由于作业场所、工艺过程、设备物料、管理机制等的变化，管理者必需和员工职业安全卫生代表协商对策；

——一切重大职业安全卫生问题的决策。

3.6.4　独立的检查活动

在以下几个方面，工会和员工职业安全卫生代表每年至少开展两次独立的检查活动，行使监督职能：

（1）作业场所标准化，即所有作业场所的环境、设备、操作等均达到国家或行业标准；

（2）个体防护用品配备和使用，即公司必须按相关法规要求为所有员工配备齐全符合国家标准的个体防护用品，并指导员工做到会检查、会使用、会维护；

（3）员工体检，即公司必须按照职业病防治法的规定，定期为接触职业病危险因素的员工进行体检，并公布结果；

（4）女工特殊劳动保护，即遵守有关法规关于女工禁忌作业和四期保护的规定。

检查出的问题及解决的建议，要以正式报告的方式告知行政方面和全体员工。对于严重和紧急的问题，可建议行政方面立即解决或限期解决，有的可列为职工代表大会的提议。

3.7　促进

3.7.1　指导员工

（1）掌握岗位工艺规程和操作法

工艺规程和操作法的编制、审核、打印、发放、修订等要求见 GXP 04—02《岗位工艺规程与操作法管理规定》。

车间在技术处的指导下进行岗位工艺规程和操作法的培训。适当时采用示范和实操演练的方式，主管人员检查员工理解和掌握程度。对新员工和转岗员工，要指定辅导人员。

技术处要收集整理员工对工艺规程和操作法的建议和意见，以丰富和修改工艺规程和操作法，必要时请他们参与起草和修改。

（2）安全员的资格和权限

安全员要懂工艺、懂技术、懂设备、懂安全。

安全员的职责和权限是：

和班组长一起指导员工熟悉并遵守岗位工艺规程和操作法，评审对新员工和转岗员工的辅导过程；

在班前会上讲明作业活动中的危险源、控制措施及应急措施，讲明操作安全要求；

随时制止违章行为；

承担车间日常安全培训；

发现可能导致事故发生的危险或紧急状态,立即向车间领导汇报;特别紧急情况下可先下令停工,然后向车间领导汇报。

3.7.2　奖励机制

（1）绩效评估

绩效评估按 GXP 10《绩效考核管理程序》执行。

（2）团队奖励和个人奖励

人力资源部和各部门建立对团队和个人的奖励机制:

——被奖励的团队和优秀员工应既有优异的结果,又有良好的过程控制;

——好的绩效应引起直接领导的关注,特别优秀者应引起公司领导的关注;

——按照计划的时间间隔实施正式的奖励,包括精神和物质的奖励;

——奖励情况应当在部门内或公司内有效沟通。

3.7.3　促进活动

（1）班组安全活动

安全环保部会同工会制定班组月度安全活动计划,规定活动形式、内容和要求。

班组安全活动的主要内容是:岗位危险源识别、风险控制方法;岗位安全培训,落实相关的程序文件和作业文件的规定;提高安全生产意识;现场应急处置方案的培训和演练。

班组安全活动每月不少于 2 次,每次活动时间不少于 1 学时。班组安全活动应有负责人、有计划、有内容、有记录。

安全环保部和工会应每月至少 1 次对安全活动记录进行检查,并签字。

高层管理人员应每月至少参加 1 次班组安全活动,生产技术部、安全环保部和工会负责人及车间管理人员应每月至少参加 2 次班组安全活动。

通过班组安全活动的开展,经过一定时间,大部分班组应陆续成为安全合格班组,而成为先进班组的比率应不断提高。

各单位将"安全合格班组"事迹材料报公司安全环保部,安全生产委员会、工会及安全环保部人员为考评组,对照创建标准,通过现场检查、群众评议、组织审核等方法,确定"安全合格班组"名单,并纳入年终统一表彰奖励。

（2）针对重要主题的年度促进活动

重要主题的选择依据:

——公司管理体系的相关内容;

——绩效评估的结果;

——绩效监视和测量的结果,包括产品、职业安全卫生、环境、能源资源消耗的绩效监视和测量的结果;

——员工满意度调查的结果;

——6S 活动的结果;

——管理评审的结果等。

如果重要主题选择为安全生产,则年度促进活动可安排在安全生产月。

年度促进活动要有经公司领导审批的实施方案,公司领导参与年度促进活动。

年度促进活动的重要主题中,至少有一个是关于安全生产的。安全促进活动包括强化安全生产、环保和食品安全意识的团队竞赛活动。

(3)外部促进活动

公司积极参与并鼓励员工积极参与外部促进活动,包括××事业部、××集团和地方的促进活动。

3.8 高层管理人员的"开放"政策

在公司内公开高层管理人员的联系方式,使员工了解总经理接受反馈意见的渠道(接待日、信箱等),并确保基层人员的反馈意见得到适当的处理。

4 相关文件(略)

5 相关记录(略)

(附录 1 和附录 2 略)

七、安全生产检查程序

某公司《安全生产绩效监视和测量程序》如下。其内容要点是:

(1)安全生产检查的内容;

(2)治理方案实施情况的检查评审;

(3)运行标准符合性的检查

①重要危险项目的检测;

②常规项目的检测;

(4)事故记录和统计分析。

1 范围

规范安全生产检查工作,及时、准确地掌握安全生产绩效,以利于风险控制。

本程序适用于全公司。

2 职责

2.1 管理者代表

(1)安全生产检查的组织领导。

(2)监督、检查 GXP 47—01《××公司安全考核细则》(注:本程序的子文件)的落实情况。

2.2 相关职能部门

(1)履行本程序表 3-7、表 3-8、表 3-9 规定的职责。

(2)履行其他相关体系文件规定的职责。

(3)所主管的事故类别的记录和统计分析。

2.4 工会负责工余事故的记录和统计分析。

2.5 各相关单位负责本单位的安全生产绩效的自查和有关内容的上报。

3 工作程序及要求

3.1 安全生产检查的内容

(1)具体目标、治理方案的实施情况;

(2)管理体系文件中规定的运行标准的符合情况;

(3)事故、事件、不符合的统计分析。

检查重点是与不可接受风险控制有关的内容,即具体目标、治理方案的执行情况和体系文件中与不可接受风险控制有关的运行标准的符合情况。

3.2 治理方案实施情况的检查评审

3.2.1 对每个治理方案,安全环保部会同责任单位、相关单位按治理方案中规定的时间和频次进行检查,评审方案中规定的安全技术措施是否按规定的时间进度顺利实施,责任单位、相关单位是否履行了规定的职责,以及与治理方案相对应的具体目标的实现程度。

3.2.2 如果通过检查、评审,认为需要对治理方案进行修订,由安全环保部会同责任单位提出修订方案,报管理者代表审核,由最高管理者批准后按修订后的治理方案执行。

3.2.3 治理方案完成后,责任单位通知安全环保部,由安全环保部会同有关职能部门和责任单位、相关单位进行验收,管理者代表审核,总经理批准。

3.3 运行标准符合性的检查

3.3.1 重要危险项目的检测

"重要危险项目"包括法规、标准中规定的强制性项目及通过风险评价确定的不可接受风险项目。

(1)安全环保部对"外检重要危险项目一览表"(见表 3-7)所列的检测项目编制年度检测计划,委托政府主管部门认可的有资质的单位进行检测,并保存好相应的监测记录。

（2）"××公司重要危险项目检测一览表"（见表 3-8）中的重要危险项目由各相关职能部门（单位）实施检查或检测，并保存好相应的记录。

（3）粉尘、噪声的检测部位（点）见 GXP 22《职业病防治管理程序》。

表 3-7　外检重要危险项目一览表

检测项目	检测周期	体系文件(含运行标准)	责任单位	结果
特种设备（锅炉、电葫芦、起重机、压力容器、气瓶）及厂内机动车辆	按相关法规规定	特种设备管理程序	机动处	检测报告或合格证
避雷设施 防静电设施	1 次/年	电气安全管理程序 重大危险源管理程序	安全环保部	
建筑消防设施	1 次/年	消防管理程序	安全环保部	
爆炸危险场所避雷设施	每 6 个月 1 次	危险化学品管理程序 作业现场管理程序	安全环保部	
有害作业人员体检	按《职业健康检查项目及周期》规定	职业病防治管理程序	安全环保部	体检报告
配电设施和安全用具	1 次/年	电气安全管理程序	机动处	检测报告
压力表	2 次/年	特种设备管理程序	计量室	合格证
电流表 电压表	1 次/年	电气安全管理程序	计量室	合格证
安全阀	1 次/年	特种设备安全管理程序	安全环保部	合格证
使用中的防爆电气设备的防爆性能	1 次/月	电气安全管理程序	机动处	检测报告
配电系统继电保护装置检查整定	每 6 个月 1 次	电气安全管理程序	机动处	检测报告
高压电缆的泄漏和耐压试验	1 次/年	电气安全管理程序	机动处	检测报告
主要电气设备绝缘电阻	每 6 个月不少于 1 次	电气安全管理程序	机动处	检测报告
接地电网接地电阻值	1 次/季	电气安全管理程序	机动处	检测报告
电气设备使用的绝缘油的物理、化学性能和电气耐压试验	1 次/年	电气安全管理程序	机动处	检测报告
操作频繁的电气设备使用的绝缘油耐压试验	每隔 6 月 1 次	电气安全管理程序	机动处	检测报告
粉尘	1 次/年	职业病防治管理程序	安全环保部	检测报告
噪声	1 次/年	职业病防治管理程序	安全环保部	检测报告

上述记录编号均为 GXR-WB,表中"责任单位"即记录保管单位,保存期限为 5 年(检测报告)或长期(合格证)。

表 3-8　××公司重要危险项目检测一览表

检查/检测项目	周期	体系文件 (含运行标准)	仪器/检测方法	责任部门	记录
不可接受风险运行控制情况	1次/月	见"不可接受风险控制计划"所列文件条款	现场检查	安全环保部	GXR 18—01 不可接受风险控制月检表
粉尘(木薯输送地廊、仓库、粉碎车间、卸车现场)	1次/周	职业病防治管理程序	直读式粉尘浓度测量仪	安全环保部	GXR 18—11 周粉尘测定记录
噪声	1次/月	职业病防治管理程序	声级计		GXR 18—12 月噪声测定记录
现场安全检查	1次/周	作业现场管理程序,危险化学品安全管理程序等	现场检查	各车间	车间现场安全周检表
现场安全检查	1次/月		现场检查	安全环保部	GXR 12—01 月现场检查表(5S+1)
固定敷设电缆的绝缘和外部状况	1次/季	电气安全管理程序	高压绝缘电阻测试仪(2500 V)		GXR 17—02 季度现场检查表(设备设施)
移动式电气设备的橡套电缆绝缘	1次/季	电气安全管理程序	轻型试验变压器(含操作台)		
电气作业安全	1次/季	电气安全管理程序	现场检查	机动处	
特种作业安全	1次/季	特种设备安全管理程序	现场检查		
设备安全	1次/季	设备设施管理程序	抽查,全年覆盖所有设备		
应急救援物资、器材及消防安全	1次/月	公司综合应急预案	现场检查	安全环保部	GXR 18—20 专项检查表
作业规程及执行情况	1次/季	各种工艺规程和操作法	文件及现场检查	技术处	专业检查表
工会劳动防护独立检查	1次/季	职业病防治管理程序 劳动防护用品管理程序	现场检查	工会	GXR 18—48 季度现场检查表(安全生产)

检查/检测项目	周期	体系文件 （含运行标准）	仪器/检测方法	责任部门	记录
保管处酒精灌区、销售部铁路货场罐区	1次/月	重大危险源管理程序	现场检查	安全环保部	GXR 18—02重大危险源安全检查表
避雷装置	1次/年	电气安全管理程序	现场检查	机动处	GXP 17—接地电阻检测登记表
焊割作业安全	每次作业	动火作业管理程序	现场检查	安全环保部或委托车间	
受限空间作业安全	每次作业	受限空间作业管理程序	现场检查		
设备检修危险作业安全	每次作业	动土、短路、盲板抽堵和设备检修危险作业管理程序	现场检查	机动处或委托车间	
高处作业安全	至少3次/季	高处作业管理程序	现场检查	安全环保部	
动火作业安全	至少12次/年	动火作业管理程序	现场检查	安全环保部	
车辆安全状况	1次/年	交通运输安全管理程序	现场检查	行政管理部销售部	GXR 32—04设备、车辆完好状况检查表
承包方施工现场安全管理	施工期间每周1次	相关方监督管理程序	现场检查	土建处机动处安全环保部	按 GXP 43（注：相关方监督管理程序）规定

表中"责任单位"即记录保管单位，保存期限为3年。

3.3.2 常规项目的检测

表 3-9"常规检测项目一览表"中的常规项目，由有关职能部门负责检测。

表 3-9 常规检测项目一览表

检测项目	频次	体系文件(含运行标准)	责任部门	时间	记录
特种设备故障率(%)	2次/年	特种设备管理程序	机动处	年中及管理评审前	统计报告

续表

检测项目	频次	体系文件(含运行标准)	责任部门	时间	记录
特种作业人员持证上岗率(%)	1次/季	培训教育管理程序	安全环保部	下季度前10天内	GXR 18—48季度现场检查表（安全生产）
各类人员安全生产培训效果	2次/年		人力资源部		评价报告
员工安全生产培训教育完成率及人次	2次/年		人力资源部	年中及管理评审前	统计报告
员工安全生产反馈意见数量及内容	2次/年	沟通、参与和促进管理程序	工会		统计报告
女工保护意见反馈	1次/年		工会		统计报告
相关方安全抱怨及投诉案例数、内容			安全环保部		统计报告
工余事故信息登记表	2次/年	上下班和工余安全管理程序	工会		见 GXP 48

3.3.3　各业务单位对本单位安全生产绩效进行自查,按相应体系文件要求填写检查记录。

3.3.4　除日常检查、专业性检查、综合性检查外,公司还应组织季节性检查和节假日检查。

3.4　事故的记录、统计分析和考核

3.4.1　记录

(1)职业伤害

——对损失工作日1天及以上的工伤事故,在调查之后,除记录发生时间、地点、背景情况(当时的工作任务、当事人情况、环境情况等)之外,还要记录伤害性质、伤害部位、伤害程度、事故类型、起因物、不安全状态、不安全行为这7个基本项目;此外,还应记录经济损失、管理原因、纠正和预防措施等内容;

——对职业病、疑似职业病,记录疾病性质(诊断结果)、程度(按《职工工伤与职业病致残程度鉴定》(GB/T 16180—1996)所列的级别)、职业病危害因素、治疗和康复措施、管理原因;

——对损失工作日不到1天的轻微伤害事故,记录事故类型、起因物、不安全状态、不安全行动、管理原因、纠正和预防措施。

(2)其他事故

——对不造成人身伤害的火灾、爆炸事故,在调查之后,除发生时间、地点、背景情况(当时的工作任务、当事人情况、环境情况等)等之外,还要记录起因物、不安全状态、不安全行动、经济损失、管理原因、纠正和预防措施等内容；

——对不造成人身伤害的设备事故和交通事故，在调查之后，除发生时间、地点、背景情况(当时的工作任务、当事人情况、环境情况等)等之外，还要记录直接原因、管理原因、经济损失、纠正和预防措施等内容。

3.4.2 统计分析

统计分析的时间期限为 1 年及最近 3 年。

(1)对损失工作日 1 天及以上的工伤事故，计算失能伤害频率(20 万工时)、失能安全伤害严重率(20 万工时)、失能健康伤害严重率(20 万工时)、千人死亡率、千人重伤率、千人轻伤率。

(2)对不造成人身伤害的设备事故和交通事故，进行事故类型、事故直接原因分析和趋势分析。

3.4.3 考核

公司安全生产管理者代表授权安全环保部按照 GXP 47—02《××有限公司安全生产目标奖惩管理办法》对超出年度控制指标的工伤事故或瞒报、迟报事故的责任单位进行考核，按照 GXP 47—01《××有限公司安全生产考核细则》对日常安全检查查出的安全生产隐患没有按期整改或重复出现的责任单位进行考核。

3.5 不符合处置

所有检查中发现的不符合，按 GXP 50《不符合、纠正和预防措施管理程序》处置。

3.6 合规性评价和管理评审的输入

合规性评价及管理评审前，安全环保部汇总各部门检查的结果，形成公司绩效监视和测量报告，作为合规性评价和管理评审的重要输入内容。

4 相关文件(略)

5 相关记录

5.1 本程序表 3-7、表 3-8、表 3-9 给出了检查结果的形式或检查表的编号及名称，表中"责任单位"或"责任部门"就是相关记录的保管单位或部门。

5.2 其他记录

记录编号	记录名称	保管单位	保存期限
GXR 18—33	工伤事故统计分析记录	安全环保部	5 年
GXR 17—09	设备事故统计分析记录	机动处	5 年
GXR 32—04	交通事故统计分析记录	工程车队	5 年
GXR 12—14	交通事故统计分析记录	行政处小车队	5 年

八、事故调查处理程序

某企业《事故、事件报告和调查处理程序》如下。内容要点是：

(1)事故现场处理；

(2)事故报告；

(3)职业伤害事故调查分析；

(4)职业伤害事故事故处理；

(5)设备事故处理；

(6)质量事故处理；

(7)生产操作事故处理；

(8)事故经济损失计算；

(9)工伤认定；

(10)与工作业务有关的厂外交通事故；

(11)工余事故；

(12)未遂事件。

1 范围

本程序规定了事故、事件报告、调查、处理和防范及整改措施的要求。

2 术语和定义

2.1 事故(OHSAS 18001:1999)：造成死亡、职业相关病症、伤害、财产损失或其他损失的不期望事件。

本公司的事故包括：职业伤害事故(工伤事故和职业病)，设备事故，生产事故，质量事故，环境污染事故，与工作业务有关的厂外交通事故。

2.2 事件(OHSAS 18001:1999)：导致或可能导致事故的事情。

2.3 设备事故：由于设计、制造、安装、施工、使用、检维修、管理等原因造成机械、动力、电讯、仪器(表)、容器、运输设备、管道等设备设施及建筑物的损坏，从而造成损失或影响生产的事故。

2.4 生产操作事故：生产操作过程中违反生产工艺规程、岗位操作法造成原材料、半成品、成品损失或造成生产波动、减产、停产的事故。

2.5 质量事故：在生产制造、检验、存储和销售等过程中，因违章操作、错误操作、分析差错和管理不当等人为的责任因素，使原辅材料、中间产品、成品不符合质量要求，或造成报废、返工、降级和降价，或使用单位因产品质量问题而退货、索赔，因而造成一定信誉影响或经济损失、影响生产计划和质量指标完成等后果的事件。

2.6 工余事故：员工在工作场所和工作时间之外发生的人身事故。

3 职责

3.1 总经理或总经理委托主管副总经理主持需要公司组织的事故调查，配合需要事业部、集团或地方政府组织的事故调查。

3.2 安全环保部参与或负责公司职业伤害事故、环境污染事故、交通事故的调查，事故信息的统计、分析和上报。

3.3 生产技术部参与或负责生产事故、设备事故的调查，并督促、检查防范及整改措施的落实。

3.4 品控部参与或负责质量事故的调查，并督促、检查防范及整改措施的落实。

3.5 工会参与职业伤害事故的调查处理，监督防范及整改措施的落实，落实事故的善后处理，并负责工余事故信息的报告和沟通。

3.6 工程车队和小车队配合公安交警部门对本单位与工作业务有关的厂外交通事故的处理事宜。

3.7 人力资源部落实事故责任者的行政、纪律处罚，联系劳动能力鉴定事宜，落实工伤保险和受伤害者待遇。

3.8 行政管理部负责事故涉及的法律诉讼。

3.9 事故责任单位报告事故，参与事故调查和处理，落实防范及整改措施。

4 工作程序及要求

4.1 事故现场处理

4.1.1 事故发生后的现场处理

事故发生后，现场人员立即采取以下措施：

（1）积极抢救伤员（如发生职业伤害事故）；

（2）采取有效措施，防止事故扩大；

（3）报告事故；

（4）保护事故现场，因抢险救护移动现场物件时，要做好标记。

4.1.2 接到报告后，事故单位负责人应立即到达事故现场，指挥事故抢救。

4.2 事故报告

4.2.1 职业伤害事故报告

（1）报告程序

——发生轻伤事故，由负伤者或事故现场有关人员，立即报告本单位负责人，单位负责人立即报告调度中心、主管领导和安全环保部；

——发生重伤事故，负伤者或事故现场有关人员立即报告本单位领导、调度中心、安全环保部和公司主管领导。安全环保部接到事故报告后，在1小时内报告××事业部和××市安全生产监督管理局；

——发生死亡事故，事故现场有关人员应立即报告本单位领导、调度中心、安全环保部和公司主管领导。安全环保部接到报告后，在1小时内报告××事业部和××市安全生产监督管理局。

(2)向××事业部和××市安全生产监督管理局报告的内容：

单位概况，发生时间、地点，简要经过，伤亡人数，已经采取的应急措施等。

(3)在事故报告后出现新情况时，应按国务院493号令的规定及时补报。

4.2.2　其他事故报告

(1)报告程序

——发生未造成人员伤亡的火灾、爆炸事故，现场人员立即拨打××××××××报警，并报告本单位领导、安全环保部、公司主管领导。如造成较大经济损失，安全环保部接到报告后，12小时内报告事业部；

——发生环境污染事故，现场人员立即报告安全环保部和公司主管领导。安全环保部接到报告后，12小时内报告××事业部；严重环境污染事故报××县、××市环境保护局；

——发生厂内交通事故，现场人员立即拨打×××××××，若有人受伤拨打120，并通知所在单位领导及安全环保部。

(2)报告内容

发生事故的单位，发生时间、地点，简要经过，直接经济损失估计，已经采取的应急措施等。

4.2.3　任何单位和个人不得迟报、漏报、谎报或瞒报事故，否则视情节轻重，给予行政处分。

4.3　职业伤害事故调查分析

4.3.1　调查组的组成

4.3.1.1　由公司调查的事故：由公司经理或经理委托主管副经理负责组织由有关职能部门、工会组成的调查组，进行事故调查，事故责任单位、当事人参与事故调查。根据情况，请相关一线安全员和班组长参与事故调查。相关高层和中层管理人员参与所有重大事故的调查。

参与事故调查的人员要接受有关的技术培训。

4.3.1.2　由政府主管部门或××集团生化能源事业部调查的事故，本公司积极配合上级调查组工作。

4.3.2　公司事故调查组的职责

(1)查明事故的经过，人员伤亡、财产损失等情况。

(2)查明事故的原因和性质。

(3)确定事故的责任，提出对责任者的处理建议。

（4）提出防范及整改措施的建议。

（5）完成事故调查报告。

4.3.3　现场调查

公司调查组要勘察事故现场，搜集物证，询问有关当事人并做好证词笔录，同时调阅有关资料，查清事故发生的事实。必要时请有关权威技术机构进行技术鉴定和试验。

4.3.4　原因分析

4.3.4.1　直接原因

直接原因包括物的不安全状态、人的不安全行为，原因分类见附录1、附录2（略）。

4.3.4.2　间接原因

间接原因即管理原因，原因分类见附录3（略）。

4.3.5　调查报告

4.3.5.1　报告内容

（1）事故发生单位概况。

（2）事故发生经过和事故救援情况。

（3）事故造成的人员伤亡和直接经济损失。

（4）事故发生的原因和事故性质。

（5）事故责任的认定以及对事故责任者的处理建议。

（6）事故防范和整改措施。

报告应附有关证据材料，调查组成员应在事故调查报告上签名。

4.3.5.2　领导审查

由公司调查的事故，主管领导于调查报告提交的当天审查调查报告，特殊情况最晚可延长到3天内。

4.3.5.3　调查报告在公司内适当发放。必须发放给工会和员工职业安全卫生代表。

4.4　职业伤害事故处理

4.4.1　公司领导主持事故现场会，安全环保部、工会、相关职能部门、事故责任单位及相关人员参加。

4.4.2　调查组提出的对事故责任者的处理建议，由主管领导或上级主管部门批准后执行。

4.4.3　防范及整改措施

（1）调查组提出防范及整改措施，公司领导或上级主管部门审批后实施。

（2）相关职能部门和责任单位在措施实施前应进行风险评价，避免因考虑不周带来新的风险。

（3）措施计划要确定责任人和整改完成日期，明确防范及整改措施内容，调查组跟踪验证。如果防范及整改措施被延误，调查组要了解延误的原因，提出处理措施。

（4）对于重大事故的防范及整改措施的验证信息，调查组要在公司内沟通，并向事业部汇报。

4.4.5　根据已确定的事故原因，安全环保部补充或调整《危险源识别风险评价汇总表》。如果构成不可接受的风险，还要相应调整《不可接受风险控制计划》，并可能制订新的职业安全卫生具体目标和方案。

4.4.6　各单位要结合事故的发生，对职工进行事故预防知识和技能的教育。

4.4.7　对隐瞒不报、谎报、故意拖延不报或破坏事故现场及无正当理由拒绝调查的单位和个人，要追究责任，从严处理。对防止和抢救事故有功的单位和个人，应予以表彰和奖励。

4.4.8　伤亡事故要在 30 天内结案，由事故单位填写《企业职工伤亡事故申报表》上报安全环保部。安全环保部填写《企业职工伤亡事故登记表》和《企业职工伤亡事故调查报告》上报公司主管领导和上级主管部门。

4.5　设备事故处理

设备事故的等级划分、报告、处理，执行 GXP 48—01《设备事故管理规定》。

4.6　质量事故处理

质量事故的分类、处理，执行 GXP 48—02《质量事故管理规定》。

4.7　生产操作事故处理

生产操作事故的等级划分、损失计算、事故报告、处理，执行 GXP 48—03《生产操作事故管理规定》。

4.8　事故经济损失计算

4.8.1　职业伤害事故的经济损失计算方法见附录 4。

4.8.2　火灾损失按公安部公通字［1996］82 号《火灾统计管理规定》中火灾损失额计算方法计算。

4.8.3　交通事故中的车辆损失按当地保险公司理赔额计算。

4.9　工伤认定

4.9.1　职工有下列情形之一的，认定为工伤

（1）在工作时间和工作场所内，因工作原因受到事故伤害的。

（2）工作时间前后在工作场所内，从事与工作有关的预备性或者收尾性工作受到事故伤害的。

（3）在工作时间和工作场所内，因履行工作职责受到暴力等意外伤害的。

（4）患职业病的。

（5）因工外出期间，由于工作原因受到伤害或者发生事故下落不明的。

（6）法律、行政法规规定应当认定为工伤的其他情形。

4.9.2　职工有下列情形之一的，视同工伤：

（1）在工作时间和工作岗位，突发疾病死亡或者在 48 小时之内经抢救无效死亡的。

（2）在抢险救灾等维护国家利益、公共利益活动中受到伤害的。

（3）职工原在军队服役，因战、因公负伤致残，已取得革命伤残军人证，到用人单位后旧伤复发的。

4.9.3　职工有下列情形之一的，不应认定为工伤或者视同工伤：

（1）因犯罪或者违反治安管理伤亡的。

（2）醉酒导致伤亡的。

（3）自残或者自杀的。

4.9.4　职工受到事故伤害或被诊断、鉴定为职业病的，人力资源部应自事故伤害发生之日或被诊断、鉴定为职业病之日起 30 日内，向××市劳动和社会保障局提出工伤认定申请，并落实工伤和职业病待遇。

4.10　与工作业务有关的厂外交通事故

与工作业务有关的厂外交通事故的报警、现场处置、处罚和事故赔偿，执行《中华人民共和国道路交通安全法》第五章和第七章，《道路交通事故处理程序规定》（公安部令第 104 号）的第三、四、六、八章。

工程车队和小车队配合公安交警部门的事故处理事宜。

4.11　工余事故

4.11.1　工会代表公司关心员工的工余安全，向员工及其家庭倡导工余安全，会同安全环保部向员工及其家庭发放工余安全的宣传资料。

4.11.2　工会向员工及其家庭倡导报告工余事故，并主动收集工余事故的信息，统计分析工余事故的发生特点和原因，并将结果纳入向员工及其家庭发放的宣传资料。

4.12　未遂事件

对各种未遂事件，相关主管部门要进行调查、统计、分析，采取防范或整改措施。

对未遂事件报告应给予奖励，并将采取措施的信息反馈给报告未遂事件的单位或员工。

5　相关文件（略）

6　相关记录

记录编号	记录名称	保管部门	保存期限
GXR 18—61	企业职工伤亡事故申报表	安全环保部	长期
GXR 18—62	企业职工伤亡事故登记表	安全环保部	长期
GXR-WB	企业职工伤亡事故调查报告(外部)	安全环保部	长期
GXR 18—63	企业职工伤亡事故调查报告(内部)	安全环保部	长期
GXR 42—05	生产操作事故处理报告(较大、重大、特大)	技术处	长期
GXR 12—30	工余事故信息登记表	工会	长期

九、不符合处置及整改措施管理程序

下面是某企业的《不符合处置及整改措施管理程序》。该程序满足安全生产标准化标准关于"隐患治理"的要求,满足《安全生产事故隐患排查治理暂行规定》的要求,满足 OHSAS 18001:2007《职业安全卫生管理体系要求》的要求。内容要点是:

(1)不符合信息来源;

(2)不符合的处置:

①轻微且可以立即整改的不符合的处置;

②一般不符合的处置;

③严重不符合的处置;

(3)文件修改的需求;

(4)整改措施或整改方案的跟踪;

(5)效果评估。

1　范围

本程序规定了不符合的处置方法以及整改措施的实施、验证的要求。

2　定义

2.1　不符合

偏离应遵守的工作标准、惯例、程序、法规要求等。

注:本定义包含了《安全生产事故隐患排查治理暂行规定》关于"事故隐患"的定义。

2.2　严重不符合

严重影响管理体系运行或构成不可接受风险的不符合。

注:《安全生产事故隐患排查治理暂行规定》关于"重大事故隐患"的定义在本定义的范围之内,即严重不符合包括"重大事故隐患"。

附:《安全生产事故隐患排查治理暂行规定》关于"重大事故隐患"的定义:指危害和整改难度较大,应当全部或者局部停产停业,并经过一定时间整改治理方能排除的隐患,或者因外部因素影响致使生产经营单位自身难以排除的隐患。

2.3 "三定"

定解决问题的负责人、定整改措施和经费、定整改时间和期限。

2.4 "三不推"

凡自己能解决的,班组不推给车间,车间不推给主管部门,主管部门不推给公司。

3 职责

3.1 公司总经理组织制定并组织实施重大事故隐患的整改方案,批准整改方案验证报告。

3.2 管理者代表或主管副总审批不构成重大事故隐患的严重不符合的整改措施,批准整改措施的验证报告。

3.3 主管职能部门组织对不构成"重大事故隐患"的严重不符合的原因和整改措施的评审。

3.4 部门经理审批一般不符合的整改措施。

3.5 内审组/自评组分别负责对内审、安全标准化自评中发现的不符合下发"整改通知单",并负责对一般不符合整改的验证。

3.6 相关事宜主管部门对管理体系平时运行中的不符合,向其他单位下发"整改通知单",负责整改措施的评审,并负责对一般不符合整改的验证。

3.7 不符合责任单位分析不符合原因,制定整改措施并实施。

4 工作程序及要求

4.1 不符合信息来源

4.1.1 职能部门检查中发现的不符合。

4.1.2 各单位自检中发现的不符合。

4.1.3 员工或员工职业安全卫生代表反映的不符合。

4.1.4 合规性评价中发现的不符合。

4.1.5 管理体系内审及外审中发现的不符合。

4.1.6 安全生产标准化自评或外评中发现的不符合。

4.1.7 员工满意度调查发现的不符合。

4.1.8 相关方的合理抱怨。

4.2 不符合的处置

4.2.1 轻微且可以立即整改的不符合

所发生的不符合较轻微而且可以立即整改的,主管职能部门/内审组/自评组可口头通知,责任部门应立即整改。

4.2.2 一般不符合

(1)对于"4.2.1"所述之外的一般不符合,主管职能部门/内审组/自评组以"整改通知单"的形式通知责任部门。责任部门接到"整改通知单"后,应按要求的时间制定出整改措施,报部门经理批准后实施。

(2)整改措施完成后,由主管职能部门/内审组/自评组验证。

4.2.3　严重不符合

4.2.3.1　不构成"重大事故隐患"的严重不符合

(1)对于不构成"重大事故隐患"的严重不符合,主管职能部门/内审组/自评组应向责任部门下达"纠正/预防措施报告"。

(2)责任部门接到"纠正/预防措施报告"后,部门经理组织有关人员对不符合进行原因分析,针对原因制定相应的整改措施,实行"三定"。

(3)主管职能部门组织对原因和措施进行评审(确认整改措施与问题的严重性和伴随的风险相适应,并包括对措施的风险评价,避免出现新的不符合),评审通过后,经管理者代表或主管副总批准后实施。如经评审认为原因不正确或措施不合理,责任单位重新分析原因、重新实行"三定"。

必要时,整改措施由总经理审批。

(4)整改措施完成后,主管职能部门组织验证,验证报告由管理者代表或主管副总经理批准,必要时由总经理批准。

4.2.3.2　构成"重大事故隐患"的严重不符合

对于构成"重大事故隐患"的严重不符合:

(1)公司应当及时向政府安全生产监督管理部门报告。报告内容包括:

——隐患的现状及其产生原因;

——隐患的危害程度和整改难易程度分析;

——隐患的治理方案。

(2)公司主要负责人组织制定并实施整改方案(即《安全生产事故隐患排查治理暂行规定》所称的事故隐患治理方案)。整改方案包括以下内容:

——整改(治理)的目标和任务;

——采取的方法和措施;

——经费和物资的落实;

——负责整改(治理)的机构和人员;

——整改(治理)的时限和要求;

——安全措施和应急预案。

(3)整改方案完成后,由管理者代表或主管副总经理组织验证,总经理批准验证报告。

4.2.4　各单位自检中发现的不符合

各单位自检中发现的一般不符合,自行分析原因并整改,需要时报主管部门,分析原因并整改。不符合整改中,要"三定"、"三不推"。

各单位自检中发现的严重不符合,按4.2.3.1的(3)和(4)与4.2.3.2处置。

4.3 文件修改的需求

如果整改措施涉及体系文件的修改,则应进行必要的修改。修改的内容应及时发布。

4.4 整改措施或整改方案的跟踪

4.4.1 整改措施或整改方案由 4.2 中规定的验证者负责跟踪。

4.4.2 跟踪的内容

(1)实施整改措施或整改方案的风险。

(2)相关职责是否落实。

(3)进度及延误。

(4)必要的修正。

4.4.3 延误处置

(1)记录措施延误的原因。

(2)评估措施延误所导致的影响。

(3)采取适当的补救措施。

4.5 效果评估

整改措施或整改方案完成并运行一段时间之后,由 4.2 中规定的验证者组织效果评估,进行必要的修正。

5 相关文件(略)

6 相关记录(略)

十、内部审核和评定程序

某企业《内部审核和评定程序》适用于质量、环境、职业安全卫生管理体系内部审核和安全生产标准化内部评定。内容要点是:

(1)审核策划及计划;

(2)审核前的准备;

(3)审核实施;

(4)审核报告;

(5)自评的频次和时机;

(6)自评的组织;

(7)自评的方式;

(8)自评报告;

(9)不符合处置。

1 范围

本程序规定了公司内部管理体系审核和安全管理绩效评估的计划、准备、实施、报告及改进措施跟踪验证的要求以及安全标准化自评的要求。

2 职责

2.1 内部管理体系审核

(1)管理者代表负责任命审核组长,批准公司内部审核计划和审核报告。

(2)审核组长负责组建审核组、编制审核计划、组织审核实施,组织对纠正和预防措施进行跟踪验证。

2.2 安全管理绩效评估

(1)安全生产委员会组织评估小组,指定评估小组组长,审批现场评估计划。

(2)各评估小组准备并实施现场评估,提出评估报告,会同相关职能部门对纠正和预防措施进行跟踪验证。

2.3 安全标准化自评

(1)公司主管安全生产的领导任自评组组长。

(2)自评组实施安全标准化自评。

2.4 安全环保部编制安全管理绩效评估报告和安全标准化自评报告。

3 内部审核程序及要求

3.1 审核策划及计划

3.1.1 审核的时机和频次

内部管理体系审核每年进行 1~2 次,但年度内部审核时间间隔不超过 12 个月。

在下列情况下可追加审核,追加审核由品控部或安保部提出,管理者代表批准:

(1)组织和机构发生重大变化时。

(2)发生重大质量问题、职业事故、环境事故或相关方有严重投诉和连续抱怨时。

(3)当公司的管理体系有大幅度变更时。

3.1.2 管理者代表任命审核组长,审核组长必须具有内审员资格,认真负责、有较强的独立工作能力。审核组长组建审核组,审核员应通过必备的内审知识培训。

3.1.3 审核组长编制《内部管理体系审核计划》,规定以下内容:

(1)审核目的、依据和范围。

(2)审核部门、场所和审核内容。

(3)审核日程时间及审核员的安排。

审核组长将"内部管理体系审核计划"报管理者代表批准后,提前两周发放到受审核部门,受审核部门接到计划后应做好相应准备,如有异议应提前 2 天提出,并得到商定。

3.2 审核前的准备

审核组由组长负责做好以下准备工作:

(1)根据审核计划,确定相关内容和安排。

(2)明确审核组人员分工,注意审核员专业安排,不审核与自己有关的工作。

(3)准备审核文件,阅读手册、程序文件及与专业相关的文件内容。

(4)布置审核员编写"审核检查表",明确"查什么? 怎么查?"。

3.3 审核实施

3.3.1 首次会议

审核组长主持召开首次会议,公司相关领导、审核组成员和受审部门负责人参加。审核组长介绍审核的目的、范围、依据、方式、内审组成、分工和内审日程安排及其他相关事项,并确定联络员。会议应使受审部门清楚审核的有关事宜,保证审核计划的顺利进行。

3.3.2 现场审核

审核员参照"检查表"内容对受审部门进行现场检查。要通过交谈、现场观察、查对记录文件等方法收集客观证据,记录符合与不符合。

对审核发现的不符合,应向受审部门陈述清楚、取得认可并提出建议,以保证不符合项能够被受审部门理解并能实施纠正措施。

审核组长需在内审期间每日召开审核组会议,全面了解当日内审情况,协调处理审核有关问题。

3.3.3 现场审核完成后,由审核组长召开审核组全体会议,各审核员汇报审核发现,确定本次审核的不符合项,分别出具"纠正/预防措施报告"。

3.3.4 末次会议

现场审核结束后,审核组长主持召开末次会议,参加首次会议的人员参加。审核组长宣读审核结论,澄清任何有可能的误解等,并要求受审核部门按规定时间采取纠正措施。

3.4 审核报告

4.4.1 审核结束后,审核组长负责组织编写《内部审核报告》,经管理者代表批准,审核结束后一周内发放相关部门。

3.4.2 《内部审核报告》的内容应包含:

(1)审核的目的、范围、方法和依据。

(2)审核计划实施情况总结。

(3)不符合项分布情况分析、不符合数量及严重程度。

(4)存在的主要问题分析。

(5)对公司综合管理体系的有效性、符合性做出结论,并提出改进建议。

3.4.3　内部审核报告和所有记录由负责组织管理本次审核的品控部或安全环保部存档。"内部审核报告"是管理评审的输入内容。

3.5　审核后续活动的实施

3.5.1　受审核部门接到"纠正/预防措施报告"后,要分析原因,举一反三,提出纠正措施或预防措施计划,报审核员确认,并在期限内完成。

3.5.2　由负责组织本次审核的审核组长组织内审员实施对不符合项的跟踪、检查和验证,严重不符合的验证由管理者代表组织,对其有效性做出判断并记录。当验证无效时,受审核部门应重新制定纠正措施,直到问题解决为止。

4　安全标准化自评程序及要求

4.1　频次和时机

频次:每年一次,遇有重大改变(工艺,设备,危险化学品种类、数量,法律法规,组织结构等)或发生火灾、爆炸、毒物泄漏、人身伤亡事故,增加频次。

时机:通常在合规性评价之后,管理评审之前;可以和管理体系审核一起进行。

4.2　自评的组织

4.2.1　组成专门的自评组,由公司主管安全生产的领导任组长,成员有来自职能部门(包括审计部门)和生产业务单位以及工会的代表。

4.2.2　自评组分为几个自评小组,分别承担《××标准化实施指南》附件3(危险化学品从业单位安全生产标准化自评考核汇总表)中不同要素的评审,然后汇总。

4.3　自评的方式

自评可参照 GXP 51—01《××标准化实施指南附件4与公司管理体系文件对接表及实施证据》进行。

采取询问、查文件资料、现场考察的方式,找出不符合,并在《××标准化实施指南》附件3中填写相应的分数。

4.4　自评报告

安全环保部根据自评的结果形成自评报告,作为管理评审的输入。

自评报告应当包含以下内容:

(1)评定依据,包括依据的标准和依据的方法;

(2)评定过程,包括评定策划、评定培训、现场评定;

(3)评定方法;

(4)评定结果,包括评定记录、评定分数和不符合汇总;

(5)结果分析,包括总分水平、要素状态较好的原因、要素状态较差的原因以及某些要素得分中等的原因;

（6）整改建议。

4.5　不符合处置

对于自评中发现的不符合，按 GXP 50《不符合处置及纠正和预防措施管理程序》处置。应着重分析管理原因，以改进安全标准化管理，不断提高安全标准化实施水平和安全绩效。

5　相关文件

GXP 51—01××标准化实施指南附件 4 与公司管理体系文件对接表及实施证据。

6　相关记录或报告

记录编号	记录名称	保管部门	保存期限
GXR 13—10	纠正/预防措施报告	相关部门/接收单位	3 年
GXR 13—12	审核检查表	品控部	3 年
GXR 18—64	安全管理绩效评估报告	安全环保部	5 年
GXR 18—65	安全标准化自评报告	安全环保部	3 年

第四章 常见运行控制程序范例

一、重大危险源控制程序

下面是某危险化学品生产企业的重大危险源控制程序。该企业有两个重大危险源：酒精灌区和电站锅炉。程序的内容要点是：

(1)重大危险源辨识、建档、备案；

(2)酒精灌区安全和应急设施及检测；

(3)酒精罐区作业安全；

(4)酒精罐区安全检查；

(5)酒精罐区设施的检查维护；

(6)对进入酒精罐区人员的要求；

(7)对进入酒精罐区车辆的要求；

(8)锅炉运行安全控制；

(9)锅炉运行检查与维护；

(10)锅炉检验；

(11)锅炉运行异常和事故处理；

(12)重大危险源安全评估；

(13)重大危险源应急救援。

1 范围

对本公司重大危险源进行监测、风险控制、制定应急救援措施并向政府部门备案，预防重大事故的发生。

2 定义

2.1 危险化学品重大危险源

长期地或临时地生产、加工、使用或储存危险化学品，且危险化学品的数量等于或超过临界量的单元(GB 18218—2009)。

2.2 临界量

对于某种或某类危险物质规定的数量，若单元中的物质数量等于或超过该数量，则该单元为重大危险源。

3 职责

3.1 安全环保部

(1)酒精罐区、电站锅炉安全及应急设施的定期检测。

(2)每月组织对酒精罐区的专项安全检查。

(3)代表公司委托有资质的中介机构对公司重大危险源进行安全评估。

(4)公司级酒精罐区火灾、爆炸应急预案和电站锅炉爆炸应急预案的编制、演练和修订。

(5)本公司重大危险源向政府部门的备案。

3.2 机动处会同技术处、安全环保部每月组织对电站锅炉的专项安全检查。

3.3 生产技术部保管处负责酒精罐区的安全管理,车间级酒精罐区火灾、爆炸应急预案的编制、演练和修订。

3.4 电站车间负责电站锅炉的安全管理,车间级锅炉事故应急预案的编制、演练和修订。

4 工作程序及要求

4.1 辨识

4.1.1 依据 GB 18218—2009《危险化学品重大危险源辨识》,本公司保管处酒精灌区属危险化学品重大危险源。

4.1.2 根据《关于开展重大危险源监督管理工作的指导意见》(安监管协调字[2004]56 号)的规定,本公司电站锅炉属重大危险源。

4.2 建档、备案

4.2.1 安全环保部建立重大危险源档案,内容包括物质名称、数量、性质、地理位置、管理人员、规章制度、评估报告、检测报告等。

4.2.2 安全环保部将本公司的重大危险源报××市安全生产监督管理局、公安局、环境保护局备案。重大危险源报告应包括重大危险源的详细情况、可能产生的事故类型、监控与预防措施、应急预案等。

4.3 酒精灌区安全和应急设施及检测

4.3.1 安全和应急设施

(1)报警系统:红外线报警系统、高低液位报警系统、高温报警系统、可燃气体报警系统、手动报警按钮;

(2)防雷设施、防静电设施;

(3)消防设施:泡沫灭火系统、喷淋灭火系统、室外消防炮、消防栓、灭火器、灭火架(备灭火毯和灭火工具);

(4)阻火器、呼吸阀、止回阀;

(5)事故池。

4.3.2 安全及应急设施检测

（1）安全环保部联系××市气象局防雷检测中心每年检测防雷设施、防静电设施。

（2）安全环保部联系××市消防系统检测中心每年检测可燃气体报警系统、火灾报警系统、泡沫灭火系统。

（3）安全环保部联系市政府质量技术监督部门核准的检测检验机构每年检测一次罐体。

4.4 酒精罐区作业安全

为保证酒精罐区作业安全，酒精罐区作业执行 GXP 17—21《酒精罐区岗位操作法》。

4.5 酒精罐区安全检查

4.5.1 保管员日检

（1）保管员交接班时，检查储罐、汽车装车栈桥等部位的静电导除装置，检查管线、法兰、阀门及各种仪表。

（2）保管员在防火防爆警戒线前检查酒精罐车驾驶员、押运员是否按要求穿戴防静电的工作服、安全帽、工作鞋，检查酒精罐车是否配置火星熄火装置。

（3）当班保管员每 2 小时对罐区的安全装置、设备进行巡检一次，填写《车间设备巡检记录》《酒精罐区监控装置记录》，检查内容见表中所列。

日检中发现问题，立即采取措施，并报处室领导或安全员。

4.5.2 处室周检

处室领导、安全员每周进行一次全面安全检查，填写《酒精罐区周安全检查表》。

4.5.3 月专项安全检查

安全环保部每月对酒精灌区组织一次专项安全检查，填写《酒精罐区专项安全月检表》。

4.6 酒精罐区设施的检查维护

保管处、机动处、技术处、安全环保部负责落实以下要求。

4.6.1 地坪：凡铺砌夯筑的场地不应有裂缝和凹坑，裂缝要填实，沉缝要用石棉水泥填实抹平，以防止渗水、渗酒精和酒精气体积聚；场地内不准堆放可燃物料。

4.6.2 消防通道：确保完好畅通、严禁占用；道路边沟要清除淤积尘土杂物。

4.6.3 防火堤：堤上穿管处的预留孔，要用不燃材料密封，经常检查密封是否完好；要求排水孔不堵塞，关闭后无渗漏。

4.6.4 储罐基础：每年对储罐基础的均匀沉降、不均匀沉降、总沉降量、锥面坡度集中检查 1 次,基础边缘高出罐区地坪 300 mm。

4.6.5　罐顶:顶板焊缝完好,无漏气现象,机械性硬伤不超过 1 mm,腐蚀余厚不小于原来厚度的 60%,且不得小于 3.5 mm,否则应换新板或增设防雷设施(有独立避雷针者除外);构架和"弱顶"连接处无开裂脱落;顶板不应凸凹变形积水。

4.6.6　浮盘装置:内浮盘飘浮在任何位置时都平稳,不倾不转,不卡不蹩。浮盘边缘堰板与储罐内壁间隔偏差不大于 40 mm;浮盘无渗漏;环状密封工作状态良好,无破损浸酒精,无翻折或脱落等现象。

4.6.7　梯子、平台及栏杆:安装牢固,不晃动;罐顶边缘的安全保护栏杆高度,不应低于 600 mm,保护"腰带"的高度为 450 mm 左右。

4.6.8　防雷及接地设施:对从罐壁接地卡直接入地的引下线,要检查螺栓与连接件的表面有无松脱和锈蚀现象,如有应及时擦拭紧固;每年对接地电阻检测 2 次,其中雷雨季节到来之前必须测定 1 次,其电阻值不应大于 10Ω,否则立即整改。

4.6.9　储罐各种检测仪器:安装应定位准确、装置牢固、耐油、耐压、拆装方便,有导线和罐体相连,形成等电位体;不准悬吊和孤立突出;严禁将不接地金属引入储罐。对检测仪器的可靠性和精确性每年至少校对检查 2 次,防止失效和误动。

4.6.10　装卸用的所有工具、设施必须是防爆型。

4.7　对进入酒精罐区人员的要求

保管处当班保管员和装车工负责落实以下要求。

4.7.1　进入酒精罐区的人员

(1)严禁携带烟火,必须佩戴安全帽,手机处于关机状态。

(2)穿防静电工作服并经过静电消除装置消除人体静电。

(3)严禁非罐区人员进入罐区,外来人员进入罐区必须有安全环保部人员陪同,办理登记手续,并讲明有关防火安全注意事项。

4.7.2　充装车辆人员

(1)对于正在充装的车辆,该车辆的押运员需佩带安全带并挂在牢靠位置在罐车上监控液位,达到额定液位时通知保管员停止装车;该车辆的司机在北二门卫室内等候。

(2)车装完后,押运员将充装口盖盖好,酒精操作工将操作梯收回,押运员到北二门卫室内等待取样。

(3)车辆发生业务(取样、签封等),只允许该车押运员、酒精操作工(或保管员)到现场配合,工作完成后立即回到北二门卫室等候。其他一切人员严禁在现场逗留,取完样后押运员立即回到北二门卫室等候。

(4)对于不发生业务车辆的司机、押运员必须在北二门卫室等候。

（5）严禁司机、押运员到泵棚、罐区及其他与工作无关场所,严禁在酒精罐区聚众闲谈、打闹。

4.7.3　本公司其他部门（化验、计量等）人员

办理完业务后立即离开,严禁在酒精罐区逗留。

4.8　对进入酒精罐区车辆的要求

保管处当班保管员和装车工负责落实以下要求。

4.8.1　进入罐区前

（1）酒精保管员通知东一门经警每次准放酒精罐车的车数量,严禁经警擅自放车进入酒精罐区。

（2）严禁无防火帽车辆及其他车辆进入酒精罐区。

（3）严禁车辆携带烟火进入酒精罐区。

（4）严禁车辆未接导除静电装置进入酒精罐区。

4.8.2　进入罐区

（1）酒精罐车停放在待检区,押运员配合酒精保管员对车辆进行检验,经检验合格后车辆到西秤过磅,领取皮重计量单返回酒精罐区,在酒精保管员的指挥和押运员带领下进入装车区。

（2）酒精罐车进入装车区后,驾驶员关闭车辆发动机开关,车辆熄火,司机将车钥匙交给酒精保管员保管。

（3）装车前待装车辆押运员、保管员对待装车辆进行检查,确认符合装车条件后保管员组织装车,充装量严禁超出准载量。

（4）装完后押运员、保管员共同对车辆进行检查,确认符合离开装车区条件（导除静电线已摘除、活动梯已拉起挂好等）后保管员将车辆钥匙交还给司机,车辆在保管员指挥和押运员带领下开离装车区。

（5）酒精罐车在装车以外的其他时间应停放在指定区域（待检区、待发区或酒精保管员指定的区域）,严禁车辆在酒精罐区内无序窜行。

（6）严禁在酒精罐区进行检修、擦洗车辆等与装卸无关的活动。

4.9　锅炉运行安全控制

4.9.1　锅炉运行中的监视与调整

执行 GXP 17—06《电站车间锅炉运行规程》中 8.1 至 8.8 条款。

4.9.2　投用沼气的要求

投用沼气前必须对沼气管道进行吹扫,确保进入炉膛内的沼气不含混合气体,且进入炉膛的沼气压力要控制在 3.5 kPa 以上。

4.10　锅炉运行检查与维护

4.10.1　日常检查和维护

日常检查和维护执行 GXP 17—06《电站车间锅炉运行规程》条款"8.9",具

体要求如下：

（1）设备检查：锅炉运行中设备检查要按路线、时间、项目认真进行。

（2）燃烧工况检查：要求工况稳定，流化正常，无结焦现象，火焰为橘黄色。

（3）细听过热器、省煤器及炉内声音是否正常，有无泄漏。

（4）汽包水位计清晰、无泄漏，水位有轻微波动，各表计指示正确。

（5）各孔门、看火门、检查孔、防爆门等完整无损，关闭严密，周围无妨碍工作的杂物。

（6）各汽水管道、联箱无泄漏、无振动，支吊架应牢固正常，保温良好。

（7）各阀门开关位置正确，无泄漏，传动装置良好，拉杆无弯曲现象。

（8）返料风量、风压正常，无阻塞现象，无漏风现象。

4.10.2　锅炉车间的检查、试验、维护

（1）每小时对辅机检查一次。

（2）每小时对设备运行参数记录一次。

（3）值班长对设备每班全面检查一次。

（4）每班冲洗水位计一次。

（5）每班校对汽包水位计二次。

（6）锅炉的主蒸汽压力表、温度表与汽机的压力表、温度表每小时对照一次。

（7）每班（8小时）排污一次（必须按化验人员通知的排污量进行排污），排污在低负荷下进行。

（8）每班水位警报试验一次。

（9）每月安全门手动排汽试验一次。

（10）每三个月做安全门自动排汽试验一次。

（11）各阀门每三个月加一次黄油。

（12）辅机的油位低于正常油位线时要及时添加润滑油，用固体润滑脂的部位根据拟定润滑周期及时润滑。

4.10.3　月专项安全检查

机动处每月对电站锅炉组织一次专项安全检查，填写《电站锅炉月检表》。

4.11　锅炉检验

锅炉的外部检验每年进行一次，内部检验每两年进行一次，水压试验每六年进行一次。对于无法进行内部检验的锅炉，应每三年进行一次水压试验。电站锅炉的内部检验和水压试验周期可按照电站锅炉大修周期或停炉时期进行适当调整。

4.12　锅炉运行异常和事故处理

对锅炉运行中出现的异常、事故，锅炉人员应按照 GXP 17—06《电站车间

锅炉运行规程》中第 10 条进行处理。

4.13　重大危险源安全评估

4.13.1　安全环保部应当至少每两年委托具备国家规定资质条件的中介机构对公司重大危险源进行一次安全评估，并出具《重大危险源安全评估报告》。

4.13.2　在与重大危险源相关的生产过程、材料、工艺、设备、防护措施和环境等因素发生重大变化，或者国家有关法律、法规、标准发生变化时，应当对重大危险源重新进行安全评估。

4.13.3　安全环保部将《重大危险源安全评估报告》及时报送××市安全生产监督管理局、公安局、环境保护局备案。

4.14　重大危险源应急救援

GXP 45—02《酒精灌区酒精、汽油、柴油爆炸专项应急预案（Ⅰ级）》、GXP 45—07《酒精罐区火灾专项应急预案（Ⅰ级）》、GXP 45—05《酒精灌区酒精罐车爆炸专项应急预案（Ⅰ级）》、GXP 45—14《酒精罐区火灾专项应急预案（Ⅱ级）》、GXP 45—15《酒精罐区酒精、汽油大面积泄漏专项应急预案（Ⅱ级）》每年至少演练一次。

GXP 45—03《电站锅炉爆炸专项应急预案（Ⅰ级）》、GXP 45—26《电站锅炉满水/缺水/炉体爆裂/爆管事故专项应急预案（Ⅱ级）》每年至少演练一次。

5　相关文件（略）

6　相关记录（略）

二、电气安全管理程序

下面是某危险化学品生产企业的电气安全管理程序。程序的内容要点是：

(1)电气工作人员的资格要求；

(2)安全用电基本要求；

(3)变配电室的安全管理；

(4)低压电气运行安全管理；

(5)剩余电流保护装置；

(6)低压电气设备、设施的运行管理；

(7)移动式用电器；

(8)防雷接地系统；

(9)防爆电气安全要求；

(10)静电防护；

(11)电气操作。

1 范围

本程序规定了电力系统安全运行及用电安全的要求。

2 职责

2.1 机动处

(1)厂区动力、照明供电系统的设计、规划和管理。

(2)向维修车间、电站车间下达维修、操作指令。

(3)提供电力系统安全运行及用电安全的技术支持。

2.2 维修车间

(1)厂区电力的配送。

(2)厂区动力、照明线路和电力设施的安装、维修、保养。

(3)本部门用电设备、设施的安全管理。

2.3 电站车间

(1)本车间电力的配送。

(2)本车间动力、照明线路和电力设施的安装、维修、保养。

(3)本车间用电设备、设施的安全管理。

2.4 安全环保部

(1)全公司防雷装置的日常管理、验收及检测。

(2)静电防护装置的定期检测及实验。

(3)监督检查安全用电、作业票实施情况。

2.5 各单位

遵守安全用电基本要求,进行安全用电自查。

3 工作程序及要求

3.1 电气工作人员的资格要求

3.1.1 电气作业人员属于特种作业人员,必须按照国家有关规定经专门的安全作业培训并考核合格,取得特种作业操作资格证书,方可上岗作业。

3.1.2 年满18周岁,具有初中以上文化,且学徒期满。

3.1.3 身体健康,有视觉、听觉障碍、禁忌症及生理缺陷者不能从事电气作业。

3.1.4 按规定使用经定期检查或试验合格的个体防护用品。

3.1.5 掌握触电急救知识。

3.2 安全用电基本要求

3.2.1 电气装置使用前,应确认具有检验合格证,符合相应的环境要求和使用等级要求;任何电气装置都不得超负荷运行或带故障使用。

3.2.2 用电设备和电气线路的周围应留有足够的安全通道和工作空间,电气装置附近不应堆有易燃、易爆和腐蚀性物品。

3.2.3　使用的电气线路应具有足够的绝缘强度、机械强度和导电能力,禁止使用绝缘老化或失去绝缘性能的电气线路。

3.2.4　移动使用的配电箱应采用完整的、带保护线的多股铜芯橡皮护套软电缆作电源线,同时装设漏电保护器;电缆中的绿/黄双色线在任何情况下只能作保护线。

3.2.5　插头、插座应按规定正确接线;保护接地极应与保护接地线可靠连接;在插拔插头时,人体不得接触导电极,不得对电源线施加拉力。

3.2.6　使用移动式Ⅰ、Ⅱ类设备时,应先确认其金属外壳已可靠接地,并使用带保护接地极的插座,同时应装设漏电保护器。

3.2.7　当保护装置动作或熔断器的熔体熔断后,应先查明原因、排除故障,确认电气系统已恢复正常,然后才能重新接通电源继续使用。

3.2.8　在使用固定安装的螺口灯座时,灯座螺纹端应接至电源的工作中性线。

3.2.9　电炉、电烙铁等电热工具应使用专用的连接器,并应放置在专用的底座上。

3.2.10　露天使用的用电设备、配电装置应采取合适的防雨、防雾和防尘措施。

3.2.11　长期放置不用或新使用的用电设备、电器应经过安全检查或试验后才能投入使用。

3.2.12　当电气装置拆除时,应对原来的电源端做妥善处理,不留任何外露带电部分。

3.2.13　发生触电事故时,立即断开电源,使触电人员与带电部分脱离,并立即进行急救。发生电气火灾时,立即断开电源,并采用专用的消防器材灭火。

3.2.14　禁止利用大地作工作中性线。禁止将沼气管、自来水管道作为保护线使用。

3.2.15　电气装置的检查、维修应根据需要采取全部停电、部分停电或不停电三种方式,并采取安全技术和组织措施。

(1)不停电工作时,应在电气装置及工作区域挂设警告标志或标示牌。

(2)全部或部分停电工作时,应严格执行停送电制度,将可能来电的电源全部断开(应具有明显的断开点),对可能有残留电荷的部位进行放电,验明确实无电后方可工作。在电源断开处挂设标示牌并在工作侧各相上挂接保护接地线。严禁约时停送电。

(3)带电工作时,应佩戴电工专用的个体防护用品,并有专人负责监护。

3.3　变配电室的安全管理

3.3.1　机动处向电站、维修车间下达年度维护保养计划,并考核其实施情况。

3.3.2 机动处应对变配电室需检测的设备、设施建立台账，并按国家的要求组织定期检测。

3.3.3 变配电室的安全要求

(1)配电室是重点要害部门，需挂安全标志牌，通往变配电所的道路应畅通，周围必须有足够的消防安全通道。

(2)配电室应设有可靠的避雷设施，配备相应的消防器材。

(3)建筑房屋做到"五防一通"(防火、防水、防漏、防雨雷、防小动物和通风良好)，地面清洁。

(4)配电室应设置绝缘垫、绝缘工作台、绝缘手套、绝缘棒、验电器等安全用具，并半年校验一次。

(5)在高压设备上工作应填写工作票，口头、电话命令必须记录或录音。至少应有两人在一起工作，指定监护人。并具备保证安全的组织措施和技术措施。

(6)工作票应由主管领导指定的专人签发。工作票签发人不能兼任该项工作的负责人。工作许可人不得签发工作票。

(7)高压配电柜维护检修时不得破坏、拆卸"五防"装置，检修中如需解体，检修结束应立即恢复，需做专项检测并作相应记录。

3.3.4 变配电室作业的安全要求

(1)无论高压设备带电与否，值班员不得移开或越过遮栏工作。若有必要移开遮栏时，必须经批准并有监护人在场，且保持安全距离。

(2)高低压配电室每2小时至少巡视一次；每周一次夜间闭灯巡视。巡视高压设备和线路时，不论带电与否均应视为带电，不得靠近或触及设备和线路。

有下列情况之一时，应进行特殊巡视或增加巡视次数：

——大风、雷雨恶劣天气时；

——新投入运行或修理后投入运行时；

——满负荷或超负荷时；

——电压变化在±5％以上时。

(3)巡视高压设备时，不应进行其他工作；雷雨天气需要巡视时，应穿绝缘靴，并不得靠近避雷器和避雷针。

(4)高压设备发生故障接地时，室内不应接近故障点4m以内，室外不应接近故障点8m以内，进入上述范围人员应穿戴绝缘靴和绝缘手套。

(5)倒闸操作应两人进行，雷雨天气时禁止倒闸操作。

(6)用绝缘棒拉合隔离开关或经传动机构拉合开关时应穿绝缘靴、戴绝缘手套。

(7)在全部或部分停电的电气设备上工作前,应先完成停电、验电、装设接地线、悬挂标志牌和装设遮拦。

(8)维修车间、电站车间负责变配电室的日常管理,并根据国家的法规和标准建立"两票、三制"及运行检修规程。

(9)倒闸操作必须根据调度指令执行。严格执行操作票制度。由两人操作,技术等级较高并对设备较熟悉者做监护。

(10)厂区施工前土建处向机动处提供动土地区的范围和深度等资料,经机动处同意确认签字后方可施工。机动处应向施工单位交待电缆走向、深度、安全净距及施工注意事项。

(11)电气设备应明确专人负责日常维护保养,定期停电清扫和检查。

3.3.5　停送电联系

(1)指定专人进行停送电联系。时间、内容、联系人、审批人等项目应在停送电凭证内写明。严禁采取约时或其他不安全的方式联系停送电。用电话联系时,值班员应记录,并重述一遍,准确无误后才能操作。双方对话的录音带至少保存一周。

(2)办完送电手续后,严禁再在该电气装置或线路上进行工作。遇人身触电,值班员可不经上级批准先行拉开有关线路或设备的电源开关,事后必须立即报告。

(3)执行工作票进行检修、预试工作时,工作负责人应按操作规程规定办理工作许可、工作延期、工作终结手续。

3.3.6　电气预防性试验

(1)电气实验装置由电站电气人员统一管理。

(2)参试人员必须熟悉试验设备、仪器的性能,熟练掌握试验方法、程序和标准。

(3)试验用的设备、仪器须经检定合格。

(4)试验场所应设置安全防护遮栏、安全警告牌。

(5)试验前,由电站电气工程师拟定试验方案,划定试验区域,提出安全措施,交主管领导审核批准后由工作票签发人签发工作票,交试验班组执行。

(6)试验工作负责人向全体试验人员说明试验任务、项目、标准、安全措施和注意事项,布置任务和应负的责任,并记录。

(7)试验过程中的各项操作应严格按试验程序进行。

3.4　低压电气运行安全管理

3.4.1　低压电气线路一般要求

(1)电气线路的容量,与其负荷相匹配。

(2)室内明设的绝缘线路距地面不小于 2.5 m(水平安装)和 1.8 m(垂直安

装),否则须加以保护。

(3)室内一般不允许装设裸导线,如必须架设须符合下列要求:距地面高3.5 m;距经常维修的管道1.5 m;距生产设备1.5 m;距吊车铺板2.2 m。

(4)线路应安装牢固,绝缘良好无破损,电气线路的接头牢固,保证接触可靠,绝缘符合要求,暂时不用的电气线路端头用绝缘胶布包好,不裸露,线路的保护装置齐全可靠。

(5)线路及汇流条上不准悬挂任何物件。

(6)线路相序、相色正确、标志齐全、清晰。

(7)运行电工要严格执行巡视检查制度,发现问题及时检修处理。

3.4.2 动力及照明箱(柜)

(1)编号、标识、标记齐全,箱(柜)内应张贴电气控制图。

(2)各种元器件、仪表、开关与线路连接应可靠,无严重发热、烧损现象。

(3)各熔断器内的熔断元件应与负荷相匹配,禁止超负荷,同一组熔断器内的元件规格相同。

(4)箱体应有可靠的保护接零(地)措施,插座接线正确。

(5)箱(柜)体完好无损,箱(柜)内无杂物和积水,箱(柜)前无堆积物。
外露元件应屏护完好。

3.4.3 电气照明

(1)在生产场所安装,距地面不小于2.5 m。

(2)设施完好,安装牢固,线路绝缘良好,不用金属丝捆绑悬挂。

(3)使用螺纹灯头时,螺口不得外露,火线不得接在螺口上。

(4)行灯及机床和工作台上使用的局部照明灯,采用安全电压。在金属容器内和特别潮湿场所使用的照明灯,其电压不超过12 V。

3.4.4 电气插座

(1)插座的额定容量应与用电负荷相适应。

(2)生产场所使用的380/220 V插座应分别为四孔和三孔的,并进行正确的保护接零(地)。

(3)单相三孔插座:面对插座的左孔接工作零线,右孔接相线,上孔接零(地)干线,严禁上孔与左孔用导线连接;三相四孔插座:面对插座的左、下、右三孔分别接相线,上孔接保护零(地)干线。

(4)不同电压和电流的插座,应有明显电压标志。

(5)插座装置距地符合设计或使用要求。

(6)特别潮湿、有易燃、易爆气体和粉尘较多的场所,应装设专用插座。

(7)插线板应绝缘良好,容量满足负荷要求,使用时不得放在地面、潮湿处或金属物上。

3.4.5 电气开关

(1)安装应牢固,其高度离地面 1.2～1.5 m。

(2)闸刀开关应垂直安装,合闸后其闸把应向上。

(3)闸刀开关应有防护罩。

(4)铁壳开关及磁力开关外壳应完好,其连锁装置及过流保护装置等应灵敏可靠。

(5)开关额定容量应与用电负荷相适应。

3.4.6 电动机及附属电气装置(略)

3.4.7 临时线路

(1)除成套配置的,有插头、连线、插座的接线排和接线盘外的临时性用电的电缆、电线、电气开关、设备等组成的供电线路为临时用电线路。在正式运行的电源上接引临时用电线路,且用电时间不超过 6 个月的用电方式为临时用电。超过 6 个月的用电,不能视为临时用电,必须按照供电工程设计规范执行。

(2)临时用电作业必须填写《临时用电申请单》,《临时用电申请单》一式二联,第一联由电工电气人员留存,第二联由用电单位留存。待用电结束后,用电单位持第二联到电工电气人员处申请工作结束,电工电气人员对《临时用电申请单》进行终结后拆除临时电源。

(3)公司内部所需架设的临时电源,由用电部门向所在车间当班值长提出申请,经值长审批签字后,由电工接线。

(4)外来施工单位需架设临时电源时,必须由施工单位负责人持《临时用电申请单》向机动处处长、专业工程师提出申请,由机动处处长、专业工程师在审批栏内确认签字并指定执行部门后,由施工单位到指定部门工程师(或值长)处提出申请,同意签字后,电气人员方可接线作业。公司内部所需架设的临时电源线,由用电单位向所在车间当班值长提出申请,经值长审批在执行部门栏内签字后,持《临时用电申请单》到本部门电气专业申请接线作业。

(5)电工负责临时线路管理。每天进行一次巡回检查,并记录,发现问题及时整改,确保临时用电设施完好。

(6)在生产装置上接用临时供电设施时,不得影响生产装置的正常运行,否则必须停止供电。

(7)现场接用的临时线路由使用单位负责管理,接线电工在接线前必须进行安全检查,不符合安全要求的禁止接线。机动处对其进行监督检查,发现问题及时整改,否则,立即停止供电。

(8)在防爆场所使用的临时线路,电器元件和线路要达到相应的防爆技术要求,并采取相应的防爆安全措施。

(9)现场临时用电供电设施的停送及现场临时线路安装和拆除,必须由电气专业人员按照电气安装规范和电气专业安全规程操作。

(10)临时供电设施或现场用电设施,必须安装高灵敏动作的剩余电流保护装置,移动式电动工具、手持式电动工具,应加装单独的电源开关和保护,严禁一台开关接两台及以上的电动设施。

(11)临时线架空时,装置区内不得低于 2.5 m,跨越道路时不得低于 5 m;不允许用金属管作电线支撑物,地面敷设时应穿管保护;电缆地下敷设时埋地深度不得低于 0.7 m,且沿线必须设安全标志。

(12)临时电线不得跨越或架设在有油、沼气或热体管道设备上。

(13)室外的临时用电开关需有防雨措施,开关安装离地面不得低于 1.3 m。

(14)在塔、釜、槽、罐等金属设备内及特别潮湿的场所装设的临时照明,安全电压不得超过 12 V,其他场所临时照明行灯电压不得超过 36 V。

(15)临时线路使用单位,不得变更地点和内容,禁止任意增加用电负荷。

(16)临时线路使用单位不得私自向其他单位转供电。

(17)临时用电结束后,使用单位及时通知拆除临时供电线路,使用单位不得私自拆除。

(18)临时用电使用期限为 10 天,延期使用需续办申请,最长使用时间不得超过一个月。

3.4.8　电力电缆线路

(1)一般要求(略)。

(2)电缆在室内的敷设(略)。

(3)电缆在电缆沟内的敷设(略)。

(4)电缆埋地敷设(略)。

3.5　剩余电流保护装置

3.5.1　剩余电流动作保护装置的应用

(1)必须安装剩余电流动作保护装置的设备和场所

——属于Ⅰ类的移动式电气设备及手持式电动工具;

——安装在潮湿、强腐蚀性等环境恶劣场所的电气设备;

——建筑施工工地的电气施工机械设备;

——暂设临时用电的电气设备;

——办公楼、宿舍楼、食堂、招待所客房内的插座回路;

——安装在水中的供电线路和设备;

——其他需要安装剩余电流动作保护装置的场所。

(2)可不装设剩余电流动作保护装置的设备:

——使用安全电压供电的电气设备;

——一般环境条件下使用的具有双重绝缘或加强绝缘的电气设备;

——使用隔离变压器供电的电气设备；

——采用了不接地的局部等电位连接安全措施的场所中使用的电气设备；

——没有间接接触电击危险的场所的电气设备。

3.5.2　剩余电流动作保护装置的选用(略)

3.5.3　剩余电流动作保护装置的安装(略)

3.5.4　剩余电流动作保护装置的运行和管理

(1)剩余电流动作保护装置在投入运行后,使用单位应建立运行记录,并建立相应的管理制度。

(2)每月需在通电状态下,按动试验按钮,检查剩余电流动作保护装置动作是否可靠。雷雨季节应增加试验次数。雷击或其他不明原因使剩余电流动作保护装置动作后,应作检查。

(3)为检验剩余电流动作保护装置在运行中的动作特性及其变化,应定期进行动作特性试验,测试漏电动作电流值、漏电不动作电流值和分断时间。

(4)退出运行的剩余电流动作保护装置再次使用前,应进行动作特性试验。动作特性试验时,应使用经检测合格的专用测试仪器,严禁利用相线直接触碰接地装置的试验方法。动作特性由制造厂整定,按产品说明书使用,使用中不得随意变动。

(5)剩余电流动作保护装置动作后,经检查未发现事故原因时,允许试送电一次,如果再次动作,应查明原因找出故障,必要时对其进行动作特性试验,不得连续强行送电。除经检查确认为剩余电流动作保护装置本身发生故障外,严禁私自撤除剩余电流动作保护装置强行送电。

(6)在剩余电流动作保护装置的保护范围内发生电击伤亡事故,应检查剩余电流动作保护装置的动作情况,分析未能起到保护作用的原因,在调查前应保护好现场,不得拆动剩余电流动作保护装置。

3.6　低压电气设备、设施的运行管理

3.6.1　机动处负责组织电气设计、改造、试车和验收。

3.6.2　电站、维修车间负责组织电气的日常维护、改造和检修。

3.6.3　各部门需要增装用电设备时,由使用部门提出申请,经机动处核准之后,方可实施。

3.6.4　易燃易爆场所的电气设计、施工、试车、维护和检修应按《中华人民共和国爆炸危险场所电气安全规程》(试行)的要求进行。

3.6.5　选用国家指定的防爆检验单位检验合格的防爆电气产品,不应降低防爆等级使用。

3.6.6　在低压电气设备、设施的维修工作前,应认真检查设备、附件、仪表、安全设施、工具和作业现场,确认安全可靠后,方可开始工作。

3.6.7 严禁带电作业,如生产需要确定不能停电时,应做好安全措施,方可带电作业。同时,要有专人监护和戴好专用防护用品。

3.6.8 使用电动工具时,金属外壳必须接地,并装有漏电保护器,戴好胶皮手套,使用时不应用力过猛,发现温度高和声音不正常时,应停用检查。

3.6.9 使用手提式工作灯时,电压不得超过 36 V,在潮湿或金属容器内时,则不得超过 12 V。

3.6.10 低压带电作业的安全要求

(1)低压带电作业时,作业范围内电气回路的漏电保护器应投入运行。

(2)低压带电作业时,应有专人监护,作业人员应戴绝缘手套,穿长袖衣服,穿绝缘鞋,使用有绝缘手柄的工具,站在干燥的绝缘物上工作。

(3)带电工作,应在天气良好的条件下进行。

(4)在带电的低压配电装置上工作时,应采取防止相间短路和单相接地短路的隔离措施。

(5)在紧急情况下,允许用有绝缘手柄的钢丝钳断开带电的照明线,断线时,应一根一根地进行;被断开的线头,应用胶布包扎起来,并加以固定。

(6)带电断开配电盘或接线箱中的电压表和电度表的电压回路时,应采取防止短路或接地的措施。

(7)严禁在电流互感器二次回路中带电作业。

3.7 移动式用电器

3.7.1 手持电动工具

(1)手持电动工具的管理、使用、检查和维修应按 GB 3787—2006《手持电动工具的管理、使用、检查和维修安全技术规程》和 GB 3883.1—2005《手持式电动工具的安全第一部分:通用要求》规定执行。

(2)移动电气设备上必须设置标志明显的接地螺丝。铭牌上的技术数据应齐全清晰,其安全防护罩壳、限位、保护、连锁应齐备可靠。手持握柄和操作手把采用绝缘材料。

(3)移动式电气设备与手持电动工具的电源线必须采用截面足够的三芯或四芯多股铜芯护套软电缆。严禁使用绝缘破坏的电缆,严禁将几根单芯导线并用。应采用专用芯线接地,此芯线严禁同时用来通过工作电流。严禁利用其他用电设备的零线接地。

(4)使用移动式电气设备和手持电动工具时,必须首先将接地线装好。正确使用合格的绝缘用具和安全防护用品。

(5)必须严格按操作规程使用移动式电气设备和手持电动工具。使用过程中需要移动电气器具或停止工作、人员离去或突然停电时,必须断开电源开关或拔掉电源插头。

(6)电动工具的软电缆或软线不得任意接长或拆换。

(7)电动工具所用的插头、插座必须符合标准,绝不能改装插头。带有接地插脚的插头、插座,在插合时应符合规定的接触顺序,防止误插入。需接地的电动工具不能使用任何转接插头。确保开关在插入插头时处于关断位置。接通电源前,拿掉所有调节钥匙或扳手。

(8)电动工具上运动的零件,必须装设机械防护装置(如防护罩、保护盖等),不得任意拆除。

不能用电线搬运、拉动电动工具或拔出其插头。电动工具要远离热、油、锐边或运动部件。

(9)进行调节、更换附件或贮存电动工具之前,必须从电源上拔掉插头。

(10)各使用部门应建立手持电动工具台账,每年至少进行一次检查维修,并做好记录。

(11)使用部门每半年组织一次绝缘电阻的检测,并做好记录。

3.7.2　电焊机

(1)由使用部门建立台账。

(2)线路容量应满足电焊机的容量要求。

(3)一、二次线路长度不应超过规定要求。

(4)使用部门每半年组织一次全面的维护、保养,并进行绝缘电阻的检测,做好检测绝缘电阻的检测,并做好检测记录。

3.8　防雷接地系统

3.8.1　接地装置的接地电阻值应符合电气装置保护和功能的要求,并能承受接地故障电流和对地泄漏电流,有足够的机械强度。

3.8.2　严禁用易燃易爆气体、液体、蒸汽的金属管道做接地线。每台电气设备的接地线应与接地干线可靠连接,不得在一根接地线中串接几个需要接地的部分。需挂临时接地线的地点,接地干线上应有接地螺栓。

3.8.3　保护用接地、接零线上不能装设开关、熔断器及其他断开点。

3.8.4　不同用途和不同电压的电气设备,可使用一个总接地体,但接地电阻应符合其中最小值的要求。

3.8.5　在中性点直接接地的系统中,电气设备的金属外壳应接零保护。在中性点非直接接地的系统中,电气设备的金属外壳应接地保护。同一台发电机、同一台变压器或同一段母线供电系统上的用电设备只能采用一种接地方式。

3.8.6　下列电气设备的金属部分,应接地或接零:

(1)电机、变压器、开关设备、照明器具和其他电气设备的底座或外壳;

(2)电气设备及其相连的传动装置;

(3)配电柜与控制屏的框架；

(4)互感器的二次绕组；

(5)室内、外配电装置的金属构架,钢筋混凝土构架的钢筋,及靠近带电部分的金属围栏和金属门；

(6)电缆的金属外皮,电力电缆的接线盒与终端盒的外壳,电气线路的金属保护管,敷线的钢索及电动起重机不带电的轨道；

(7)装有避雷线的电力线路杆塔；

(8)安装在电力线路杆塔上的开关、电容器等电力设备的金属外壳及支架；

(9)铠装控制电缆的外皮,非铠装或非金属护套电缆的1～2根屏蔽芯线。

3.8.7　接地装置的连接点应搭接焊,必须牢固无虚焊。通用电气设备的保护接地(零)线必须用多股裸铜线,并符合截面和机械强度的需要。有色金属接地线不能采用焊接时,可用螺栓连接,但应防止松动或锈蚀。利用串接的金属构件、管道作为接地线时,应在其串接部位另焊金属跨接线。

3.8.8　接地装置的接地电阻,应符合下列规定：

(1)小接地短路电流系统的电力设备,接地电阻不超过 10 Ω；

(2)低压电力设备的接地电阻不超过 4 Ω；总容量在 100 kVA 以下的变压器、低压电力网的接地电阻不超过 10 Ω；

(3)低压线路零线每一重复接地装置的接地电阻不大于 10 Ω；

(4)防静电的接地装置可与防感应雷和电气设备的接地装置共同设置,其接地电阻值,应符合防感应雷和电气设备接地的规定；只作防静电的接地装置,不大于 100 Ω。

3.8.9　室外高压配电装置应装设直击雷保护装置。独立避雷针(线)设立独立的接地装置,其接地电阻不超过 10 Ω。

3.8.10　独立避雷针不应设在行人经常通过的地方。避雷针及接地装置与道路或出入口的距离不小于 3 m,否则应采取均压措施。

3.8.11　与架空线路连接的配电变压器和开关设备的防雷设施：

(1)10 kV 配电变压器宜采用阀型避雷器或采用三相间隙保护；

(2)0.4 kV 配电变压器的高、低压侧均应用阀型避雷器保护；

(3)10 kV 柱上断路器、负荷开关、隔离开关应用阀型或管型避雷器或间隙保护。

(4)在多雷区,配电变压器的低压侧应设一组避雷器或击穿保险器。

3.8.12　接地装置、防雷装置应定期进行检查和测量接地电阻值,并记录归档。

3.8.13　投入使用后的防雷装置实行定期检测制度。防雷装置检测应当每年一次,对爆炸危险环境场所的防雷装置应当每半年检测一次。

3.9 防爆电气安全要求

3.9.1 在生产、加工、处理、转运或贮存过程中出现或可能出现爆炸和火灾危险环境的新建、扩建和改建工程的电力设计必须符合 GB 50058《爆炸和火灾危险环境电力装置设计规范》的相关要求。

3.9.2 防爆电气设备的运行与维护

(1)防爆电气设备应由经过培训考核合格人员操作、使用和维护保养。

(2)防爆电气设备应按制造厂规定的使用技术条件运行。

(3)设备上的保护、闭锁、监视、指示装置等不得任意拆除,应保持其完整、灵敏和可靠性。

(4)在爆炸危险场所维护检查设备时,严禁解除保护、连锁和信号装置;故障停电后未查清原因前禁止强送电;严禁带电对接电线(明火对接)和使用能产生冲击火花的工、器具。

(5)清理具有易燃易爆物质的设备内部必须切断电源,并挂标识牌;

(6)向具有易燃易爆物质的设备内部送前,必须检测内部及环境的爆炸性混合物的浓度,确认安全后方准送电。

3.9.3 防爆电气设备的检修

(1)防爆电气设备的检修工作,由设备所处辖区电气专业人员负责。

(2)防爆电气设备的检修分小修、中修、大修三种,应根据具体情况规定其检修周期,检修项目和检验标准。

(3)防爆电气设备大、中修后,由机动处电气工程师进行检验,确认合格证后方可交付使用。

(4)在爆炸危险场所中禁止带电检修电气设备和线路(本安线路除外),禁止约时停、送电,并应在断电处挂上"有人工作,禁止合闸"的警告牌。

(5)隔爆外壳的检修应按国家现行技术规定进行。检修时不得对外壳结构及主要零部件使用的材质及尺寸进行修改更换。必须修改更换时,应在保证设备原有安全性能的情况下,取得对该产品原鉴定检验单位同意后方可改动。

(6)在爆炸危险场所需动火检修防爆电气设备和线路时,必须办理动火审批手续。

3.10 静电防护

3.10.1 应在易燃易爆作业现场、静电敏感器件工作部位采取适当的防静电措施。

3.10.2 在组织工业建筑设计、施工的同时,土建处负责确定建筑物防静电装置的采用方式,安全环保部负责判定厂重要部位的防静电措施。

3.10.3 生产现场设置防静电设施,接地符合设计要求,竣工后要进行验收。

3.10.4 安全环保部要委托有资质机构定期对防静电地板、工作台面、防静电接地等防静电设施进行检测,确保合格并做好记录。

3.10.5 人员进入防静电区域必须穿防静电工作服、触摸静电接地释放装置。

3.10.6 操作现场有明显的防静电安全标志。

3.11 电气操作

按照 DL408—91《电业安全工作规程》(发电厂和变电所电气部分)及作业文件 GXP 20—01《电气设备安全操作规程》的规定执行。

4 相关文件(略)

5 相关记录(略)

三、消防管理程序

下面是某危险化学品生产企业的消防管理程序。该企业有专职消防队。程序的内容要点是:

(1)消防管理机构;

(2)消防安全基本要求;

(3)消防安全重点部位的特殊要求;

(4)消防安全教育培训;

(5)消防设施、器材管理;

(6)建筑防火;

(7)危险化学品火灾预防;

(8)《动火安全作业证》的办理和审批;

(9)灭火方法;

(10)检查、整改与考核;

(11)专职消防队的职责。

1 范围

规范消防安全、消防设施、建筑防火、危险化学品火灾预防的管理及消防安全检查。

2 职责

2.1 消防安全委员会

公司消防安全重要事项的决策和重要消防问题的处理。

2.2 公司主管消防的工作领导

审批消防器材计划及维修计划。

2.3 安全环保部

(1)消防安全监督管理。

（2）会同人力资源部进行消防安全培训教育。

（3）专职、义务消防队的业务指导。

（4）参与公司建筑消防设施设计的审核和竣工验收。

（5）重点消防安全部位动火作业的审批和现场消防安全监督。

2.4 专职消防队

（1）保障公司消防设施完整和消防通道畅通。

（2）火灾的扑灭和救援。

（3）消防车的日常管理，保证其处于待命出警状态。

2.5 机动处

负责消防车外委维修、保养。

2.6 人力资源部

负责消防安全培训教育。

2.7 各单位

本单位消防安全教育培训、消防安全检查、消防设施管理。

2.8 员工

接受消防安全培训教育，维护消防设施，掌握火灾预防、火警报告的知识，参加灭火救援。

3 工作程序及要求

3.1 本公司消防安全的重要性

本公司是《机关、团体、企业、事业单位消防安全管理规定》（公安部令第61号）规定的甲级防爆重点单位，是北海市消防安全重点单位，是危险化学品从业单位。

3.2 管理机构

3.2.1 公司安全生产委员会同时是公司消防安全委员会，负责公司消防安全重要事项的决策和重要消防问题的处理。

3.2.2 各单位设立基层消防安全领导小组，组长由单位负责人担任。

3.2.3 消防工作贯彻"谁主管谁负责"的原则并实行三级责任制：厂级责任制，处室、车间责任制，班组责任制。

3.3 消防安全基本要求

3.3.1 所有新、改、扩建项目的消防设施必须经北海市公安消防部门验收，安全环保部保存验收报告。

3.3.2 安全环保部建立消防档案，包括消防的配置和布置，公司消防安全重点部位相关信息，各级消防安全管理人，消防安全检查记录，重大火灾隐患及整改情况，消防器材保养记录等。

3.3.3 安全环保部请××市消防检测中心对公司建筑消防设施每年至少进行一次全面检测，确保完好有效，检测记录应当完整准确并存档。

3.3.4　土建处保证建筑物防火防烟分区、防火间距符合消防技术标准。

3.3.5　各单位每月 5 日前填写《消防设施标识卡》,定位放置、定人管理,消防队每月检查。

3.3.6　任何单位、个人不得损坏、挪用或者擅自拆除、停用消防设施,不得埋压、圈占、遮挡消火栓或者占用防火间距,不得占用、堵塞、封闭疏散通道、安全出口、消防车通道。

3.3.7　禁烟规定

厂区内任何时候严禁吸烟。

3.4　消防安全重点部位的特殊要求

3.4.1　消防安全重点部位

(1)一级消防安全重点部位是酒精车间精馏工段和保管处酒精成品罐区。酒精车间主任和保管处处长分别是消防安全管理人。

(2)二级消防安全重点部位及消防安全管理人如表 4-1 所示。

表 4-1　二级消防安全重点部位及消防安全管理人

序号	二级消防安全重点部位	消防安全管理人
1	预处理车间木薯仓库	预处理车间主任
2	工程车队罐车停车场	工程车队队长
3	水处理车间污水工段	水处理车间主任
4	电站车间锅炉	电站车间主任
5	维修车间配电室	维修车间主任

3.4.2　消防安全重点部位的特殊要求

(1)建立专门的消防档案。

(2)设置防火标志。

(3)实行每日防火巡查,并建立《消防巡查记录》。

(4)对职工进行岗前消防安全培训。

(5)由消防队组织或指导,每年进行一次灭火演练。

其中,每日防火巡查的内容是:

——用火、用电有无违章;

——安全出口、疏散安全通道是否畅通,安全疏散指示标志、应急照明是否完好;

——消防设施和消防安全标志是否在位、完整;

——其他消防安全情况。

3.5　消防安全教育培训

3.5.1　每年,将员工的消防安全教育培训纳入公司培训计划,由人力资源部会同安全环保部组织实施,实施时间可选择安排在季节变化、工艺更改、产品更换时段。

3.5.2 各单位组织开展的消防培训

（1）配合消防队组织开展电工、焊工、油漆工、易燃易爆操作、保管岗位作业人员的消防安全知识培训。

（2）配合消防队对本单位员工进行初起火灾的扑救培训。

3.5.3 承包方人员和劳务派遣人员经安全环保部消防安全教育后，才能上岗作业。

3.6 消防设施、器材管理

3.6.1 消防设施由消防队根据 GB 50140—2005《建筑灭火器配置设计规范》统一配置。

3.6.2 各单位指定专人，对本单位的消防设施进行日常维护和检查。

3.6.3 公共区域内的消防设施，由消防队明确管理措施和责任，确保其性能的保持。

3.6.4 未经消防队批准，任何单位或个人不得停用、拆除、减少或挪用消防设施、器材，否则依据 GXP 21—01《消防设施管理规定》处理。因工作需要而调整使用的要以书面形式报消防队备案。

3.6.5 消防安全标识设置，执行 GXP 29《作业现场管理程序》条款"3.7.3.1"的规定。

3.6.6 消防队每天对消防车辆及随车器材进行检查保养。

3.7 建筑防火

3.7.1 建筑设计

本公司几处建筑物状态如表 4-2 所示：

表 4-2 建筑物状态

建筑物	耐火等级	建筑层数	建筑面积（m²）	火灾危险性
酒精车间精馏工段	二级	2	1250	甲类（无水乙醇，闪点<28℃）
分离干燥车间热风炉	二级	单层	2500	甲类（沼气，爆炸下限<10%）
电站锅炉	二级	单层	1000	甲类（沼气，爆炸下限<10%）
水处理沼气稳压柜	二级	单层	800	甲类（沼气，爆炸下限<10%）
品控部库房	二级	单层	22	甲类（无水乙醇、乙醚、丙酮、甲醇等）

公司上述厂房、库房建筑设计、防火间距符合 GB 50016—2006《建筑设计防火规范》的要求，各建筑的间距大于 12 m。

3.7.2 厂房的安全出口

厂房的安全出口应分散布置。每个防火分区、一个防火分区的每个楼层，其相邻两个安全出口最近边缘之间的水平距离不应小于 5 m。

3.8 危险化学品火灾预防

危险化学品运输的火灾预防，执行 GXP 19《危险化学品管理程序》条款

"4.4"的相关规定。

危险化学品储存的火灾预防,执行《危险化学品管理程序》条款"4.5.1(2)"、"4.5.2(1)"、"4.5.2(2)"、"4.5.2(5)"、"4.5.2(6)"、"4.5.2(9)"和"4.5.3"的规定。

危险化学品使用、销毁的火灾预防,分别执行 GXP 19《危险化学品管理程序》条款"4.6"和"4.9"的相关规定。

3.9 《动火安全作业证》的办理和审批

《动火安全作业证》的办理和审批执行 GXP 23《动火作业管理程序》条款"3.2"的规定。

3.10 灭火方法

按照 GB 17914—1999《易燃易爆性商品储藏养护技术条件》附录 B,与危险化学品有关的灭火方法见表 4-3。

表 4-3　与危险化学品有关的灭火方法

序号	危险化学品类别	品名	灭火方法
1	易燃液体	汽油、燃料乙醇、变性燃料乙醇、车用乙醇汽油	干粉、二氧化碳、砂土
		柴油	雾状水、泡沫、干粉、二氧化碳、砂土
		丙酮、乙醚、乙酸乙酯、苯乙烯	泡沫、干粉、二氧化碳、砂土
		金属腐蚀抑制剂	干粉
		油漆	泡沫、干粉
2	易燃固体、自燃物品和遇湿易燃物品	六次甲基四胺	泡沫,二氧化碳,雾状水,砂土
		硫酸联氨	雾状水、泡沫、干粉、二氧化碳、砂土
3	腐蚀品	硝酸	雾状水、二氧化碳
		硫酸	干粉、二氧化碳、砂土
		盐酸	用碱性物质如碳酸氢钠、碳酸钠、消石灰等中和。也可用大量水扑救
		氢氟酸	雾状水、泡沫
		氢氧化钠、乙二胺	雾状水、泡沫、干粉、二氧化碳、砂土
4	氧化剂和有机过氧化物	过硫酸铵	雾状水、泡沫、砂土
		硝酸铵、硝酸银	水、雾状水
		混凝剂	干粉、砂土
5	有毒品	硝酸汞	雾状水、砂土
		二氯甲烷	雾状水、砂土、泡沫、二氧化碳
		三氯甲烷	雾状、二氧化碳、砂土
		苯	雾状水、泡沫、干粉、二氧化碳、砂土

续表

序号	危险化学品类别	品名	灭火方法
6	易制毒化学品	三氯甲烷	雾状、二氧化碳、砂土
		乙醚、丙酮、甲苯	泡沫、干粉、二氧化碳、砂土
		盐酸	用碱性物质如碳酸氢钠、碳酸钠、消石灰等中和。也可用大量水扑救
		高锰酸钾	水、雾状水、砂土
		甲基乙基酮	干粉、泡沫、二氧化碳
		硫酸	干粉、二氧化碳、砂土

3.11　检查、整改与考核

3.11.1　消防安全检查

安全环保部每月对每个消防安全重点部位的巡查记录至少进行一次监督检查。

安全环保部组织相关部门每季度对各单位进行一次消防安全检查，填写《消防安全检查表》；重大节日前进行消防安全专项检查。

3.11.2　隐患整改

(1)安全环保部对存在火灾隐患的单位下发《隐患整改通知书》。

(2)存在火灾隐患的单位按通知单要求进行整改，将整改结果报送消防队，消防队验证整改结果并记录。

(3)对一时整改不了的隐患，责任单位要采取有效的安全防范措施，并制定整改计划，规定整改措施、整改时间、整改负责人，上报消防队，消防队负责监督整改。

3.11.3　公司消防考核

(1)对消防成绩突出的单位与个人给予表扬、奖励。

(2)对不履行消防职责的单位和个人，依据问题的性质、违规程度给予处罚；如果发生火灾造成损失，追究行政责任，造成重大损失的给予经济处罚。

3.12　专职消防队的职责

3.12.1　负责消防安全监督检查，保障公司消防设施完整和消防通道畅通。

3.12.2　负责消防车的建档、维护及日常管理，保证其处于待命出警状态。

3.12.3　负责重点消防安全部位动火作业的现场监督。

3.12.4　承担公司事故应急救援所需的工作。

3.12.5　参加涉及消防队的公司级、车间级应急救援预案的演练，并担任车间级应急救援中抢险救援组的技术指导。

为履行上述职责，公司对专职消防队的工作应提供支持，专职消防队应确保消防队员的技术水平和战斗力。

4 相关文件（略）

5 相关记录（略）

四、职业病防治管理程序

下面是某焦煤集团公司的《职业病防治管理程序》。内容要点是：

(1)本企业的职业病危害因素；

(2)职业病防治工作会议和年度计划；

(3)劳动合同、人员安排、危害公示和警示标志；

(4)职业危害申报、职业病危害项目"三同时"；

(5)粉尘控制；

(6)噪声和局部震动控制；

(7)其他职业病危害因素控制；

(8)职业病危害因素监测；

(9)职业健康体检；

(10)职业健康档案和职业病报告；

(11)职业病的待遇；

(12)职业病危害防治群众监督。

1 范围

本程序的目的是规范职业病防治管理。

本程序适用于集团公司所有单位和相关部门。

2 定义

2.1 职业病

指企业、事业单位和个体经济组织（统称用人单位）的职工在职业活动中，因接触粉尘、放射性物质和其他有毒、有害物质等因素而引起的疾病。

2.2 职业病危害因素

指在生产劳动或者其他职业活动中存在的危害职工身体健康、影响劳动能力的物理性、化学性、生物性等因素的总称。

2.3 有害作业

指作业活动中存在的职业病危害因素或作业本身属于《职业健康监护管理办法》（卫生部令第 23 号）附录《职业健康检查项目及周期》中的"危害因素或作业"的作业活动。

2.4 有害作业人员

指从事有害作业的人员。

2.5 职业健康监护

主要包括职业健康检查、职业病健康档案管理等内容。职业健康检查包括上岗前、在岗期间、离岗时和应急的健康检查。

3 职责

3.1 集团公司总经理和分管安全生产的副经理对职业病防治工作负领导责任。

3.2 劳动人事部负责：

(1)与职工订立劳动合同,保证危害告知条款的列入;

(2)组织职工体检、职业病诊断和治疗;

(3)为职工办理工伤保险及落实工伤保险待遇;

(4)配发符合职业病防护要求的劳动防护用品。

3.3 安全监察部负责：

(1)集团公司职业病危害申报;

(2)参加新、改、扩建项目职业病防护设施的设计审查和竣工验收;

(3)作业场所职业病危害因素控制的监督检查;

(4)γ射线辐射监测;

(5)岗位粉尘、高温、噪声的分级。

3.4 通风管理部负责地面作业场所粉尘、噪声、高温的检测和井下粉尘浓度的监测。

3.5 矿山救护队负责矿井井下、地面有限空间有害气体的监测。

3.6 机电工程部负责推广、应用有利于职业病防治的新技术、新工艺、新材料,限制使用或者淘汰职业病危害严重的设备、材料。

3.7 职工医院负责工伤急救和为职工建立职业健康体检档案。

3.8 培训中心负责实施对有害作业人员的职业卫生培训。

3.9 工会负责：

(1)对集团公司的职业病防治工作进行监督;

(2)参与建设项目职业病防护设施的设计审查和竣工验收;

(3)参与职业危害事故的调查处理。

3.10 各二级生产单位负责本单位的职业病防治工作和对有害作业人员的危害告知,矿井通风队负责粉尘、有害气体的检测。

4 工作程序及要求

4.1 集团公司的职业病危害因素

集团公司的职业病危害因素见表4-4,其中"危害因素或作业"一栏的写法与《职业健康监护管理办法》(卫生部令第23号)附录《职业健康检查项目及周期》中的"危害因素或作业"的项目名称相同。

表 4-4 集团公司职业病危害因素分布表

序号	危害因素或作业		岗位/工种	涉及的单位
1	无机粉尘	煤尘	综采/综放割煤,综采/综放移架,综采/综放转载,综放面放顶,综掘面割煤,综掘面打锚杆眼,炮掘面打眼、放炮、攉煤,喷浆,煤仓放煤口,选煤厂手选皮带,毛煤筛,破碎机,司炉工等	生产矿井,选煤厂,电厂,物业公司
		其他	推土机、装载机司机	机修中心
2	噪声		风镐工,风钻工,锚索工,过滤机,破碎机等	生产矿井,选煤厂,电厂
3	局部振动		风镐工,风钻工	生产矿井
4	高温		电厂锅炉检修工	电厂
5	外照射(γ 射线)		皮带输送机计量	生产矿井,选煤厂,技术监督中心,安全监察部
6	焊割作业(焊尘,紫外线等)		焊割作业	多个单位
7	致职业性皮肤病化学物质		酸类作业:机车充电工,煤质化验	生产矿井,机修中心,选煤厂,电厂,物业公司
8	矿井井下有毒有害气体(瓦斯,二氧化硫,硫化氢,遇火区时产生的一氧化碳)		矿井井下作业	各生产矿井

注:除表中列出的之外,危害因素或作业还有:电工作业(特种作业),压力容器操作,高处作业,机动车驾驶作业。

4.2 职业病防治工作会议和年度计划

4.2.1 每年度集团公司经理主持召开有各单位和部门及工会负责人和职工职业安全卫生代表参加的职业病防治工作会议。

(1)输入(与会人员得到的信息)

①职业病危害因素的检测结果;

②最近一次职业健康体检结果;

③主管安全生产副经理关于上年度职业病防治计划完成情况的报告。

(2)输出(会议做出的决定)

①依据上述的输入情况,对有关部门和单位予以考核、奖惩;

②就制订本年度职业病防治计划提出指导意见。

4.2.2 通风管理部和安全监察部根据职业病防治工作会议提出的指导意见,拟订本年度职业病防治计划,分管领导审核、集团公司经理批准。

4.3 劳动合同、人员安排、危害公示和警示标志

4.3.1 劳动合同

（1）劳动人事部与职工签订的劳动合同中，要有危害告知的条款，如实告知如下内容：劳动过程中可能接触职业病危害因素的种类；危害程度；危害结果；提供的职业病防护设施和个体使用的职业病防护用品；相关待遇。

（2）在已订劳动合同期间职工因工作岗位或者工作内容变更，从事与所订立劳动合同中未告知的存在职业病危害的作业时，劳动人事部要向职工履行如实告知的义务，并协商变更原劳动合同相关条款。

（3）未进行离岗职业健康检查的职工，劳动人事部不得与其解除或终止劳动合同。

4.3.2 人员安排

（1）各单位须配备专职或兼职的职业卫生人员。

（2）根据 AQ 1020—2006《煤矿井下粉尘综合防治技术规范》要求，每个采区至少配备 1 名、经培训合格的测尘人员。

（3）劳动人事部不得安排未经上岗前职业健康检查的人员从事接触职业病危害因素的作业，不准安排有职业禁忌的人员从事其所禁忌的作业。一旦发现，要调离原工作岗位，并妥善安置。

（4）劳动人事部不得安排孕期、哺乳期的女职工从事对本人和胎儿、婴儿有危害的作业，一旦发现立即纠正。

4.3.3 危害公示和危害告知

（1）危害公示：存在严重职业病危害的单位，安全监察部指导相关单位在醒目位置设置公告栏，公布有关职业病防治的规章制度、操作规程、职业病危害事故应急救援措施和工作场所职业病危害因素检测结果。

（2）危害告知：安全监察部或相关单位对有害作业人员进行危害告知。危害告知的格式见附录1（略）。

4.3.4 警示标识

对产生严重职业危害的作业岗位，安全监察部指导相关单位在其醒目位置设置警示标识和中文警示说明。警示标识的设置要符合 GBZ 158—2003 的要求。

4.4 职业危害申报、职业病危害项目"三同时"

4.4.1 依据《关于开展作业场所职业病危害申报工作的通知》（国家安全生产监督管理总局安监总职安[2007]20 号决定），集团公司安全监察部向××煤矿安全监察局申报：本单位的基本情况；产生职业病危害因素的生产工艺或材料；职业病危害因素的种类；职业病危害因素的人数及分布；职业病危害防护设施及个体防护用品的配备情况等。

下列事项发生重大变化时，应向原申报主管部门申请变更：新、改、扩建项目；因技术、工艺或材料等发生变化导致原申报的职业危害因素及其相关内容发生重大变化;企业名称、法定代表人或主要负责人发生变化。

4.4.2 集团公司建设项目的职业病防护设施所需费用应当纳入建设项目工程预算,并与主体工程同时设计,同时施工,同时投入生产和使用。

4.4.3 新建、改建、扩建、技术改造、技术引进项目,安全监察部负责按照《建设项目职业病危害评价规范》(卫法监发[2002]63号)的要求,如实向评价机构提供资料,以进行职业病危害预评价,竣工验收前委托评价机构进行建设项目职业病危害控制效果评价。职业病危害预评价、职业病危害控制效果评价要由取得省级以上人民政府卫生行政部门资质认证的职业卫生技术服务机构进行。

4.5 粉尘控制

4.5.1 作业场所粉尘浓度

按 GBZ 2.1—2007《工作场所有害因素职业接触限值》条款 4.2 的规定,作业场所空气中粉尘浓度要符合表 4-5 的要求。

表 4-5 作业场所空气中粉尘浓度标准

粉尘中游离 SiO_2 含量		最高允许浓度(mg/m^3)	
种类	含量 $s(\%)$	总粉尘	呼吸性粉尘
煤尘	$s<10$	4	2.5
煤尘,矽尘	$10{\leqslant}s{\leqslant}50$	1	0.7
煤尘,矽尘	$50<s{\leqslant}80$	0.7	0.3
煤尘,矽尘	$s>80$	0.5	0.2

4.5.2 粉尘防治

4.5.2.1 井下

(1)采煤

①采煤工作面要有国家认定的机构提供的煤层可注性鉴定报告,并应对可注水煤层采取注水防尘措施,减少生产过程的煤尘产生量。

②采煤机必须安装内、外喷雾装置。割煤时必须喷雾降尘,内喷雾压力不得小于 2 MPa,外喷雾压力不得小于 1.5 MPa,喷雾流量应与机型匹配。如果内喷雾装置不能正常喷雾,外喷雾压力不得小于 4 MPa,无水或喷雾装置损坏时必须停机。

③采煤工作面回风巷要安设至少两道风流净化水幕。净化水幕应能覆盖巷道全断面,并保证水压、水量和雾化效果。爆破、出煤等作业产尘较大时,必须使用水幕净化风流,无净化水幕或未能正常使用,不得出煤和爆破作业。

④液压支架和综放工作面的放煤口,必须装设喷雾装置,降柱、移架或放煤时同步喷雾;破碎机必须安装防尘罩和喷雾装置或除尘器。无水或喷雾装置不能正常使用,不得作业。

⑤炮采工作面要采取湿式钻眼法,使用水炮泥;爆破前、后要冲洗煤壁,爆破时要喷雾降尘,出煤时洒水。

（2）掘进

①炮采掘进工作面、掘进峒室及钻场,必须采取湿式打眼、水炮泥、爆破前冲洗巷壁、爆破喷雾、装煤（岩）洒水、净化风流和个人防护等综合防尘措施。安全员现场监督落实。

②软煤层中瓦斯抽放钻孔难以采取湿式钻孔时,可采取干式钻孔,但必须采取捕尘、降尘措施,工作人员必须佩戴防尘保护用品。

③综掘工作面掘进机作业时,应使用内、外喷雾装置和除尘风机。内喷雾使用水压不得小于 3 MPa,外喷雾使用水压不得小于 1.5 MPa,如果内喷雾使用水压小于 3 MPa 或无内喷雾装置,则必须保证外喷雾装置和除尘风机的正常使用,否则必须停机。

④综掘工作面应配备湿式除尘风机。掘进机作业时必须保证除尘风机正常运行,确保除尘效果。否则,不得开机掘进。

⑤掘进巷道回风流中必须使用水幕净化风流,无净化水幕或未能正常使用,不得掘进和爆破作业。

⑥打锚杆眼宜实施湿式钻孔,掘进、修复巷道采用锚喷、喷浆支护时,必须采用潮料,并使用除尘机对上料口、余气口除尘,作业人员必须佩戴劳动保护用品,且必须在喷射地点下风流方向 100 m 内设置两道以上风流净化水幕。

（3）运输

①主要运输巷、带式输送机斜井与平巷、上山与下山、采区运输巷与回风巷、采面运输巷与回风巷、掘进巷道等地点都必须敷设防尘供水管路,并装设支管和阀门（50~100 m）,便于冲洗、洒水降尘。

②转载点落差宜小于或等于 0.5 m,若超过 0.5 m,则必须安装溜槽或导向板。

③各转载点和卸载点要实施喷雾降尘,或采用除尘器除尘。

④煤仓放煤口、溜煤眼放煤口下风侧 20 m 内,要设置一道风流净化水幕。

⑤距离尘源较远或沉积强度小的巷道,可几天或一天冲洗一次,运输大巷可半月或一个月冲洗一次。

（4）通风

①进风井口必须布置在粉尘不能侵入的地方。保持井下巷道湿润,防止人员行走时产生粉尘。

②井巷中的风流速度要符合《煤矿安全规程》第 101 条的规定,必须采取措施防止风速超限造成粉尘飞扬。

③建立完善的防尘供水系统,没有防尘供水管路的采、掘工作面不得生产。

④对煤尘沉积强度较大的巷道,可采取水冲洗的方法,在距离尘源 30 m 的

范围内,沉积强度大的地方,要每班或每日冲洗一次。

⑤工作面巷道必须每周两次冲洗,冲洗沉积煤尘、并清除堆积的浮煤,每年要至少进行1次对主要进风大巷刷浆。

⑥采掘工作面要实行独立通风。如果独立通风有困难时可采用串联通风,但必须采取可靠措施(如净化水幕等)保证被串工作面的风流粉尘浓度符合规定。

⑦井下除尘风机、防尘供水管路和阀门、采煤机和掘进机的喷雾装置、风流净化水幕等防尘设备和设施的使用和维护责任要落实到人。

4.5.2.2 地面粉尘防治

(1)原煤、中煤堆场

①安装水喷雾装置,保持场内湿润;

②在贮存场的周围设置专门的防风墙(防风设备),减少风从场内带出粉尘的可能性;

③原料在搬运前先洒水湿润。

(2)厂房、车间

①地面筛分厂、破碎车间、带式输送机走廊、转载点等地点,都必须装设喷雾装置或除尘器,作业时进行喷雾降尘或除尘器除尘;

②采用自然或机械通风,降低空气中的含尘量;

③做好对厂房和机械设备的清洁维护工作;

④减少卸料物流的高差和倾角,尽可能设置隔流设施,运输过程中应用密封性能好的运输设备。

4.5.2.2 劳动防护

进入产生粉尘作业现场的职工必须戴个体防尘用具。矿井未带防尘用具的,检身工有权阻止其入井。劳动防护用品佩戴执行 JM(OHS)P 4609—2008《劳动防护用品管理程序》的相关规定。

4.6 噪声和局部振动控制

4.6.1 噪声

对噪声作业岗位,岗位所在单位领导要执行《工业企业职工听力保护规范》中的如下规定:

(1)对暴露于≥85 dB(A)场所的人员,要配备、佩戴足够声衰值的护耳器;

(2)暴露于≥90 dB(A)的作业场所要优先采用工程措施,降低作业场所噪声;噪声控制设备必须经常维修保养,确保噪声控制效果。

4.6.2 局部振动

对于局部振动作业,矿井区队长、班长确保其作业人员:

(1)限制一个工作日内连续和间断接触局部振动的时间,坚持工间休息。

(2)限制一周内从事局部振动作业的天数、总时数及定期轮换工作制度。

4.7　其他职业病危害因素控制

4.7.1　高温

对于从事或接触高温的作业岗位,岗位所在单位领导要加强自然通风,并配备含盐清凉饮料,降温设备和休息室以及必要的个人防护用品。

在不同工作地点温度、不同劳动强度条件下的允许持续接触热时间不得超过表 4-6 所列数值。

表 4-6　高温作业允许持续接触热时间限值(min)

工作地点温度(℃)	轻劳动	中等劳动	重劳动
30～32	80	70	60
32～34	70	60	50
34～36	60	50	40
36～38	50	40	30
38～40	40	30	20
40～42	30	20	15
42～44	20	10	10

4.7.2　外照射(γ射线)

对从事或接触核子秤岗位的工作人员要配备个人剂量计和防护设备,操作严格执行 JM(OHS)SP 4633—2008《放射性工作安全卫生管理程序》的相关规定。

4.7.3　酸液

(1)酸液贮罐材质符合要求,设置标识,严禁带缺陷使用。收存和发放酸液,必须进行登记、签名。

(2)使用酸液作业人员必须正确使用安全劳动防护用品。

(3)按生产工作所需领取酸液,放料、搬运、投料的相关操作要细心、缓慢,发现泄漏要立即终止操作,待处理好后,方可继续。酸液溅到人身,要立即用大量清水冲洗。

4.7.4　焊割作业

(1)手工电弧焊时要使用低氟、低锰或无锰焊条,采用局部通风和全面通风降低焊接烟尘危害。

(2)焊割场所要设置防护屏或临时防护屏,确保电弧光不对附近人员造成伤害。操作者要使用装配有过滤镜片的防护罩或头盔;在抬起头盔检查工件时,应在头盔下戴上有侧护罩的过滤目镜或眼镜;每日接触最高不超过 $0.9\ \mu W/cm^2$ (或 $12.9\ mJ/cm^2$)。

(3)局部排风受限或在密闭容器中焊接时,必须使用呼吸防护装置,可根据情况选用过滤式的防尘口罩、高效全面罩呼吸器、高效正压带动力装置的空气净化呼吸器或正压压缩空气管道供气的呼吸器。

（4）噪声强度较大的焊割工艺，作业人员要佩戴耳塞或护耳罩。

（5）作业人员穿符合 GB 15701—1995 的焊接防护服，戴防护手套。工作服袖口要扎紧、扣好，皮肤不外露。

4.7.5　矿井井下有毒有害气体控制

4.7.5.1　空气成分及有毒有害气体浓度

矿井井下空气成分及有毒有害气体的浓度必须符合下列要求：

（1）采掘工作面的进风流中，氧气浓度不低于 20%，二氧化碳浓度不超过 0.5%。

（2）有害气体的浓度不超过表 4-7 规定。

表 4-7　矿井有害气体最高允许浓度

名称	最高允许浓度（%）
一氧化碳 CO	0.0024
氧化氮（换算成二氧化氮 NO_2）	0.00025
二氧化硫 SO_2	0.0005
硫化氢 H_2S	0.00066
氨 NH_3	0.004

矿井中所有气体的浓度均按体积的百分比计算。

4.7.5.2　通风要求

（1）风流速度

矿井井巷中的风流速度应符合表 4-8 规定，进风井口以下的空气温度（干球温度）必须在 2℃以上，防止风流速度过低不能有效稀释井下的有毒有害气体（同时防止风流速度超限导致工人患风湿病症）。

表 4-8　井巷中的允许风流速度

井巷名称	允许风速/（m/s）	
	最低	最高
无提升设备的风井和风硐		15
专为升降物料的井筒		12
风桥		10
升降人员和物料的井筒		8
主要进、回风巷		8
架线电机车巷道	1.0	8
运输机巷，采区进、回风巷	0.25	6
采煤工作面、掘进中的煤巷和半煤岩巷	0.25	4
掘进中的岩巷	0.15	4
其他通风人行巷道	0.15	

（2）进风井口必须布置在有害和高温气体不能侵入的地方。已经布置在有害和高温气体侵入的地点的,必须采取安全措施并认真落实。

（3）采掘工作面应实行独立通风。如果独立通风有困难时可按《煤矿安全规程》第112条和第114条的规定采用串联通风,但必须采取可靠措施保证被串采掘工作面或用风地点的风流中有毒有害气体的浓度符合规定。

4.7.5.3　灭火要求

（1）采用阻化剂防灭火时,选用的阻化剂材料不得污染井下空气和危害人体健康。

（2）井下发生火灾事故,抢救人员和灭火过程中,必须指定专人检查瓦斯、CO,其他有害气体等,还必须采取防止人员中毒的安全措施。

（3）封闭火区灭火时,要尽量缩小封闭范围,并必须指定专人检查瓦斯、氧气、CO及其他有害气体,还必须采取防止人员中毒的安全措施。

4.7.5.4　其他

（1）排除井筒和下山的积水以及恢复被淹井巷前,必须由矿山救护队检查水面上的空气成分,发现有害气体,必须及时处理;排水过程中,如有被水封住的有害气体涌出的可能,必须制订安全技术措施排放有害气体。

（2）井下炮掘工作面爆破后,必须待工作面炮烟吹散后,方可进入爆破地点作业,防止炮烟中毒事故的发生。

4.8　职业病危害因素监测

职业病危害因素监测项目、频次和依据见表4-9。

表4-9　职业病危害因素监测项目、频次和依据

序号	检测项目		频次	依据的标准	使用的仪器或方法	责任部门
1	井下粉尘	总粉尘	2次/月	《煤矿安全规程》	GH 100型直读式粉尘浓度测量仪 分散度使用生物显微镜	通风管理部,矿井通风队
		分散度	1次/6月			
		呼尘	采、掘1次/3月 其他1次/6月			
		定点呼尘	1次/月			
	地面粉尘		1次/月	GB 5817—1986《生产性粉尘作业危害程度分级》	GH 100型直读式粉尘浓度测量仪	通风管理部
2	高温		1次/月	GB/T 4200—1997《高温作业分级》	棒式温度计	电力公司

续表

序号	检测项目	频次	依据的标准	使用的仪器或方法	责任部门
3	噪声	1次/季	《工业企业噪声卫生标准(施行)》 LD 80—1995《噪声作业分级》	ND_2型精密声级计	通风管理部
4	SiO_2	1次/6月	GB 5817—1986《生产性粉尘作业危害程度分级》附录A	焦磷酸法	通风管理部
5	CO_2	2次/每班	AQ 1008—2007《矿山救护规程》	CK50多种气体检定器	矿井通风队
6	CO	随机	AQ 1008—2007《矿山救护规程》	CK50多种气体检定器	矿山救护队
7	H_2S	随机	AQ 1008—2007《矿山救护规程》	CK50多种气体检定器	矿山救护队
8	CH_4	2次/每班	AQ 1008—2007《矿山救护规程》	AQG—1光干涉型甲烷测定器	矿井通风队
9	γ线辐射	1次/年	GB 10436—1989《作业场所微波辐射卫生标准》 GB 18871—2002《电离辐射防护与辐射源安全基本标准》	(外委)	安全监察部
10	局部震动	2次/年	GBZ 1—2002工业企业设计卫生标准	(外委)	劳动人事部

安全监察部每年年底前向地方政府卫生部门报告当年职业病危害因素检测的结果。

4.9 职业健康体检

4.9.1 对有害作业人员,劳动人事部要组织他们在上岗前(含变动工作前)、在岗期间和离岗时进行职业健康检查,由省级人民政府卫生行政部门批准的医疗卫生机构承担,检查费用集团公司承担。检查结果如实告知他们。

程序流程图为:员工进场→岗前职业病健康检查→建立健康监护档案→工伤保险→岗前培训→领用劳保用品→在岗期间健康检查和培训→离岗前的健康检查→离岗→给员工健康监护档案复印件。

4.9.2 查体内容及周期

查体的主要项目、周期及职业禁忌症见表6(略)。

4.9.3 疑似尘肺和尘肺的复查

(1)疑似尘肺患者(0+)拍片复查1次的周期:岩石掘进工1年;混合工种2

年;纯采煤工 3 年。

(2)I 期尘肺 1 年复查 1 次。

4.9.4　临时性查体

各单位需进行特种作业查体和其他临时性健康查体,需经劳动人事部批准后,方准安排实施。

4.9.5　查体结果的处理

职工医院将各种查体结果每年汇总,反馈到劳动人事部、安全监察部门。劳动人事部及相关单位依据职业病诊断证明和负责职业健康查体医生的意见,对查出的职业禁忌症、职业病人及疑似职业病人,及时进行相应的处理,包括复查、进一步检查、药物治疗、住院治疗、工作调整等。劳动人事部门将处理结果要通告集团公司工会。

4.10　职业健康档案和职业病报告

4.10.1　职工医院为每位职工建立 1 份健康档案,包括其职业史、职业病危害接触史、职业健康检查结果和职业病诊疗等有关个人健康资料。

4.10.2　职工离开集团公司时,有权索取本人职业健康档案复印件,职工医院应当如实、无偿提供,并在所提供的复印件上签章。

4.10.3　职工医院在每年年底前向地方政府卫生部门报告当年职工健康体检情况。

4.10.4　慢性职业病的报告:职工医院每年 11 月份将新发职业病人数和疑似职业病人数进行汇总、报地方政府卫生部门,已确诊的还要报地方政府劳动和社会保障部门。

4.11　职业病的待遇

职业病的待遇由集团公司劳动人事部负责保证。

4.11.1　职业病的待遇按《工伤保险条例》(2003 年国务院令第 375 号)第五章的规定执行。

4.11.2　职工合同终止、解除或调离集团公司时发现职工患有职业病的,由集团公司负责工伤保险的办理。在新单位发现患有职业病、有证据表明是在集团公司期间造成的,由集团公司负责工伤保险的办理;否则由新单位负责工伤保险的办理。

4.11.3　患有职业病但没有参加工伤保险的职工,其检查和治疗费用,由造成该职业病的用人单位承担。

4.11.4　职业病患者享受职业病待遇期间,由诊断出职业病的医疗机构视病情提出治疗方案,需住院者及时收入治疗;需转诊的,由诊断出职业病的医疗机构出具转诊证明到指定医院会诊、治疗,住院期间待遇按《工伤保险条例》的规定执行。

4.11.5　职工医院每年为职业病患者联系复查事宜,经过复查,换取《职业病诊断证明书》。

4.12　职业病危害防治群众监督

工会及职工职业安全卫生代表对职业病危害防治进行群众监督。

4.12.1　监督对象和监督内容

监督对象和监督内容见表 4-10。

表 4-10　职业病危害防治群众监督

序号	监督对象	监督内容
1	集团公司领导	本程序条款 4.2
2	劳动人事部	本程序条款 4.3.1,4.3.2,4.9,4.11
3	通风管理部,矿山救护队,安全监察部等	本程序条款 4.8 相关内容
4	安全监察部	本程序条款 4.3.3,4.3.4,4.4
5	培训中心	是否按 JM(OHS)P 42—2008《职业健康安全培训教育管理程序》条款 4.1.7 对有害作业人员进行了培训
6	职工医院	本程序条款 4.10
7	各相关单位	本程序条款 4.3.3,4.3.4,4.5,4.6,4.7

4.12.2　对任何违反职业病防治法律、法规的行为,可提出批评、检举和控告。

5　相关文件(略)

6　相关记录(略)

五、动火作业管理程序

下面是某危险化学品生产企业的动火作业管理程序。程序的内容要点是:

(1)动火作业分级;

(2)动火安全作业证;

(3)岗位职责要求;

(4)动火作业安全要求;

(5)动火分析及合格标准;

(6)焊割作业安全管理;

(7)固定动火点和固定动火区的管理;

(8)监督检查。

1　范围

规范动火作业分级、动火作业安全要求、动火分析及合格标准、职责要求、

《动火安全作业证》的管理及固定动火区的管理。

2　定义

2.1　易燃易爆场所

生产和储存物品的场所属于 GB 50016《建筑设计防火规范》规定的火灾危险性为甲、乙类的区域。

公司的易燃易爆场所存在于：木薯仓库、精馏车间、酒精罐区、栈桥和泵房、柴油罐区、污水处理工段。

2.2　动火作业

能直接或间接产生明火的工艺设置以外的非常规作业，如使用电焊、气焊（割）、喷灯、电钻、砂轮等进行可能产生火焰、火花和炽热表面的非常规作业。

2.3　动火作业项目

（1）焊接、切割作业。

（2）使用喷灯、火炉、气炉、电炉等明火作业，煨管、熬沥青、炒沙子等施工作业。

（3）易燃易爆区域内打磨、喷沙、锤击等产生或可能产生火花的作业。

（4）易燃易爆区域内临时用电或使用非防爆电动工具、电气设备及器材的作业。

（5）机动车进入酒精生产区或罐区，及在酒精生产区或罐区内设置自带动力源的发电机和自带动力源的空气压缩机的活动。

2.4　固定动火区

在规定的区域内较稳定地从事焊接与切割作业和使用喷灯、砂轮及散发火花或明火的检修和加工工作的区域。

2.5　固定动火点

在一定的期间内或长期用在生产、施工及生活中的有明火、火花、赤热表面（电加热等）作业。如：施工用的沥青锅、生产中的煤气炉、电炉、高温电子壶等。

3　职责

3.1　公司总经理

特殊动火作业的审批。

3.2　安全环保部

（1）动火作业（包括）的监督管理。

（2）特殊动火作业的审核，一级动火作业的审批。

3.3　机动处

特殊动火作业时，设备安全措施落实情况的复检审批。

3.4　技术处

负责动火作业中相关生产设备、管线及设施的清洗、置换、排放等作业的监督管理。

3.5　人力资源部

组织作业人员的安全培训,颁发上岗操作证。

3.6　中心化验室

提供动火作业的分析化验数据。

3.7　各车间

(1)辖区内二级动火作业的监督,审批动火作业手续。

(2)督促检查风险消减措施的落实情况。

3.8　动火作业地点所属的车间

(1)会同施工单位制定、落实风险消减措施。

(2)动火作业过程中的安全监护。

3.9　专职消防队

特殊动火作业的现场监护。

4　工作程序及要求

4.1　动火作业分级

动火作业分为特殊动火作业、一级动火作业和二级动火作业。

4.1.1　特殊动火是指在生产运行状态下的易燃易爆生产装置、输送管道、储罐、容器等部位上及其他特殊危险场所进行的动火作业。带压不置换动火作业按特殊动火作业管理。

4.1.2　一级动火是指在易燃易爆场所进行的除特殊动火作业以外的动火作业:

(1)有可燃易燃气体和可燃易燃液体的泵房、栈桥(装车栈桥和泵棚)。

(2)易燃易爆气体、液体的生产、储存区(精馏车间、酒精罐区、货场酒精罐区)。

(3)可燃固体的库区、堆场及输送区域或可燃固体正上方的动火作业(木薯仓库、木薯输送地廊、煤场、木薯渣堆场、木薯粉仓、输煤廊、粉碎工段等)。

(4)污水处理工段、工业下水和下水系统的管道(包括距上述地点 15 m 以内的区域)。

(5)易燃易爆危险化学品仓库(氧气、乙炔瓶仓库)。

厂区管廊上的动火作业按一级动火作业管理。

4.1.3　二级动火是指除特殊动火和一级动火以外的禁火区动火作业。

4.1.4　国家法定节假日或其他特殊情况时,动火作业升级管理。

4.2　动火安全作业证

4.2.1　《动火安全作业证》的区分

特殊动火、一级动火、二级动火的《动火安全作业证》(以下简称《作业证》)

应以明显标记加以区分,格式见附表。

4.2.2　《作业证》的审批

(1)特殊动火作业的《作业证》由公司总经理审批。

(2)一级动火作业的《作业证》由安全环保部负责人审批。

(3)二级动火作业的《作业证》白班由动火点所在单位领导或安全工程师审批,晚班由值长审批。

4.2.3　《作业证》的办理和使用要求

(1)办证人须按《作业证》的项目逐项填写,不得空项;根据动火等级,按审批权限审批。

(2)办理好《作业证》后,动火作业负责人应到现场检查动火作业安全措施落实情况,确认安全措施可靠并向动火人和监护人交代安全注意事项后,方可批准开始作业。

(3)一个动火点一张《作业证》。

(4)《作业证》不得随意涂改和转让,不得异地使用或扩大使用范围。

(5)《作业证》一式三联,二级动火由审批人、动火人和动火点所在单位操作岗位各持一份存查;一级和特殊动火《作业证》由动火点所在单位负责人、动火人和安全环保部各持一份存查;《作业证》保存期限至少为 1 年。

4.2.4　《作业证》的有效期限

(1)特殊动火作业和一级动火作业的《作业证》有效期不超过 8 h。

(2)二级动火作业的《作业证》有效期不超过 72 h,每日动火前应进行动火分析。

(3)动火作业超过有效期限,应重新办理《作业证》。

4.3　岗位职责要求

4.3.1　动火作业负责人(班长或班长以上人员)

(1)办理《作业证》,检查动火作业安全措施的落实。

(2)在动火作业前,详细了解作业内容和动火部位及周围情况,参与危险源识别和风险消减措施的制定、落实,向作业人员交代作业任务和防火安全注意事项。

(3)作业完成后,组织检查现场,确认无遗留火种后方可离开现场。

4.3.2　动火作业人员

(1)独立承担动火作业的动火作业人必须经过专门培训、主管部门考试合格并持有特种作业操作资格证的人员担任。

(2)参与危险源识别和风险消减措施的制定,逐项确认相关安全措施的落实情况。确认动火地点和时间。

(3)在接到《作业证》后,要详细核对《作业证》上的各项内容是否落实、审批手续是否完备,并亲自签字确认。不具备条件时,有权拒绝动火。

(4)带徒作业时,动火作业人员必须同时在场监护。

(5)动火作业人员必须随身携带《作业证》,严禁无证作业及审批程序不完备的动火作业。动火前(含动火间歇期超过 30 分钟的再次动火),应在动火分析合格后,主动向动火地点所在单位当班班长或化工岗位操作工呈验《作业证》,经其签字后方可动火作业。

(6)熟悉应急预案,掌握应急处理方法。

4.3.3 监护人

(1)监护人由动火所在单位和动火作业车间分别指派,动火所在单位应指派有岗位操作证、熟悉动火区域及岗位的生产过程、熟悉工艺操作和设备状况、出现问题能正确处理、有应付突发事故能力的人员担任。

(2)动火所在单位监护人,要对动火作业前的现场安全措施检查确认,作业前签署意见并签名。

(3)基本建设项目施工的动火,由施工单位指派监护人。与生产交叉的项目,由项目建设单位指派监护人。

(4)一个动火点至少要设一个监护人,特殊动火时,一个动火点要设两名监护人。

(5)监护人的位置应能方便观察到动火和火花溅落,必要时可增设监护人。高处动火作业或动火处下方的楼板、平台有孔洞时应在上下分别设置监护人。

(6)大检修动火、新改扩建项目动火,一个监护人在一个位置上能够很清楚地监视几个动火点时,允许一个监护人担任几个动火点的监护任务,但最多不能超过三个动火点。

(7)监护人负责动火现场的防火检查和监督工作,准备灭火用具,随时扑灭飞溅的火花,观察和了解动火现场周围装置运行情况,发现异常情况通知动火作业人员停止作业,联系有关人员共同采取措施。动火作业人员违章作业时应立即制止。

(8)监护人必须坚守岗位,不准脱岗,不准从事其他工作。

(9)监护人对动火作业中断 30 分钟以上的重新取样分析进行合格确认后,才能允许继续作业。

(10)动火作业完成后,要会同有关人员清理现场,消除残火,确认无遗留火种后方可离开现场。

4.3.4 动火所在单位值长

(1)是二级动火的动火单位负责人,对所属生产系统在动火过程中的安全负责。

(2)参与制订、落实动火作业中的防火安全措施。

(3)负责生产与动火作业的衔接工作,在动火作业中生产系统如有紧急异常情况要立即停止动火作业。

(4)指定动火分析的取样点,检查、确认《作业证》审批手续,对手续不完备的及时制止动火作业。

(5)动火作业车间(施工单位)与动火所在单位的安全员,负责检查风险消减措施的落实情况,随时纠正违章动火作业。对作业人员进行安全防火教育。特殊危险动火、一级动火必须到现场。

4.3.5　动火分析人

分析人对分析手段和分析结果负责。根据动火地点所在车间的要求,亲自到现场取样分析,在《作业证》上如实填写取样时间和分析数据并签字。

4.3.6　审查批准人

(1)必须由通过培训、考核的人员担任。

(2)必须亲自到现场审批《作业证》,详细了解动火部位及周围情况。

(3)检查和完善风险消减措施。

(4)审查《作业证》的内容填写及审批程序是否完善,确认具有安全动火条件后,方可签字批准动火作业。

4.4　动火作业安全要求

4.4.1　基本要求

(1)动火作业应办理《动火安全作业证》(以下简称《作业证》),进入受限空间或高处动火作业时,应执行 GXP 26《受限空间管理程序》和 GXP 25《高处作业管理程序》的规定。

(2)动火作业应有专人监火,动火作业前应清除动火现场及周围的易燃物品,或采取有效的防火措施,配备足够适用的消防器材。

(3)在盛有或盛过危险化学品的容器、设备、管道等生产、储存装置及处于 GB 50016—2006《建筑设计防火规范》规定的甲、乙类区域的生产设备上动火作业,应将其与生产系统彻底隔离,并清洗、置换,取样分析合格后方可动火作业;因条件限制无法清洗、置换而确需动火作业时按 4.2.2 特殊动火作业的规定执行。

(4)处于 GB 50016 规定的甲、乙类区域的动火作业,地面如有可燃物、空洞、窨井、地沟、水封等,应检查分析,距用火点 15 m 以内的,应采取清理或封盖等措施;对用火点周围有可能泄漏易燃、可燃物料的设备,应采取有效的空间隔离措施。

(5)拆除管线的动火作业,应先查明其内部介质及走向,并制订相应的安全防火措施。

(6)在生产、使用、储存氧气的设备上动火作业,氧含量不得超过 21%。

(7)五级风以上(含五级风)天气,禁止露天动火作业。因生产需要确需动火作业时,动火作业应升级管理。

(8)在铁路沿线(25 m 以内)动火作业时,遇装有危险化学品的火车通过或停留时,应立即停止作业。

(9)在有可燃物构件的凉水塔、脱气塔、水洗塔等内部动火作业时,应采取措施,将动火点与装置隔绝。

(10)动火期间距动火点 30 m 内不得排放可燃气体;距动火点 15 m 内不得排放可燃液体;不得在动火点 10 m 范围内及用火点下方同时进行可燃溶剂清洗或喷漆等作业。

(11)动火作业前,应检查电焊、气焊、手持电动工具等动火工器具本质安全程度,保证安全可靠。

(12)使用气焊、气割动火作业时,乙炔瓶应直立放置;氧气瓶与乙炔气瓶间距不应小于 5 m,二者与动火作业地点不应小于 10 m,不得曝晒。

(13)动火作业完毕,动火人和监火人及动火作业人员应清理现场,监火人确认无残留火种后方可离开。

4.4.2　特殊动火作业要求

特殊动火作业在符合 4.4.1 动火作业安全基本要求的同时,还应符合以下规定:

(1)在生产不稳定的情况下,不得带压不置换动火作业。

(2)事先制定安全施工方案,落实安全防火措施,必要时可请专职消防队到现场监护。

(3)动火作业前,生产车间应通知调度中心及有关单位,使之在异常情况下能及时采取应急措施。

(4)动火作业过程中,应使系统保持正压,严禁负压动火作业。

(5)动火作业现场的通排风应良好,以便使泄漏的气体能顺畅排走。

4.5　动火分析及合格标准

4.5.1　动火作业前应进行安全分析,动火分析的取样点要有代表性。

4.5.2　在较大的设备内动火作业,应采取上、中、下取样;在较长的物料管线上动火,应在彻底隔绝区域内分段取样;在设备外部动火作业,应进行环境分析,且分析范围不小于距动火点 10 m 内。

4.5.3　取样与动火间隔不得超过 30 min,如超过此间隔或动火作业中断时间超过 30 min,应重新取样分析。特殊动火作业期间应随时监测。

4.5.4　使用便携式可燃气体检测仪或其他类似手段分析时,检测设备应经标准气体样品标定合格。

4.5.5 动火分析合格判定

当被测气体或蒸气的爆炸下限大于等于 4％时,其被测浓度应不大于 0.5％(体积百分数);当被测气体或蒸气的爆炸下限小于 4％时,其被测浓度应不大于 0.2％(体积百分数)。

4.6 焊割作业安全管理

焊割作业安全管理执行 GXP 23—01《焊割作业安全规程》。

4.7 固定动火点和固定动火区的管理

固定动火点和固定动火区的管理执行 GXP 23—02《固定动火点和固定动火区管理制度》。《特殊动火安全作业证》格式见附后的表 4-11。

4.8 监督检查

4.8.1 特殊动火、一级动火作业由安全环保部会同动火作业所在单位监督检查。

4.8.2 二级动火作业由动火作业所在单位监督检查。

5 相关文件

GB 50016—2006 建筑设计防火规范;

GXP 26 受限空间管理程序;

GXP 25 高处作业管理程序;

GXP 23—01 焊割作业安全规程;

GXP 23—02 固定动火点和固定动火区管理制度。

6 相关记录

记录编号	记录名称	保管单位	保存期限
GXR 18—26	特殊动火安全作业证	安全环保部 动火点所在单位	1 年
GXR 18—27	一级动火安全作业证	安全环保部 动火点所在单位	1 年
GXR 18—28	二级动火安全作业证	动火点所在单位	1 年
GXR 18—29	固定动火安全作业证	安全环保部 固定动火所在单位	1 年

GXR 18—26

表 4-11 特殊动火安全作业证

申请栏	动火单位				分析时间		年 月 日
	动火目的				氧气浓度		
	动火作业单位		动火种类		有毒气体浓度		年 月 日
	动火作业人员				可燃气体浓度		
	动火时间	自 年 月 日 时		分析结果	采样人		年 月 日
		至 年 月 日 时			分析人		

	风险识别	安全措施	确认
生产工艺风险	1 管道容器危险气体串入	将动火处与管道连接处用盲板隔断	
	2 管道容器内有可燃介质	用蒸汽、N₂或水彻底处理干净	
	3 动火点周围排污泄漏有可燃介质	动火点半径 15 m 内污水井地封封死盖严	
	4 动火点周围环境有可燃介质	清除可燃物	
	5 动火作业时内有可燃物排放	作业时 50 m 内不准有放空或脱水操作	
风险识别及削减风险措施	6 附近设备泄漏有可燃物料	将泄漏点封死封严，与动火点隔离	
	7 设备、管道、沟内有可燃物料	加强通风，沟内物料验合格	
	8	把石棉布用水侵湿，铺在相邻两层塔盘上	
		动火现场配备____kg 干粉灭火器____具	
		动火现场配置灭火毯____张	
	9 发生意外着火	动火时需要泡沫炮及消防水枪洒水掩护	

生产工艺确认人签字:

措施落实人员意见:
监护人

动火所在车间值长（签字）:

动火车间和施工人员签字:

生产车间负责人意见:
签字:

动火作业负责人意见:
签字:

相关单位意见:
签字:

车间安全员意见:
签字:

车间负责人意见:
签字:
年 月 日

续表

		风险识别	安全措施	确认
风险识别及削减风险措施	施工作业风险	1	动火点火花飞溅	在动火点处设置隔离屏	
		2	火花飞溅到设备、阀门上	用石棉布遮离，防止火花飞溅	
		3	动火点易发生坠落	在动火点搭设临时作业平台	
		4	作业场所发生意外泄漏	立即停止动火，消灭火源	
		5	动火点上方有坠落物坠落	清除坠落物或转移焊接地点	
		6	电、气焊作业	电、气焊工穿戴使用防护用品	
				电焊回路线需接在焊件上	

施工作业确认人签字：

安全环保处负责人意见：

签字：　　　　　　　　　年　月　日

生产部经理意见：

签字：　　　　　　　　　年　月　日

批准意见：

终审批准人签字：　年　月　日　时　分

注：风险识别及削减措施确认人在需确认项画"√"，在不需确认项画"×"。

六、特种设备管理程序

下面是某危险化学品生产企业的特种设备管理程序。该企业的特种设备有锅炉、压力容器(含气瓶)、压力管道、起重机械和厂内机动车辆。程序的内容要点是：

(1)采购

(2)验收

(3)安装、改造、维修的许可

(4)蒸汽锅炉的管理和使用及保养

(5)压力容器的管理和使用及保养

(6)压力管道装配、安装、清理、吹扫和清洗

(7)气瓶运输、储存和使用的安全要求

(8)起重机使用、保养及安全操作规程

(9)厂内机动车辆安全操作规程

(10)维护及保养

(11)定期检验

(12)事故处理

(13)报废处理

1 范围

本程序规定了特种设备采购、安装、使用、维护保养、改造和报废的要求。

2 职责

2.1 机动处

特种设备的采购、安装、验收及档案管理。

组织特种设备的定期检验。

特种设备技术状况及安全状况的监督检查。

2.2 安全环保部

锅炉、压力容器和压力管道安全附件的年检。

2.3 人力资源部

组织司炉工、起重工、驾驶员等特种作业人员的培训与考试。

2.4 各车间

所辖特种设备的使用、日常维修和保养。

办理新购置特种设备的出入库手续,并建立特种设备台账。

2.5 工程车队

厂内机动车辆的使用、维修、保养。

3　工作程序及要求

3.1　公司的特种设备

我公司的特种设备包括锅炉、压力容器(含气瓶)、压力管道、起重机械和厂内机动车辆。

3.2　采购

设备使用部门提出申请,由机动处确定设备的规格、型号,报公司主管领导审批,审批完成后机动处按照GXP 40《采购管理程序》采购。

采购时应当索取符合特种设备安全技术规范要求的设计文件、产品质量合格证明、安装及使用维修说明、监督检验证明等文件。

3.3　验收

3.3.1　机动处及设备使用单位、保管处、计量室按照公司《设备采购合同》、《技术协议》及补充文件对到厂设备进行开箱验收。

3.3.2　按照合同约定,由设备安装单位或机动处向××市质量监督检验检疫部门申请报验。

3.3.3　设备安装调试完毕,由××市质量监督检验检疫部门验收通过后方可使用。投入使用前或者投入使用后 30 日内,特种设备使用车间应当向××市质量监督检验检疫部门登记。

3.4　安装、改造、维修的许可

机动处对承担安装、改造、维修的单位的资质和资格把关:

(1)审查安装、改造、维修的单位的资质证书;

(2)审查安装、改造、维修的单位的许可证明:承担安装、改造的单位需取得国家质量监督检验检疫总局的许可,承担维修的单位需取得××自治区质量监督检验检疫局的许可。

3.5　蒸汽锅炉的管理和使用

3.5.1　蒸汽锅炉的管理

3.5.1.1　电站应做好锅炉设备的日常维修保养工作,保证锅炉本体和安全保护装置等处于完好状态。锅炉设备运行中发现有严重隐患危及安全时,应立即停止运行。必要时,启动相应的应急预案。

3.5.1.2　相关记录:锅炉及附属设备的运行记录、交接班记录、水处理设备运行及水质化验记录、设备检修保养记录、工程师巡检记录、事故记录。

3.5.2　蒸汽锅炉的使用及保养

3.5.2.1　锅炉运行时,操作人员应执行有关锅炉安全运行的各项制度,做好运行值班记录和交接班记录。

3.5.2.2　锅炉运行中,遇有下列情况之一时,应立即停炉:

(1)锅炉严重缺水,低于汽包下部可见水位。

(2)炉管爆管,不能维持正常水位。

(3)锅炉严重满水,不能维持正常水位。

(4)给水泵全部失效或给水系统故障,不能向锅炉进水。

(5)所有水位计失效,无法监视水位。

(6)锅炉超压安全阀拒动作,对空排汽又打不开。

(7)主蒸汽管道、主给水管道或锅炉范围内连接管爆管,严重威胁运行人员安全。

(8)引风机或送风机故障不能继续运行时。

(9)燃烧室结焦,返料器内结焦无法正常工作时。

3.5.2.3　检修人员进入锅炉内工作的要求

(1)在进入锅筒(锅壳)内部工作前,必须用能指示出隔断位置的强度足够的金属堵板将连接其他运行锅炉的蒸汽、给水、排污等管道全部可靠地隔开,且必须将锅筒(锅壳)上的人孔和集箱上的手孔打开,使空气对流一定时间。

(2)在进入烟道或燃烧室工作前,必须进行通风,并将与总烟道或其他运行锅炉的烟道相连的烟道闸门关严密,以防毒、防火、防爆。用油或气体作燃料的锅炉,应可靠地隔断油、气的来源。

(3)在锅筒(锅壳)和潮湿的烟道内工作而使用电灯照明时,照明电压应不超过 24 V;在比较干燥的烟道内,应有妥善的安全措施,可采用不高于 36 V 的照明电压。禁止使用明火照明。

(4)在锅筒(锅壳)内进行工作时,锅炉外面应有人监护。

3.5.2.4　为了延长锅炉使用寿命,节约燃料,保证蒸汽品质,防止由于水垢、水渣、腐蚀而引起锅炉部件损坏或发生事故,给锅炉供水的单位应确保提供合格的水源。额定蒸汽压力大于或等于 3.8 MPa 的锅炉的水质,应符合 GB 12145《火力发电机组及蒸汽动力设备水汽质量标准》的规定。没有可靠的水处理措施,不得投入运行。

3.5.2.5　使用锅炉的单位应定期排污,排污应在低负荷下进行,同时严格监视水位。

3.5.2.6　使用锅炉的单位应根据锅炉参数和汽水品质的要求,对锅炉的原水、给水、锅水、回水的水质。每次化验分析的时间、项目、数据及采取的相应措施,均应详细填写在水质化验记录表上。

3.5.2.7　主要安全附件管理

(1)锅炉在运行中,安全阀应定期进行手动排放试验。锅炉停用后又启用时,安全阀也应进行手动排放试验。锅炉运行中安全阀严禁解列。

(2)锅炉上的安全阀应按制造厂的要求或按规定的压力每年至少进行一次整定和校验。安全阀经检修或更换后,也应按要求和规定进行整定。

（3）安全阀经过校验后，应加锁或铅封。严禁用加重物、移动重锤、将阀芯卡死等手段任意提高安全阀始启压力或使安全阀失效。安全阀校验后，始启压力、回座压力等校验结果应记录并归入档案。

（4）压力表的装设、校验和维护应符合国家计量部门的规定。压力表装用前应进行校验，并在刻度盘上划红线指出工作压力。压力表装用后每年至少校验一次。压力表校验后应封印。

（5）压力表有下列情况之一时，应停止使用：

有限止钉的压力表在无压力时，指针转动后不能回到限止钉处；没有限止钉的压力表在无压力时，指针离零位的数值超过压力表规定允许误差；表面玻璃破碎或表盘刻度模糊不清；封印损坏或超过校验有效期限；表内泄漏或指针跳动；其他影响压力表准确指示的缺陷。

（6）测量温度仪表的校验和维护应符合国家计量部门的规定。装用后每年至少应校验一次。

3.5.2.8　工业锅炉内部检验前，锅炉使用单位应做好以下准备工作：

（1）准备好有关技术资料，包括锅炉制造和安装的技术资料、锅炉技术登记资料、锅炉运行记录、水质化验记录、修理和改造记录、事故记录及历次检验资料等。

（2）提前停炉，放净锅炉内的水，打开锅炉上的人孔、头孔、手孔、检查孔和灰门等一切门孔装置，使锅炉内部得到充分冷却，并通风换气。

（3）采取可靠措施隔断受检锅炉与热力系统相连的蒸汽、给水、排污等管道及烟、风道并切断电源，对于燃油、燃气的锅炉还须可靠地隔断油、气来源并进行通风置换。

（4）清理锅炉内的垢渣、炉渣、烟灰等污物。

（5）拆除妨碍检查的汽水挡板、分离装置及给水、排污装置等锅筒内件，并准备好用于照明的安全电源。

（6）对于需要登高检验作业（离地面或固定平面3 m以上）的部位，应搭脚手架。

3.5.2.9　电站锅炉在进行内部检验之前，锅炉的使用单位应做好锅炉定期检验计划，机动处与检验单位协商有关检验的准备工作、辅助工作、检验条件、检验期限、安全保护措施等事宜。在进行锅炉内部检验之前，锅炉使用单位应做好准备工作：

（1）设备的风、烟、水、汽、电和燃料系统必须可靠隔断。

（2）根据检验需要搭设必要的脚手架。

（3）检验部位的人孔门、手孔盖全部打开，并经通风换气冷却。

（4）炉膛及后部受热面清理干净，露出金属表面。

（5）拆除受检部位的保温材料和妨碍检验的锅内部件。

（6）准备好安全照明和工作电源。

（7）进入锅筒、炉膛、烟道等进行检验时，应有可靠通风和专人监护。

（8）外部检验锅炉使用单位应做好检验的准备工作：

（9）锅炉外部的清理工作。

（10）准备好锅炉的技术档案资料。

（11）准备好司炉人员和水质化验人员的资格证件。

（12）检验时，电站的锅炉工程师和司炉班长应到场配合，协助检验工作，提供检验员需要的资料。

3.6　压力容器的管理和使用

3.6.1　压力容器的管理

3.6.1.1　下列压力容器在安装前，安装单位或使用单位应向压力容器使用登记所在地的安全监察机构申报压力容器名称、数量、制造单位、使用单位、安装单位及安装地点，办理报装手续：第三类压力容器；容积大于等于 $10 \ m^3$ 的压力容器；成套生产装置中同时安装的各类压力容器。

3.6.1.2　压力容器的使用单位购买压力容器或进行压力容器工程招标时，应选择具有相应资格的压力容器设计、制造（或组焊）单位。

3.6.1.3　压力容器的使用单位必须建立本单位的压力容器档案，机动处建立压力容器台账。

3.6.2　压力容器的使用及保养

3.6.2.1　压力容器的使用单位，应在工艺操作规程和岗位操作规程中，明确提出压力容器安全操作要求，其内容至少应包括：压力容器的操作工艺指标（含最高工作压力、最高或最低工作温度）；压力容器的岗位操作法（含开、停车的操作程序和注意事项）；压力容器运行中应重点检查的项目和部位，运行中可能出现的异常现象和防止措施，以及紧急情况的处置和报告程序。

3.6.2.2　压力容器发生下列异常现象之一时，操作人员应立即采取紧急措施，并按规定的报告程序，及时向有关部门报告：

（1）压力容器工作压力、介质温度或壁温超过规定值，采取措施仍不能得到有效控制；

（2）压力容器的主要受压元件发生裂缝、鼓包、变形、泄漏等危及安全的现象；

（3）安全附件失效；

（4）接管、紧固件损坏，难以保证安全运行；

（5）发生火灾等直接威胁到压力容器安全运行；

（6）压力容器液位超过规定，采取措施仍不能得到有效控制；

(7)压力容器与管道发生严重振动,危及安全运行。

3.6.2.3 压力容器内部有压力时,不得进行任何修理。对于特殊的生产工艺过程,需要带温带压紧固螺栓时;或出现紧急泄漏需进行带压堵漏时,使用单位必须按设计规定制定有效的操作要求和防护措施,作业人员应经专业培训并持证操作,并经使用单位技术负责人批准。在实际操作时,使用单位安全部门应派人进行现场监督。

3.6.2.4 安全附件管理要求

(1)新安全阀在安装之前,应根据使用情况进行调试后,才准安装使用。

(2)安全阀一般每年至少应校验一次,拆卸进行校验有困难时应采用现场校验(在线校验)。

(3)安全阀有下列情况之一时,应停止使用并更换:安全阀的阀芯和阀座密封不严且无法修复;安全阀的阀芯与阀座粘死或弹簧严重腐蚀、生锈;安全阀选型错误。

(4)压力表有下列情况之一时,应停止使用并更换:有限止钉的压力表,在无压力时,指针不能回到限止钉处;表盘封面玻璃破裂或表盘刻度模糊不清;封印损坏或超过校验有效期限;表内弹簧管泄漏或压力表指针松动;指针断裂或外壳腐蚀严重;其他影响压力表准确指示的缺陷。

(5)压力容器运行操作人员,应加强对液面计的维护管理,保持完好和清晰。使用单位应对液面计实行定期检修制度,可根据运行实际情况,规定检修周期,但不应超过压力容器内外部检验周期。

(6)液面计有下列情况之一的,应停止使用并更换:超过检修周期;玻璃板(管)有裂纹、破碎;阀件固死;出现假液位;液面计指标模糊不清。

3.7 压力管道

3.7.1 装配和安装

(1)管道装配应按管道轴测图规定的数量、规格、材质选配管道组成件,并按轴测图标明管道系统号和按装配顺序标明各组成件的顺序号,安装时应按管道系统号和装配顺序号进行。

(2)自由管段和封闭管段的选择应合理,封闭管段应按现场实测的安装长度加工。

(3)装配管段应具有足够的刚性,必要时可进行加固,保证存放、运输过程中不变形。装配完毕的管段,应将内部清理干净,及时封闭管口。

(4)除设计有预拉伸或预压缩的要求外,管道装配和安装时,不得强力对接、加偏垫或加多层垫等方法来消除接头端面间的空隙、偏斜、错口或不同心等缺陷,也禁止采用任何扭曲方法进行组对。

(5)管道穿越墙或道路时应设套管加以保护,在套管内的管段不应有焊缝存在,管子与套管的间隙应以不燃烧的软质材料填满。

(6)管道装配和安装过程中的焊接、热处理、检验、检查和试验应符合 GB/T 20801.5—2006《压力管道规范》的规定。

3.7.2　清理、吹扫和清洗

(1)管道清理和吹洗应考虑管道制作、装配、存放、安装和检验、检查、试验期间造成的污染和腐蚀产物对管道使用的影响。

(2)吹洗方法应根据管道的使用要求、工作介质及管道内表面的脏污程度确定

——公称直径大于或等于 600 mm 的液体或气体管道宜采用人工清理。

——公称直径小于 600 mm 的液体管道宜采用水清洗。

——公称直径小于 600 mm 的气体管道宜采用空气吹扫。

——蒸汽管道应采用蒸汽吹扫。非热力管道不得采用蒸汽吹扫。

——有特殊要求的管道(易燃易爆介质)应按设计文件规定采用相应的吹洗方法。

(3)管道吹洗前,不应安装孔板及法兰或螺纹连接的调节阀、重要阀门、节流阀、安全阀、仪表等。焊接连接阀门的仪表应采取流经旁路或卸掉阀芯,并对阀座加保护套等保护措施。

(4)不允许吹洗的设备及管道应与吹洗系统隔离。

(5)已清理、吹扫或清洗干净的管道组成件、装配管段或整个管道系统应及时采取封闭管口或充氮保护等措施防止再污染。

3.8　气瓶

3.8.1　运输安全要求

(1)运输和装卸气瓶时,运输工具上应有明显的安全标志。

(2)必须佩戴好瓶帽(有防护罩的气瓶除外)、防震圈(集装气瓶除外),轻装轻卸,严禁抛、滑、滚、碰。

(3)吊装时,严禁使用电磁起重机和金属链绳。

(4)瓶内气体相互接触可引起燃烧、爆炸、产生毒物的气瓶,不得同车(厢)运输;易燃、易爆、腐蚀性物品或与瓶内气体起化学反应的物品,不得与气瓶一起运输。

(5)采用车辆运输时,气瓶应妥善固定。立放时,车厢高度应在瓶高的 2/3 以上,卧放时,瓶阀端应朝向一方,垛高不得超过五层且不得超过车厢高度。

(6)夏季运输应有遮阳设施,避免曝晒;在城市的繁华地区应避免白天运输。

(7)运输可燃气体气瓶时,严禁烟火。运输工具上应备有灭火器材。

(8)运输气瓶的车、船不得在繁华市区、人员密集的学校、剧场、大商店等附

近停靠。车、船停靠时,驾驶与押运人员不得同时离开。

3.8.2　储存安全要求

(1)储存气瓶时,应置于专用仓库储存,气瓶仓库应符合 GB 50016—2006《建筑设计防火规范》的有关规定。

(2)仓库内不得有地沟、暗道,严禁明火和其他热源,仓库内应通风、干燥,避免阳光直射。

(3)空瓶与实瓶应分开放置,并有明显标志。

(4)气瓶放置应整齐,佩戴好瓶帽。立放时,要妥善固定;横放时,头部朝同一方向。

3.8.3　使用安全要求

(1)采购和使用有制造许可证的企业的合格产品,不使用超期未检的气瓶。

(2)使用者必须到已办理充装注册的单位或经销注册的单位购气。

(3)气瓶使用前应进行安全状况检查,对盛装气体进行确认,不符合安全技术要求的气瓶严禁入库和使用;使用时必须严格按照使用说明书的要求使用气瓶。

(4)气瓶的放置地点,不得靠近热源和明火,应保证气瓶瓶体干燥。

(5)气瓶立放时,应采取防止倾倒的措施。

(6)夏季应防止曝晒。

(7)严禁敲击、碰撞。

(8)严禁在气瓶上进行电焊引弧。

(9)严禁用温度超过 40℃的热源对气瓶加热。

(10)瓶内气体不得用尽,必须留有剩余压力或重量,永久气体气瓶的剩余压力应不小于 0.05 MPa;液化气体气瓶应留有不少于 0.5%～1.0%规定充装量的剩余气体。

(11)气瓶投入使用后,不得对瓶体进行挖补、焊接修理。

(12)严禁擅自更改气瓶的钢印和颜色标记。

(13)使用乙炔瓶的现场,乙炔气的储量不得超过 30 m³(相当 5 瓶,指公称容积为 40 L 的乙炔瓶,下同)。

(14)移动作业时,应采用专用小车搬运,如需乙炔瓶和氧气瓶放在同一小车上搬运,必须用非燃材料隔板隔开。

(15)瓶阀出口处必须配置专用减压器和回火防止器。

(16)乙炔瓶使用过程中,开闭乙炔瓶瓶阀的专用扳手,应始终装在阀上。暂时中断使用时,必须关闭焊、割工具的阀门和乙炔瓶瓶阀,严禁手持点燃的焊、割工具调节减压器或开、闭乙炔瓶瓶阀。

(17)乙炔瓶使用过程中,发现泄漏要及时处理,严禁在泄漏的情况下使用。

(18)使用乙炔瓶的单位和个人不得自行对瓶阀、易熔合金塞等附件进行修理或更换,严禁对在用乙炔瓶瓶体和底座等进行焊接修理。

3.9 起重机

3.9.1 起重机的管理

3.9.1.1 机动处建立起重机台账,使用单位建立起重机档案。

3.9.1.2 使用单位对起重机的使用和维护安全负责,不许非操作人员操作。

3.9.1.3 起重机安全检定周期为 2 年,并需在安全检验合格有效期满前一个月向特种设备检测中心提出定期检验要求,取得安全检验合格证后,方可继续使用。

3.9.1.4 机动处组织起重机和电梯完好状况的检查,检查的主要内容如下:

(1)结构尺寸的变化;

(2)钢丝绳;

(3)吊钩、限位以及吨位标识、安全色;

(4)门和顶板的安全措施;

(5)警报灯和铃;

(6)电气装置。

3.9.1.5 操作者要按规定进行起重机的日常保养和二级保养,各使用单位维护组按计划完成三级保养计划,保持起重机处于完好状态。

3.9.1.6 经特种设备检测检验机构定期检定,发现不合格项,应由机动处联系有资质的机构检修。

3.9.2 起重机安全操作规程

按 GXP 14—01《起重机安全操作规程》执行。

3.9.3 汽车起重机安全操作规程

按 GXP 14—02《汽车起重机安全操作规程》执行。

3.10 厂内机动车辆的管理和使用

3.10.1 机动处建立厂内机动车辆设备台账,使用单位建立厂内机动车辆设备档案。

3.10.2 厂内机动车辆的维护、保养、使用执行 GXP 42《交通运输管理程序》。

3.10.3 厂内机动车辆只限在厂区使用,时速不能超过每小时 10 公里,车间内不超过每小时 5 公里。

3.10.4 叉(铲)车安全操作规程

按 GXP 14—03《叉(铲)车安全操作规程》执行。

3.10.5 装载机安全操作规程

按 GXP 14—04《装载机安全操作规程》执行。

3.10.6　挖掘机安全操作规程

按 GXP 14—05《挖掘机安全操作规程》执行。

3.10.7　推土机安全操作规程

按 GXP 14—06《推土机安全操作规程》执行。

3.10.8　升降平台安全操作规程

按 GXP 14—07《升降平台安全操作规程》执行。

3.11　维护及保养

3.11.1　特种设备的使用车间按 GXP 13《设备设施管理程序》要求,编制设备大修计划。

3.11.2　机动处指导各使用单位每月进行一次检查,并在填写特种设备月检表上做出记录;发现异常情况及时处理。

3.11.3　机动处对在用特种设备的安全附件、安全保护装置、测量调控装置及有关附属仪器仪表进行定期校验、检修,并作出记录。

3.12　定期检验

机动处配合××市质量监督检验检疫部门对公司特种设备进行定期检验。

3.12.1　锅炉检验

3.12.1.1　锅炉的外部检验一般每年进行一次,内部检验一般每两年进行一次,水压试验一般每六年进行一次。

3.12.1.2　除进行正常的定期检验外,锅炉有下列情况之一时,还应进行下述的检验:

(1)外部检验:移装锅炉开始投运时;锅炉停止运行一年以上恢复运行时;锅炉的燃烧方式和安全自控系统有改动后。

(2)内部检验:新安装的锅炉在运行一年后;移装锅炉投运前;锅炉停止运行一年以上恢复运行前;受压元件经重大修理或改造后及重新运行一年后;根据上次内部检验结果和锅炉运行情况,对设备安全可靠性有怀疑时;根据外部检验结果和锅炉运行情况,对设备安全可靠性有怀疑时。

(3)水压试验:移装锅炉投运前;受压元件经重大修理或改造后。

当内部检验、外部检验和水压试验在同期进行时,应依次进行内部检验、水压试验和外部检验。

3.12.1.3　机动处在规定的锅炉定期检验日期前向经国家质量监督检验检疫总局核准的检测检验机构提交特种设备定期检验申请。

3.12.2　压力容器检验

3.12.2.1　压力容器检验人员在进入压力容器内部工作前,使用单位必须按要求做好准备和清理。达不到要求时,严禁人员进入。

3.12.2.2　定期检验要求

(1)机动处安排压力容器的定期检验工作,并将压力容器年度检验计划报××市质量监督检验检疫部门及检验单位。

(2)压力容器的定期检验分为:

——外部检查:是指在用压力容器运行中的定期在线检查,每年至少一次。外部检查可由北海市质量技术监督局及检验单位进行。

——内外部检验:是指在用压力容器停机时的检验。其检验周期分为:安全状况等级为1、2级的,每6年至少一次;安全状况等级为3级的,每3年至少一次。

——耐压试验:是指压力容器停机检验时,所进行的超过最高工作压力的液压试验或气压试验。对固定式压力容器,每两次内外部检验期间内,至少进行一次耐压试验,对移动式压力容器,每6年至少进行一次耐压试验。

3.12.2.3　投用后3年进行首次内外部检验。以后的内外部检验周期,由检验单位根据前次内外部检验情况与使用单位协商确定后报××市质量技术监督部门备案。

3.12.2.4　周期检验的报告机动处负责存档。检验中发现的不合格项,机动处安排整改和验证。

3.12.2.5　周期检验的合格标识由设备所在单位贴挂在设备上。

3.12.3　气瓶检验

购置各类气体的气瓶每个都应在检验合格期内。

3.12.4　起重机械检验

起重机安全检验周期为2年,需在安全检验合格有效期满前一个月,由机动车向××市特种设备检测中心提出定期检验要求,取得安全检验合格证后,方可继续使用。

3.12.5　压力管道检验

压力管道的检验由机动处按照GB/T 20801.5—2006《压力管道规范－工业管道第5部分检验与试验》的规定组织检验。

3.12.6　厂内机动车辆检验

新增、大修或改造的厂内机动车辆,投入使用前必须进行检验。投入使用后,工程车队负责按照《厂内机动车辆监督检验规程》(国质检锅[2002]16号)规定的内容,每年进行一次定期检验。发生设备事故后的厂内机动车辆,以及停止使用一年以上再次使用的厂内机动车辆,大修后,重新检验。

3.13　事故处理

特种设备事故发生后,事故发生单位应当立即启动事故应急预案,并及时向××市质量监督检验检疫部门报告。

3.14　报废处理

3.14.1　特种设备存在严重事故隐患，无改造、维修价值，或者超过安全技术规范规定使用年限，应当及时予以报废。使用单位填写《设备报废申请单》，一式四份，经车间主任、机动处处长、部门经理、公司主管副经理、财务部经理、财务总监、总经理审批后备案。

3.14.2　报废后，机动处应当向原登记的××市质量监督检验检疫部门办理注销。

4　相关文件

GB 12145 火力发电机组及蒸汽动力设备水汽质量标准

GB/T 20801.5 压力管道规范－工业管道第 5 部分检验与试验

GB 50016 建筑设计防火规范

厂内机动车辆监督检验规程（国质检锅［2002］16 号）

GXP 40 采购管理程序

GXP 42 交通运输管理程序

GXP 13 设备设施管理程序

GXP 14—01 起重机安全操作规程

GXP 14—02 汽车起重机安全操作规程

GXP 14—03 叉（铲）车安全操作规程

GXP 14—04 装载机安全操作规程

GXP 14—05 挖掘机安全操作规程

GXP 14—06 推土机安全操作规程

GXP 14—07 升降平台安全操作规程

5　相关记录

记录编号	记录名称	保管单位	保存期限
GXR 17—08	检修工作任务单	各车间	2 年
GXR 17—33	设备事故记录表	各车间	2 年
GXR 17—137	电站锅炉月检表	电站	3 年
GXR 17—138	压力容器月检表	各车间	3 年
GXR 17—139	气瓶月检表	各车间	3 年
GXR 17—140	压力管道月检表	各车间	3 年
GXR 17—141	起重机械月检表	各车间	3 年
GXR 17—142	厂内机动车辆月检表	各车间	3 年
GXR 34—1	电站车间锅炉运行点检表	电站车间	2 年
GXR 34—15	汽水监督运行记录	电站车间	2 年
GXR 33—01	（　）交接班记录	各车间	2 年
GXR 35—11	化水化验原始记录	水处理车间	2 年

七、危险化学品管理程序

下面是某危险化学品生产企业的危险化学品管理程序。程序的内容要点是：

(1)危险化学品档案。

(2)法规要求的符合性。

(3)危险化学品采购。

(4)危险化学品运输：对车辆的要求；对槽罐等容器的要求；装卸要求；运输要求。

(5)危险化学品储存：库房要求；存放和保管要求；操作要求；化学试剂库、油品库、漆料库特殊安全要求。

(6)危险化学品的使用：接收；使用须知；易制毒化学品使用。

(7)危险化学品的销毁。

1　范围

本程序规定了危险化学品采购、运输、储存、使用、销毁等的安全要求。

2　职责

2.1　采购处

负责危险化学品的采购。

2.2　质量管理处

负责危险化学品的入库检验和出库转开合格证。

2.3　保管处

负责危险化学品的保管、发放、回收等工作。

2.4　安全环保部

(1)负责监督危险化学品的使用、生产、储存及销毁等过程的安全技术措施执行情况。

(2)负责危险化学品押运；

(3)负责剧毒品、易制毒化学品的购买、运输等相关手续的申报及备案，监督剧毒品的保管、发放。

2.5　机动处

负责用于危险化学品使用、生产、储存、运输、销毁的设备、设施的安全管理。

2.6　人力资源部

负责组织对从事采购、生产、储存、运输、使用和销毁危险化学品人员的专业技术、安全卫生知识和技能的培训。

2.7　各相关单位

负责危险化学品使用、生产、储存、运输、销毁等过程中的职业安全卫生管理。

3　术语和定义

3.1　危险化学品

符合国家标准 GB 13690《常用危险化学品的分类及标志》规定的化学品中具有易燃、易爆、有毒、有害及有强腐蚀性，会对人员、设施、环境造成伤害或损害的化学品。本程序中"危险化学品"包括"易燃液体"、"易燃固体、自燃物品和遇湿易燃物品"、"氧化剂和有机过氧化物"、"有毒品"、"腐蚀品"、"易制毒化学品"。

3.2　燃料乙醇：是未加变性剂、可作为燃料用的无水乙醇（无水酒精）。

3.3　变性燃料乙醇：是指加入 2％～5％（V/V）的变性剂（即车用无铅汽油）后，使其与食用酒精相区别而不能饮用的燃料乙醇。

3.4　变性剂：变性剂是添加到燃料乙醇中使其不能饮用，只用于汽油发动机汽车用的无铅汽油。

3.5　金属腐蚀抑制剂：采用有机胺、有机羧酸屏蔽酚和氮杂环类物质进行配方能有效抑制乙醇中乙酸以及乙醇氧化产生酸的腐蚀的一种抑制剂。

3.6　车用乙醇汽油：我国车用乙醇汽油是指在汽油组分油中按体积混合比加入 10％的变性燃料乙醇后作为汽油车燃料用的汽油。专业定义：在不添加含氧化合物的液体烃中加入一定量变性燃料乙醇后用作点燃式内燃机的燃料，变性燃料乙醇加入量为 10％，简称为 E10。

4　工作程序及要求

4.1　危险化学品档案

4.1.1　危险化学品分类

本公司危险化学品分类的例子见表 4-12。

表 4-12　危险化学品分类示例

序号	类别	例
1	易燃液体	燃料乙醇、变性燃料乙醇、车用乙醇汽油、金属腐蚀抑制剂、汽油、柴油、丙酮、乙醚、乙酸乙酯、油漆类、苯乙烯等
2	易燃固体、自燃物品和遇湿易燃物品	六次甲基四胺、硫酸联氨等
3	腐蚀品	硝酸、硫酸、盐酸、氢氟酸、氢氧化钠、乙二胺等
4	氧化剂和有机过氧化物	过硫酸铵、硝酸铵、混凝剂、硝酸银等
5	有毒品	硝酸汞、二氯甲烷、三氯甲烷、苯等
6	易制毒化学品	三氯甲烷、乙醚、甲苯、丙酮、甲基乙基酮、高锰酸钾、硫酸、盐酸

4.1.2　危险化学品普查

安全环保部对所有危险化学品,包括产品、原料和中间产品进行普查,建立公司危险化学品档案,档案内容包括:名称,包括别名、英文名等;存放、生产、使用地点;数量;危险性分类、危规号、包装类别、登记号;安全技术说明书和安全标签。

4.1.3　危险化学品档案

本公司危险化学品档案见 GXP 19—01《××公司危险化学品档案》。

4.2　法规要求的符合性

4.2.1　审批条件的保持

按《危险化学品安全管理条例》,国家对危险化学品生产、储存实行审批制度和登记制度。公司已获得生产、储存的审批,已进行登记,今后要保持获得审批的条件:生产工艺、设备和储存方式、设施符合国家标准,工厂、仓库的周边防护距离符合国家标准或者国家有关规定,管理人员和技术人员符合生产和储存需要,有健全的安全管理制度。

4.2.2　安全生产许可条件的保持

公司已获得安全生产许可证,今后要保持《安全生产许可证条例》所要求的条件。其中,对于人员的要求是:主要负责人和安全生产管理人员经考核合格(有××市安全生产监督管理局颁发的证书),特种作业人员经有关业务主管部门考核合格,取得特种作业操作资格证书,员工经安全生产教育和培训合格(除运输人员外,有公司人力资源部颁发的证书)。

4.2.3　运输资质条件的保持

按《危险化学品安全管理条例》,国家对危险化学品运输实行资质认定制度。公司已获得危险化学品运输资质,今后要保持相关条件,包括:驾驶员、装卸管理人员、押运人员掌握运输危险化学品的安全知识,并经××市交通部门考核合格,取得上岗资格证;装卸作业必须在装卸管理人员的现场指挥下进行;运输时必须配备必要的应急处理器材和防护用品。

4.2.4　储存标准

危险化学品需储存在专用仓库、专用场地或者专用储存室内,储存方式、方法、储存数量及养护必须符合 GB 15603《常用化学危险品贮存通则》及 GB 17914《易燃易爆性商品储藏养护技术条件》、GB 17915《腐蚀性商品储藏养护技术条件》、GB 17916《毒害性商品储藏养护技术条件》等相关技术标准规定的要求,并由专人管理。

4.2.5　包装物和容器

危险化学品的包装物、容器,必须由自治区安全生产监督管理局审查合格的专业生产企业定点生产,并经国家质量监督检验检疫总局认可的专业检测、检验机构检测、检验合格,方可使用。

4.2.6　安全评价

按《危险化学品安全管理条例》,每两年对危险化学品生产、储存装置进行一次安全评价。

4.2.7　安全技术说明书和安全标签

生产的变性燃料乙醇应当附有化学品安全技术说明书和安全标签,其编制按 GB 16483—2000《化学品安全技术说明书编写规定》和 GB 15258—1999《化学品安全标签编写规定》规定执行。

4.3　危险化学品采购

4.3.1　凭向××市公安局申请领取的购买凭证购买。

4.3.2　供应商必须是有危险化学品生产许可证的生产厂家或有危险化学品经营许可证的经销商。采购时,索取证书的复印件。

4.3.3　采购时,索取危险化学品安全技术说明书和安全标签;若不能提供,不得采购。

4.3.4　易制毒化学品采购

(1)各单位在需要使用时,应提前向采购处申报,由采购处编制购买计划。

(2)每次购买,均由采购人员携带易制毒化学品购用申请表以及上次办理的购用证明、实际购买情况,到××县公安局易制毒化学品管理办公室办理购用证明。安全环保部配合采购处办理购用证明并备案。

(3)严格按照购用证明上的数量购买,不得超过购用证明上所限定的数量。

(4)购用证明有效期为一个月,每证仅限购买一次。在购用证明办理后未能按时购买,应在有效期满后 7 日内将已过期的购用证明交回××县公安局易制毒化学品管理办公室,由其注销作废。

(5)不得将购买证明以转让、转借等形式交给其他单位和个人使用,不得为其他单位代为办理购用证明,也不得请其他单位或个人代为购买。

4.3.5　危险化学品采购的其他要求按 GXP 40《采购管理程序》的要求执行。

4.4　危险化学品运输

4.4.1　对车辆的要求

(1)必须是专用车辆,按规定进行年检。禁止使用翻斗车、铲车、自行车以及叉车、铲车、电瓶车、翻斗车等非专用车辆运输易燃、易爆危险化学品。

(2)运输易燃、易爆品的车辆,其排气管应装阻火器。

(3)车厢应有防止摩擦打火的措施。

(4)防止电火花和导除静电设施良好。

(5)装载液化气体的车辆,应有防晒措施。

(6)装载用铁桶装的一级易燃液体时,不得使用铁底板车辆。

(7)根据危险化学品特性在车辆上配置相应的安全防护器材、消防器材等。

(8)按规定设置危险物品标志。

(9)技术状况必须处于良好状态。

4.4.2 对槽罐等容器的要求

(1)必须由专业生产企业定点生产,有足够的强度,并经检测、检验合格。

(2)必须封口严密,能够承受正常运输条件下产生的内部压力和外部压力,保证危险化学品在运输中不因温度、湿度或者压力的变化而发生任何渗(洒)漏。

(3)有齐全的安全设施及附件。

4.4.3 装卸要求

(1)搬运、装卸危险化学品时,应轻装、轻卸,严禁摔、碰、撞、击、拖拉、倾倒和滚动。

(2)不得用同一车辆运输互为禁忌的物品,互为禁忌的规则按附录《常用危险化学品储存禁忌物配存表》执行。

(3)不得超装、超载,不得与普通货物混装。

(4)配置并关闭排气筒火星熄火装置。

(5)易燃、易爆物品的装载量不得超过货物载重量的 2/3,堆放高度不得高于车厢栏板。

(6)装卸作业必须在装卸管理人员的现场指挥下进行。

4.4.4 运输要求

(1)办理道路运输证后,按公安部门规定的路线、时间和速度行驶。

(2)由具有五万公里和三年以上安全驾驶经验的驾驶员驾驶,并选派熟悉危险化学品性质和有安全防护知识的人员担任押运员。

(3)驾驶室内严禁烟火。

(4)两台以上车辆跟踪运输时,两车最小间距为 50 m,行驶中不得紧急制动,严禁超车。

(5)中途停车应选择安全地点,停车或未卸完货物前,驾驶员和押运员不得离车。

(6)恶劣天气下能见度在 5 m 以内或道路纵坡在 6% 以上、能见度在 10 m 以内时,应停止行驶。

(7)途中需要停车住宿或遇有无法正常运输的情况时,应向当地公安部门报告。

(8)运输过程中发生燃烧、爆炸、污染、中毒或者被盗、丢失、流散、泄漏等事故,驾驶人员、押运人员应立即向当地公安部门和本单位报告,并在现场采取警示措施。

4.5　危险化学品储存

4.5.1　库房要求

（1）存有爆炸危险物品的库房的要求见 GXP 19—02《爆炸危险场所安全管理规定》。

（2）消防安全要求

——存放危险化学品的库房的耐火等级、建筑层数、建筑面积、防火间距要与其火灾危险性（由存放的物质种类决定）相符合，满足 GB 50016《建筑设计防火规范》的规定；

——消防措施的种类、数量应符合 GB 50140—2005《建筑灭火器配置设计规范》的规定；

——有良好的防雷、防静电设施。防雷设施要符合 GB 50057《建筑物防雷设计规范》的规定；

——储存地点距生产装置、罐区、管廊、电缆桥架、下水井等设施的安全防火距离不得小于 30 m。

（3）其他要求

——不允许漏雨、积水；

——有良好的通风设施；

——主要通道的宽度不小于 2 m；

——存料台、架牢固可靠，安全标识齐全、清晰；

——甲、乙类物品库房不准设办公室、休息室。其他库房必需设办公室时，可以在邻近库房一角设置无孔洞的一、二级耐火等级的建筑，其门窗直通库外。具体实施时，应征得××市公安消防部门同意；

——储存甲、乙、丙类物品的库房布局、储存类别不得擅自改变。如确需改变的，应当报经××市公安消防部门同意；

——依据存放的危险化学品的性质，保持适宜的温度、湿度；

——存放危险化学品的露天仓库，要做好防火、防潮、防晒的安全措施。

4.5.2　存放和保管要求

（1）存放禁忌

互为禁忌的物品（见附录《常用危险化学品储存禁忌物配存表》）分类、分区存放，并在醒目处标明物品的名称、性质和紧急事件的处置方法。例如：

——易燃液体、遇湿易燃物品、易燃固体不得与氧化剂混存；

——甲、乙类物品和一般物品及禁忌物品要分间、分库储存；

——腐蚀性物品不得与液化气体和其他物品共存；

——有毒物品不能接近酸类物质。

库存物品应当分类、分垛储存,每垛占地面积不宜大于 100 m²,垛与垛间距不小于 1 m,垛与墙间距不小于 0.5 m,垛与梁、柱间距不小于 0.3 m。

(2)单独存放

具有还原性的氧化剂应单独存放。

易制毒化学品、自燃物品、氧气瓶、乙炔瓶须有单独的仓库存放。拖布、扫把、纸箱等可燃物不得与氧气瓶、自燃物品混放。

(3)限量存储

——库房内存储量要合理确定,不超过额定储量;

——转手库存放量不得超过正常三日用量,贮存间不得超过正常一日的用量,实验室试剂可根据实际情况合理调剂。

(4)包装

——危险化学品的包装应与危险化学品的性质相符合,存放时在货架上摆放整齐平稳,包装上应有明显的标签,标明物品名称、批号、合格证编号、出厂日期、生产厂家;

——腐蚀性物品,包装必须严密,不允许泄漏。

(5)消防安全

——严禁烟火、明火;

——保持消防通道畅通;

——易自燃或者遇水分解的物品,必须在温度较低、通风良好和空气干燥的场所储存,并安装专用仪器定时检测,严格控制湿度与温度;

——物品入库前应当有专人负责检查,确定无火种等隐患后,方准入库。

——使用过的油棉纱、油手套等沾油纤维物品以及可燃包装,应当存放在安全地点,定期处理。

——库房内因物品防冻必须采暖时,应当采用水暖。其散热器、供暖管道与储存物品的距离不小于 0.3 m。

(6)甲、乙类物品存放要求

——甲、乙类桶装液体,不宜露天存放;必须露天存放时,在炎热季节必须采取降温措施;

——包装容器应当牢固、密封,发现破损、残缺、变形和物品变质、分解等情况时,应当及时进行处理,严防跑、冒、滴、漏。

(7)有毒物品应贮存在阴凉、通风、干燥的场所,不要露天存放。

(8)专人管理

存放危险化学品的仓库,应有专职人员负责管理,易制毒化学品库实行双人双锁保管。

——出入库前均应进行检查、验收、登记,验收内容包括物品质量、数量、包装情况、有无泄漏及危险标志等,经核对后填写"危险化学品出入库情况统计表"。物品性质未弄清时不得入库。产品合格证与危险化学品在一起存放;

——定期检查存放的物品,发现其品质变化、包装破损、渗漏、稳定剂短缺等,应及时处理。

(9)作业禁忌

库房内及露天堆垛附近不得从事试验、分装、焊接等作业。

4.5.3 操作要求

(1)操作者进入危险化学品储存区域前必须按规定穿戴好劳动保护用品。禁止无关人员进库房。

(2)工作前要认真检查设备、附件、安全设施、工具和作业现场,确认安全可靠。

(3)修补、换装、清扫、装卸易燃、易爆物料时,应使用不产生火花的工具。

(4)危险化学品库房内的称量用具使用完后应及时清理,严禁乱放或兼做他用。

(5)进入危险化学品储存区域的机动车辆和作业车辆需采取防火措施。

4.5.4 化学试剂库安全要求

(1)存放

——分库:性质相抵触的禁止同库存放;

——分区分类:各类试剂要根据类别、性质、危险程度、灭火方法等分区分类存放;

——分架:过氧化物和强氧化剂以及强酸应分架存放;失效的试剂与合格品须分架存放。

(2)包装

——各类化工材料的包装要完好,不得渗漏和不加封盖;

——桶装和瓶装的液体化工材料取出后,不得再倒回原包装;

(3)摆放要求

——袋装化工材料要摆放整齐,不同种的材料平放或直立放置,不得超过两层;

——瓶装的化学药品,可以存放在货架上,所有存放的化学药品其标签应向外,瓶上的污物要擦干净,以便查看;没有标签的或标签不清楚的物品,不准在库房存放。

(4)有毒化学品存放规定

——剧毒化学品必须在专用仓库单独存放,实行双人收发、双人保管制度。安全环保部应将储存剧毒化学品的数量、地点以及管理人员的情况,报××市公安局和安监局备案;

——库房应有消毒器材和良好的通风装置；

——根据其性质存放在专门的容器内，容器有明显的标志，并应紧固可靠，不得破损渗漏，整齐地排放在料架上；

——进入有毒化学品库工作时，必须事先打开通风装置；

——用槽罐储存易制毒化学品的，从槽罐抽到高位槽（即抽离槽罐）即视为出库，做出库登记；

——无关人员不得进入易制毒化学品仓库。易制毒化学品仓管员和供应人员应每月盘点当月的使用数量和库存数量，核对无误后，交安全环保部，由安全环保部上交易制毒化学品管理办公室。如发现被盗的应立即向公安机关报案。

（5）库房温湿度应符合相应化工品的要求。

（6）库房内要设有专用称量的用具，用完后必须消毒，严禁乱放或兼做他用。

4.5.5　油品库安全要求

（1）在装卸油料或开启油桶时，要使用不产生火花的特制工具，禁止使用铁质工具；操作要平稳，严禁磕碰产生火花；

（2）盛装油料的容器应有明显的标志，并保持密闭完整不得渗漏；大桶盛装的易燃油，只允许单层直立排放，严禁倒放；小桶或瓶装的易燃油应整齐排放于专门的料架上；

（3）经常检查和维护盛装油料的容器、包装物，做到无渗漏，无明显锈蚀，可靠接地，严禁跑、冒、滴、漏，若发现问题，必须及时整改；

（4）不允许使用塑料容器。

4.5.6　漆料库安全要求

（1）库房内保持良好的通风，库内温度不得低于5℃，也不得高于35℃。

（2）漆料库存放的各种材料，必须有明显的标记并应保证包装完整不得渗漏。原来用的铁桶、大木桶、玻璃瓶盛装的，可直接放在地面上，用小桶和罐子包装的材料，放在料架上，禁止将铁桶、大木桶、小桶、罐子等叠放两层。

（3）包装材料应根据其性质区分放置，容器上面的标签须一律向外，以便查看，禁止酸碱及自燃性物质存放在漆料库房内。

（4）在装卸漆料或开启油漆桶时，要使用不产生火花的特制工具，操作要平稳，严禁磕碰产生火花；零星漆料发放完后必须及时盖好，防止挥发变质。

4.6　危险化学品的使用

4.6.1　接收

（1）使用单位接收危险化学品时，必须核对包装或容器上的安全标签，安全标签若脱落或损坏，经检查确认后应补贴；使用单位使用的化学品应有标识和安全技术说明书。

（2）使用单位接收的危险化学品需要转移或分装到其他容器时，在转移或分装后的容器上应贴标签，标明物质名称；盛装危险化学品的容器在未净化处理前，不得更换原安全标签。

4.6.2　使用须知

（1）使用单位应对盛装、输送、贮存危险化学品的设备，采用颜色、标牌、标签等形式，标明其危险性。

（2）桶装和瓶装的液体化学品倒出后，不得装回原包装内。

（3）使用单位要按需领用危险化学品，剩余未开封的危险化学品应及时办理退库手续。

（4）使用单位应定期检验危险化学品有效期限，报废的危险化学品必须标明名称单独存放；

（5）使用者要穿戴适宜的劳动防护用品。

（6）使用危险化学品过程产生的废水、废液，包括含有易制毒化学品成分的残液，不准直接排入下水或倾倒在地面上或直接排放出公司外，须按照 GXP 35《固体废弃物排放控制程序》关于危险废物的处置方法处置。

4.6.3　易制毒化学品使用

（1）使用单位应按当天使用计划，合理领用易制毒化学品。开具易制毒化学品领用单，由使用单位负责人签字后，向仓库领用。

（2）领用单位应建立登记台账，单独装订成册备查。

4.7　危险化学品的销毁

4.7.1　废弃化学品（包括报废化学品）应由产生单位负责按照其特性、类别做处理后分类收集、储存和处置，填写"危险化学品回收登记表"。

4.7.2　在批量报废、销毁之前，相关单位需要登记造册，填写"危险化学品销毁登记表"，制定安全防范措施和实施方案，根据物品的性质，拟定处理方法（分解、中和、深埋、燃烧等），由安全环保部审查，主管厂领导批准后，安全环保部监督销毁。

4.7.3　负责报废、销毁危险化学品的人员（包括监护人员），必须熟知物品的化学、物理特性及其安全注意事项。

4.7.4　化学性质相抵触的危险化学品，不准混合销毁。

4.7.5　报废、销毁的危险化学品，须按照 GXP 35《固体废弃物排放控制程序》关于危险废物的处置方法处置。

4.8　安全检查

4.8.1　危险化学品保管员进行安全管理专项检查，并填写"化学品库安全检查记录"。

　　4.8.2　保管处及有暂存库的单位领导应对危险化学品的贮存情况进行检查,主管厂领导应组织安全环保部、机动处等部门每季度对危险化学品的储存场所进行检查,填写"化学品库安全检查记录"。

4.9　应急

　　4.9.1　公司设立24小时化学事故应急咨询服务固定电话(××××××××××),由专业人员值班并负责相关应急咨询。

　　4.9.2　发生突发事故时,按公司相应的应急预案处置。

5　相关文件(略)

6　相关记录

记录编号	记录名称	保管单位	保管年限
GXR 37—50	危险化学品出入库统计表	保管处	3年
GXR 18—18	危险化学品回收登记表	安全环保部/相关单位	3年
GXR 18—19	危险化学品销毁登记表	安全环保部/相关单位	3年
GXR 18—20	化学品库安全检查记录	安全环保部	3年

八、作业现场管理程序

　　下面是某危险化学品生产企业的作业现场管理程序。程序的内容要点是:

　　(1)定置管理:一般要求,设备布局,动力管线。

　　(2)现场条件要求:生产厂房地面,建筑物的消防安全要求,安全通道,电气及照明设施、静电消除和避雷设施,安全设施和安全装置,采光和照明,空气调节,防暑降温、防寒防冻、防风、防雨和防潮,其他要求。

　　(3)物料堆放。

　　(4)爆炸危险场所的安全要求。

　　(5)准入制度。

　　(6)大中修、检修现场。

　　(7)区域卫生。

　　(8)标识:产品标识和可追溯性,安全色,安全标识(消防安全标识、职业病危害警示标识、作业场所的劳动防护标识、其他安全标识),安全标识的设置及使用要求,工业管道、通道、门牌、物品定位等标识。

　　(9)监督检查与考核。

1　范围

　　本程序规定了作业现场管理的内容和要求,包括:现场条件,定置管理,物料堆放,准入制度,大中修、检修现场要求,各种标识,5S+1要求。

2　职责

　2.1　5S推进办

　作业现场的规划、监督检查、考核。

　2.2　机动处

　作业现场设备、设施的管理。

　2.3　安全环保部

　作业现场职业安全卫生的监督管理,进入生产区的审批。

　2.4　生产技术部

　作业现场的定置管理,参与作业现场的检查。

　技术处、机动处分别负责管线标识、管路颜色标识和设备位号标识的设置。保管处负责库存物资标识的管理。

　2.5　品控部质量管理处

　标识和可追溯性的监督管理。

　2.6　人力资源部

　作业人员的上岗教育、培训。

　2.7　各单位

　各自所辖区域的现场管理。

3　工作程序及要求

　3.1　定置管理

　3.1.1　一般要求

　(1)设备、工具、辅助设施、物料的存放应根据生产现场实际,按照整体性、适应性、规范性实施定置管理。

　(2)现场划分的各区域界限清楚,标志明显,要有保证人员活动的空间。

　(3)定置区域物品堆放场地应平整、牢固,物品摆放有序、规范,定置图、牌清晰可见,位置端正醒目,牌物相符、规范。

　(4)生产作业现场不得存放危险化学品,暂时不使用的,必须放在专用的保险箱内或周转库房中,且不得混放,按特性配置相应的支架和箱柜,配备必要的器具、工具和个人防护用品,并应符合消防安全要求。

　(5)各种临时存放物要定点、定量存放,摆放整齐。

　3.1.2　设备布局

　(1)设备间距(以活动机件达到的最大范围计算):大型(长>12 m)≥2 m,中型(长6~12 m)≥1 m,小型(长<6 m)≥0.76 m。

　(2)设备与墙、柱距离(以活动机件的最大范围计算):大型≥0.9 m,中型≥0.8 m,小型≥0.7 m。

（3）便于操作和维护。

（4）发生紧急情况时，便于人员的撤离。

（5）尽量避免生产装置之间危害因素的相互影响，减少对人员的综合作用。

（6）布置具有潜在危险的设备时，应根据有关规定进行分散和隔离，并设置必要的提示、标志和警告信号。

（7）对振动、爆炸敏感的设备，应进行隔离或设置屏蔽、防护墙、减振设施等。

（8）设备的噪声超过有关标准规定时，应予以隔离。

（9）加热设备及反应釜等的作业孔、操纵器、观察孔等应有防护设施；作业区的热辐射强度不应超过有关规定。

3.1.3　动力管线

（1）配置的管线不应对人员造成危险，管线和管线系统的附件、控制装置等设施，应便于操作、检察和维修。

（2）危险、有害的液体、气体管线，不得穿过不使用这些物质的生产车间、仓库等区域，也不得在这些地下管线的上面修造建筑物。

（3）管线系统的支撑和隔热应安全可靠，对热胀冷缩产生的应力和位移应有预防措施。

（4）根据管线内物料的特性要求，管线上应按规定设置相应的排气、泄气、稳压、缓冲、阻火、放液、接地等安全装置。

3.2　现场条件要求

3.2.1　生产厂房地面

（1）生产厂房的地面应平整，无障碍物，被砸坏的地面应及时修补。

（2）地面上不得有临时电线、水管、压缩空气管线。

（3）不得将边角料、螺钉、圆钢料头等扔在地面上。

（4）地面应防滑，地沟的盖子应使用花纹钢板或多孔铸铁盖板。

（5）应防止润滑油洒在地面上，工业垃圾、废油、废水及废物应及时清理干净。

（6）应有满足冲洗地面用的排水系统。

（7）为生产而设置的深＞0.2 m，宽＞0.1 m的坑、壕、池应有防护栏或盖板，夜间应有照明。

3.2.2　建筑物的消防安全要求

执行 GXP 21《消防管理程序》中的相关规定。

3.2.3　安全通道

3.2.3.1　厂区通道

（1）在厂区通道的危险地段及进入厂区门口处，需设置限速高牌、指示牌和警示牌,其他部分设置交通警示牌。

(2)厂区双向车道宽度应不小于 5 m,单向车道宽度应不小于 3 m 并有单向行驶标记。

3.2.3.2 车间通道

(1)根据工艺流程和设备布局设置安全通道,安全通道的设置应避开危险区域和有毒有害区域。

(2)车间内通行汽车的道路宽度>3 m,通行电瓶车的道路宽度>1.8 m,通行手推车、三轮车的道路宽度>1.5 m,人行通道的宽度>1 m。

(3)通道应通畅(不允许堆放杂物、不允许堵塞)、照明良好,不准出现"盲端"。

3.2.4 电气及照明设施、静电消除和避雷设施

作业现场的电气及照明设施、剩余电流防护措施、低压电气线路、静电消除设施、避雷设施应符合 GXP 20《电气安全管理程序》的相关规定。

3.2.5 安全设施和安全装置

(1)作业现场应做到有转动部位必有罩、有台必有栏(杆)、有沟(洞)必有盖、各种安全装置、限位开关应保证完好、有效。

(2)任何人无权擅自拆除、改动安全设施和安全装置,若特殊情况确需改动时,应经安全环保部和设备处审核、公司主管领导批准后,责成有关部门实施,并在事后及时恢复。

3.2.6 采光和照明

3.2.6.1 采光

(1)生产厂房应尽量利用天然照明。厂房跨度大于 12 m 时,单跨厂房的两边应有采光侧窗,窗户的宽度应不小于开间长度的一半。多跨厂房相连,相连各跨应有天窗,跨与跨之间不得有墙封死。

(2)工业建筑一般照度标准值(单位:lX)为:计量室、计算机站 500,试验室、控制室、机械加工 300,配电室、焊接、机电修理、检验 200,冷冻站、压缩空气站 150,风机房、空调机房、泵房、锅炉房、仓库 100。

3.2.6.2 工作场所的照明方式

(1)工作场所通常应设置一般照明。

(2)同一场所内的不同区域有不同照明要求时,应采用分区一般照明。

(3)对于部分作业面照明要求较高,只采用一般照明不合理的场所,宜采用混合照明。

(4)在一个工作场所内不应只采用局部照明。

3.2.6.3 工作场所的照明种类

(1)工作场所均应设置正常照明。

（2）工作场所下列情况应设置应急照明：

——正常照明因故障熄灭后，需确保正常工作或活动继续进行的场所，应设置备用照明；

——正常照明因故障熄灭后，需确保处于潜在危险之中的人员安全的场所，应设置安全照明；

——正常照明因故障熄灭后，需确保人员安全疏散的出口和通道，应设置疏散照明。

3.2.7　空气调节

工作场所每名工人所占容积小于 20 m³ 的车间，应保证每人每小时不少于 30 m³ 的新鲜空气量；如所占容积为 20～40 m³ 时，应保证每人每小时不少于 20 m³ 的新鲜空气量；所占容积超过 40 m³ 时允许由门窗渗入的空气来换气。采用空气调解的车间，应保证每人每小时不少于 30 m³ 的新鲜空气量。

3.2.8　防暑降温、防寒防冻、防风、防雨和防潮

（1）作业现场的防暑降温和防寒采暖必须符合 GBJ 19《工业企业采暖通风和空气调节设计规范》的规定。

（2）各单位要将防暑降温和防寒采暖设施作为生产管理的一部分，组织检查和维护。

（3）每年的 6 月至 9 月高温季节按公司规定的标准向职工发放防暑降温饮料和药品。

（4）台风、雷雨季节，调度中心适时向员工发出避灾疏散的指令和公告；应急指令发布后，各单位应按照调度中心的部署和职责分工，组织人员准备防灾物资，不能雨淋的物品，要有应急防护措施。调度中心负责组织抢险救援队伍并做好抢险救灾、恢复生产的工作准备。

（5）有湿度要求的设备设施，应保持通风良好，天气潮湿时，每天应开机运行一段时间。物资的保管和木薯的贮存应有防潮、通风措施。

3.2.9　其他要求

作业现场的其他要求执行 GXP 29—02《5S＋1 手册》和 GXP 29—03《5S-TPM 管理整理整顿执行标准》。

3.3　物料堆放

3.3.1　有序摆放：划分毛坯区，成品、工位器具区及废物垃圾区；工件顺序符合操作顺序，工位器具、工具、夹具要放在指定的部位，安全稳妥。

3.3.2　限量：燃料等应限量存入，白班存放为每班加工量的 1.5 倍，夜班存放为加工量的 2.5 倍，但大件不超过当班定额。

3.3.3　限高：物料摆放不得超高，在垛底与垛高之比为 1∶2 的前提下，垛高不超出 2 m（单件超高除外）。

3.3.4　垛的基础要牢固,不得产生下沉、歪斜或倾塌,垛之间的距离应方便吊运和清理。

3.3.5　成品的堆放,不得干扰操作者和邻近机床的操作。设置专用的货架或托盘定置存放。

3.4　爆炸危险场所的安全要求

爆炸危险场所的安全要求见 GXP 19—02《爆炸危险场所安全规定》。

3.5　准入制度

3.5.1　进入生产区、酒精罐区前应到安全环保部办理"临时出入许可证"或"临时工作证申请表"。

3.5.2　进入生产区、罐区不能携带香烟和火种,要佩戴安全帽。

3.6　大中修、检修现场

3.6.1　各单位在大中修、检修前,制定检修安全技术措施,报机电工程部批准后实施。

3.6.2　各施工单位必须有专人负责现场的物料、设备和设施的定置管理,保证物流有序。

3.6.3　高处立体交叉作业时,必须采取隔离措施。并按 GXP 25《高处作业管理程序》执行。

3.6.4　起重作业应按 GXP 24《吊装作业管理程序》执行。

3.6.5　现场敞开的孔、坑、井、洞,必须设置防护栏、警示牌或警示灯。

3.6.6　进入暖气地下管沟、容器内作业、地下通廊作业、窨井内作业,必须采取通风措施,照明良好并设专人监护。必须对有毒有害气体进行测试。受限空间作业和动火作业应分别执行 GXP 26《受限空间作业管理程序》和 GXP 23《动火作业管理程序》。

3.7　区域卫生

3.7.1　办公室的门、窗、扶手、办公桌保持整洁。

3.7.2　地面保持干净,无垃圾;天花板、墙壁保证无蜘蛛网、灰尘、污渍等。

3.7.3　墙壁上除与公司文化有关的宣传板外不得贴、挂、钉其他任何物品。

3.7.4　室内公共用品的摆放整齐,保持干净无灰尘、无污渍。文件柜、书柜、更衣柜、等办公物品整齐靠墙摆放,并保持物品里外干净。

3.7.5　复印机、打印机、饮水机等电器整齐靠墙摆放,距墙边 10 cm,表面洁净,无灰尘、污渍等,电线有序布置并用电线盒扎起。

3.8　标识

3.8.1　产品标识和可追溯性

产品标识和可追溯性执行 GXP 29—01《标识和可追溯性管理制度》。

3.8.2　安全色

（1）红色表示禁止、停止、危险。适用：机械的停止按钮、刹车及停车装置的操纵手柄；机器转动部件的裸露部分，如飞轮、齿轮、皮带轮等轮辐部分；指示器上各种表头的极限位置的刻度；各种危险信号旗等。消防设备亦用红色表示。

（2）黄色表示警告。适用：危险机器和坑池周围的警戒线；各种飞轮、皮带轮及防护罩的内壁；警告信号旗等。

（3）蓝色表示指令。适用：指示车辆和行人行驶方向的各种标线等。

（4）绿色表示提示。适用：车间厂房内的安全通道；行人和车辆的通行标志；消防疏散通道；安全防护设备；机器启动按钮及安全信号旗等。

（5）红白相间条纹用于公路、交通等方面所使用防护栏杆、隔离墩，表示禁止跨越；用于固定禁止标志的标志杆下面的色带等。

（6）黄黑相间条纹用于各种机械在工作或移动时容易碰撞的部位，如移动式起重机的外伸腿、起重机的吊钩滑轮侧板、起重臂的顶端、四轮配重；平顶拖车的排障器及侧面栏杆；门式起重和门架下端；剪板机的压紧装置；冲床的划块等。

（7）使用要求

使用安全色时要考虑周围的亮度及同其他颜色的关系，要使安全色能正确辨认，在明亮的环境中，照明光源应接近自然白昼光，在黑暗的环境中为避免眩光或干扰应减少亮度。并执行 GB 2893《安全色》和 GB 6527.2《安全色使用导则》的规定。

3.8.3　安全标识

3.8.3.1　消防安全标识

（1）疏散通道或消防车道的醒目处应设置"禁止阻塞"的标识。

（2）建筑物中的隐蔽式消防设备存放地点应相应地设置"灭火设备"、"灭火器"和"消防水带"等标识。

（3）设有地下消火栓和不易被看到的地上消火栓的地方，应设置"地下消火栓"、"地上消火栓"等标识。

（4）生产厂区、厂房等的入口处或防火区内应设置"禁止烟火"、"禁止吸烟"、"禁止带火种"、"当心火灾——易燃物"、"当心火灾——氧化物"和"当心爆炸——爆炸性物质"等标识。

（5）没有火灾报警器或火灾事故广播喇叭的地方应相应地设置"声光报警器"、"烟感报警器"标识。

（6）有火灾报警电话的地方应设置"火警电话"标志。执行 GB 13495《消防安全标志》的规定。

3.8.3.2 职业病危害警示标识

(1)使用有毒物品作业场所警示标识的设置。在使用有毒物品作业场所入口或作业场所的显著位置,根据需要,设置"当心中毒"或者"当心有毒气体"警告标识,"戴防毒面具"、"穿防护服","注意通风"等指令标识和"紧急出口"、"救援电话"等提示标识。

(2)在高毒物品作业场所应急撤离通道设置紧急出口提示标识。在泄险区启用时,设置"禁止入内"、"禁止停留"警示标识,并加注必要的警示语句。

(3)可能产生职业病危害的设备发生故障时,或者维修、检修存在有毒物品的生产装置时,根据现场实际情况设置"禁止启动"或"禁止入内"警示标识,可加注必要的警示语句。

(4)贮存可能产生职业病危害的化学品、放射性同位素和含有放射性物质材料的场所,在入口处和存放处设置相应的警示标识以及简明中文警示说明。

(5)在所有产生职业病危害的设备、场所设置警示标识,内容包括:职业危害的种类、后果、预防及应急救治措施、职业危害因素检测结果。

3.8.3.3 作业场所的劳动防护标识

(1)在产生粉尘的作业场所设置"注意防尘"警告标识和"戴防尘口罩"指令标识。

(2)在可能产生职业性灼伤和腐蚀的作业场所,设置"当心腐蚀"警告标识和"穿防护服"、"戴防护手套"、"穿防护鞋"等指令标识。

(3)在产生噪声的作业场所,设置"噪声有害"警告标识和"戴护耳器"指令标识。

(4)在高温作业场所,设置"注意高温"警告标识。

(5)在可引起电光性眼炎的作业场所,设置"当心弧光"警告标识和"戴防护镜"指令标识。

(6)存在放射性同位素和使用放射性装置的作业场所,按照 GBZ 158《工作场所职业病危害警示标识》的规定,设置"当心电离辐射"警告标识和相应的指令标识。

3.8.3.4 其他安全标识

(1)在易燃、易爆、有毒有害等危险场所的醒目位置设置符合 GB 2894《安全标志》规定的安全标志。

(2)在重大危险源现场设置明显的安全警示标志。

(3)在厂内道路设置限速、限高、禁行等标志。

(4)在检维修、施工、吊装等作业现场设置警戒区域和安全标志,在检修现场的坑、井、洼、沟、陡坡等场所设置围栏和警示灯。

3.8.3.5 安全标识的设置及使用要求

(1)安全标识牌的设置高度应尽量与人眼的视线高度相一致,悬挂式和柱式的环境信息标识牌的下缘距地面的高度不宜小于 2 m;局部信息标识的设置高度应视具体情况确定。并执行 GB 2894《安全标志》的规定。

（2）安全标识牌应设在与安全有关的醒目地方,并使大家看见后有足够的时间来注意它所表示的内容。环境信息标识宜设在有关场所的入口处和醒目处;局部信息标识应设在所涉及的相应危险地点或设备（部件）附近的醒目处。

（3）标识牌不应设在门、窗、架等可移动的物体上,以免标识牌随物体相应移动,影响认读。标识牌前不能放置妨碍认读的障碍物。

3.8.4 工业管道、通道、门牌、物品定位等标识,执行作业文件 GXP 29—03《5S—TPM 管理整理整顿执行标准》。

3.9 监督检查与考核

3.9.1 5S+1 推进办负责其职责范围内的监督检查,每季度一次,填写《5S+1 现场检查表》。

3.9.2 安全环保部负责作业现场职业安全卫生检查,每季度一次,填写《季度现场检查表》（职业安全卫生）。

4 相关文件（略）

5 相关记录

记录编号	记录名称	保管单位	保存期限
GXR 18—45	临时出入许可证	安全环保部	2 年
GXR 18—46	临时工作证申请表	安全环保部	2 年
GXR 30—01	5S-TPM 现场问题点记录	5S+1 推进办	2 年
GXR 30—02	生产现场 5S-TPM 管理千分制评分标准	5S+1 推进办	2 年
GXR 30—03	办公区域 5S-TPM 评分标准	5S+1 推进办	2 年
GXR 18—46	季度现场检查表（职业安全卫生）	安全环保部	2 年

九、交通运输安全管理程序

下面是某物资仓储、运输单位（物资部）的交通运输安全管理程序。程序的内容要点是:

（1）人员要求。

（2）个人防护要求。

（3）车辆管理:车辆购置,车辆登记,车辆年检,车辆报废。

（4）车辆维护保养:车况要求,维护保养要求。

（5）车况及维修检查。

（6）车辆档案管理。

（7）机动车运输安全要求:通用要求,科试车运输安全要求,货运安全要求,危险化学品运输安全要求,型号产品运输安全要求,厂区运输安全要求。

（8）机动车驾驶操作规程：机动车通用操作规程，电瓶车操作规程。

程序中的"型号产品"是某种特殊产品，具爆炸性。

1　目的

规范道路交通运输、厂内运输的安全管理，减少人员伤害和财产损失。

2　适用范围

本部运输队、仓储配送处和下料加工车间。

3　定义

科试车：科研生产试验特种装备车辆的简称，指产权归单位所有、无地方牌照的科研生产试验专用车辆。

4　职责

4.1　行政保卫处

（1）机动车辆和车辆停放场所的消防安全管理；

（2）型号产品、危化品运输的押运。

4.2　运输队

（1）道路交通运输、厂内运输的安全管理和交通事故处理；

（2）办理机动车辆购置、年检、报废和更新申请；

（3）全部机动车辆驾驶员的安全教育和组织机动车驾驶员的身体检查；

（4）组织机动车辆驾驶员的培训取证、资格认定和组织科试车的年检、驾驶员的年审及军用临时牌照的领用；

（5）所属机动车辆的日常保养维护、检查；

（6）对所属机动车辆驾驶员的日常管理；

（7）编制全部机动车辆年度维修计划。

4.3　仓储配送处

（1）所属机动车辆的日常保养维护、检查；

（2）对所属机动车辆驾驶员的日常管理。

4.4　下料加工车间

（1）所属机动车辆的日常保养维护、检查；

（2）对所属机动车辆驾驶员的日常管理。

5　工作程序及要求

5.1　人员要求

5.1.1　机动车辆驾驶员没有妨碍安全驾驶机动车的疾病，并按《培训、意识和能力控制程序》（企业文件编号 Cp.O.4420—2005）的规定进行培训，经交通管理局考核合格，取得驾驶证，持证上岗并随身携带，按驾驶证载明的准驾车型驾驶机动车。

5.1.2 科试车驾驶员应为 50 岁以下、身体健康、技术熟练、无严重违章和责任事故、具有 5 年驾龄、地方驾照为"A"级的驾驶员。科试车驾驶员每年一季度参加集团公司主管部门组织的军用车辆驾驶培训,考核合格,取得军车驾驶证。

5.1.3 运输危化品的驾驶员必须有 3 年以上,50000 km 里程安全行车经历。

5.1.4 危化品押运人员必须掌握危险化学品运输的安全知识,并经交通管理局考核合格,取得上岗资格证,方可上岗作业。

5.2 个人防护要求

机动车驾驶人员根据所从事的特种作业的特殊要求,必须穿戴相应的劳动防护用品。

5.3 车辆管理

5.3.1 车辆购置

5.3.1.1 计划处根据本部技术改造的要求或车辆使用部门的需求,编制为扩大服务范围和增加服务能力而需要车辆的技措计划。

5.3.1.2 行政保卫处组织运输队等部门进行调研和选型,编写"经济技术报告和可行性论证报告",并综合考虑车辆的安全可靠性、维修性以及标准化程度,选择安全信誉好、产品质量高的生产厂家。

5.3.1.3 运输队根据技措计划填写《设备/车辆购置申请单》,并经行政保卫处、财务处会签、主管部领导审核、部长批准。

5.3.1.4 行政保卫处按照选定车辆的型号及厂家进行采购。

5.3.1.5 如果新增车辆安全操作规程导致 OHS 文件的修改,按《OHSMS 文件控制程序》(Cp. O. 4450—2005)的有关规定执行。

5.3.2 车辆登记

5.3.2.1 汽车起重机和厂内机动车辆的登记按《特种设备安全管理程序》(Cp. O. 4730—2005)的规定执行。

5.3.2.2 科试车由运输队报××院主管部门登记、备案,申领临时军用牌照。

5.3.2.3 运输队应持车辆出厂合格证到当地道路运输管理机构审核备案。不属于国务院机动车产品主管部门规定免予安全技术检验的车型,还应当提供机动车安全技术检验合格证明。

5.3.2.4 已注册登记的机动车有下列情形之一的,运输队应当向登记该机动车的交通管理部门申请变更登记:

(1)改变机动车车身颜色的;

(2)更换发动机的;

（3）更换车身或者车架的；

（4）因质量有问题，制造厂更换整车的；

（5）营运机动车改为非营运机动车或者非营运机动车改为营运机动车的。

5.3.3 车辆年检

5.3.3.1 汽车起重机和厂内机动车辆的年检按《特种设备安全管理程序》（Cp. O. 4730—2005）的规定执行。

5.3.3.2 科试车的年检由运输队报集团公司主管部门安排进行。

5.3.3.3 车辆应当从注册登记之日起，按照下列期限进行安全技术检验：

（1）载货汽车、中型载客汽车 10 年以内每年检验 1 次；超过 10 年的，每 6 个月检验 1 次；

（2）小型载客汽车 6 年以内每 2 年检验 1 次；超过 6 年的，每年检验 1 次；超过 15 年的，每 6 个月检验 1 次。

5.3.3.4 车辆必须按车辆管理机关规定的期限接受检验，未按规定检验或检验不合格的，不准继续行驶。

5.3.3.5 年度审验时应出示车辆二级维护出厂合格证。

5.3.3.6 车辆经过检测、大修和二级维护的车辆应当进行车辆综合性能检测或者专项性能检测。未经检测或者检测不合格的车辆，不得用于道路运输。

5.3.3.7 机动车辆年检报告由运输队备案、归档。

5.3.4 车辆报废

5.3.4.1 汽车起重机和厂内机动车辆的报废按《特种设备安全管理程序》（Cp. O. 4730—2005）的规定执行。

5.3.4.2 运输队根据车辆的安全技术状况和不同用途，按照报废标准填写《设备/车辆报废申请单》，经行政保卫处、财务处会签，主管部领导审核，报请部长批准，并及时办理注销登记。

5.3.4.3 已经注销报废的车辆不得上路行驶，报废的货车及其他车辆应当在公安机关交通管理部门的监督下解体。

5.3.5 车辆停放环境

车辆的停放场所须符合《作业现场安全卫生管理程序》（Cp. O. 4800—2005）、《消防安全管理程序》（Cp. O. 4820—2005）的要求。

5.4 车辆维护保养

5.4.1 车况要求

5.4.1.1 车辆必须保持车况良好、车容整洁。喇叭、刮水器、后视镜和灯光装置，必须保持齐全有效。

5.4.1.2 客运车辆座椅应牢固可靠，安全带配置齐全。

5.4.1.3 进入危化品库房的车辆排气管应向前并加装阻火器,车厢内应铺设导静电橡胶板,安装导静电链,随车配备两具灭火器。

5.4.1.4 方向盘应转动灵活、操纵轻便、无阻滞现象,转向轮应具有自动回正能力;转向节、转向横、直拉杆及球销应无裂纹,横、直拉杆不得拼焊。

5.4.1.5 发动机动力性能良好、运转平稳,不得有异响;柴油机停机装置灵活有效。

5.4.1.6 行车制动系统最大制动效能应在踏板全行程五分之四以内达到;驻车制动必须能通过机械装置把工作部件锁住。

5.4.1.7 车辆运行过程中,不应有自行制动现象。

5.4.1.8 机动车离合器应接合平稳、分离彻底、不得有抖动和打滑现象。

5.4.1.9 车辆轮胎花纹深度在磨损后不应少于 2 mm,局部磨损不应暴露出帘布层,不得有超过 2.3 cm 的割伤和裂纹。

5.4.1.10 车辆不得漏水、漏油,灯光装置齐全完好。

5.4.1.11 车门、车窗启闭轻便,不得有自行开启现象,门锁牢固可靠。

5.4.1.12 科试车车身统一为迷彩色,统一编号。

5.4.2 维护保养要求

5.4.2.1 汽车起重机和厂内机动车辆的维护保养按《特种设备安全管理程序》(Cp.O.4730—2005)的规定执行。

5.4.2.2 车辆必须按国家或行业有关标准规定的行驶里程或间隔时间进行维护,车辆的维护分为:日常维护、一级维护、二级维护。运输队、仓储配送处、下料加工车间负责编制车辆的一级和二级维修计划并对在用车辆做好日常保养维护。

(1)日常维护是由驾驶员每日出车前、行车中和收车后负责执行的车辆维护作业。其作业中心内容是清洁、补给和安全检视。

(2)一级维护是由维修企业负责执行的车辆维护作业。其作业中心内容除日常维护作业外,以清洁、润滑、坚固为主,并检查有关制动、操纵等安全部件。一级维护由各部门自行送修。

(3)二级维护是由维修企业负责执行的车辆维护作业。其作业中心内容是除一级维护作业外,以检查、调整转向节、转向摇臂、制动蹄片、悬架等经过一定时间的使用容易磨损或变形的安全部件为主,并拆检轮胎,进行轮胎换位。二级维护必须按期执行。二级维护由运输队统一管理,也可委托使用部门实施。

5.4.2.3 车辆维修单位必须是经道路运输管理机构资质认定的二类以上的汽车维修企业进行维护作业。危险品运输车辆必须到具备危险品运输车辆修理条件的维修企业进行维护作业。

5.4.2.4 运输队与维修单位应签订维修合同,并实行竣工上线检测制度、出厂合格证制度和质量保证制度。

5.4.2.5 车辆日常维护保养,禁止在车辆启动后检查风扇、发电机和水泵。

5.5 车况及维修检查

运输队采用抽查或全面检查的方式,每月对车辆的完好状况和维护保养状况,按附录 A 的要求进行检查,并填写《设备/车辆完好状况检查表》(见附表3)。

5.6 车辆档案管理

5.6.1 汽车起重机和厂内机动车辆的档案管理按《特种设备安全管理程序》(Cp. O. 4730—2005)的规定执行。

5.6.2 运输队、仓储配送处、下料加工车间必须为在用车辆(包括科试车)建立台账和驾驶员技术档案、安全行车档案,档案由各部门保存。

5.6.3 车辆的维修、检查和验收记录,由运输队保存、归档,保存期与车辆使用寿命相同。

5.7 机动车运输安全要求

5.7.1 运输安全通用要求

5.7.1.1 机动车辆道路交通运输要严格遵守《中华人民共和国道路交通安全法》,厂内运输遵守 GB 4387—1994《工业企业厂内铁路、道路运输安全规程》。

5.7.1.2 驾驶员过度疲劳或身体有其他不适,不得驾驶机动车。

5.7.1.3 驾驶员不准酒后驾车,不准服用国家管制的精神药品或者麻醉药品后驾车、不准穿拖鞋驾驶机动车。

5.7.1.4 机动车在道路行驶停车检查时,必须设立标志。

5.7.1.5 机动车禁止超速行驶,在道路行驶时,不准超过道路限速规定;在厂区内主干道行驶时,不得超过 30 km/h,厂内其他道路不得超过 20 km/h,转弯、调头或运送产品、危化品时,不得超过 13 km/h,进出库房时不得超过3 km/h。

5.7.1.6 机动车在冰雪路面行驶时,轮胎上应装防滑链,缓慢行驶,避免紧急制动。

5.7.1.7 机动车停车后不准在车内开空调睡觉。

5.7.1.8 机动车行驶途中应保持安全距离,避免在安全距离不足时紧急制动。

5.7.1.9 单程在 400 公里以上的运输,必须配备两名以上驾驶员;单人驾驶 3 小时必须停车休息。

5.7.1.10 机动车必须配备安全标志和灭火器。

5.7.2 科试车运输安全要求

5.7.2.1 科试车实行定人定车管理,执行任务由主管部门审核并下发《派车单》。

5.7.2.2 军用临时牌照只能用于科试车,其他车辆禁止使用。

5.7.2.3 科试车执行任务应按照临时牌照规定的时间和路线行驶。

5.7.2.4 军车驾驶证由主管部门颁发,执行任务发放,完成任务收回,驾驶地方车辆无效。

5.7.3 客运安全要求

5.7.3.1 客运车辆禁止超过行驶证上核定的载客人数,严禁非法改装客运车辆。

5.7.3.2 客运机动车不得违反规定载货。

5.7.4 货运安全要求

5.7.4.1 车辆装载不得超过行驶证上核定的重量。

5.7.4.2 车辆载物高度、宽度和长度符合交通法规的要求,货物长度超过后栏板时,不仅应捆绑牢固,还不得遮挡号牌、转向灯、尾灯和制动灯。

5.7.4.3 装载货物必须均衡平稳,捆扎牢固,车厢侧板、后栏板必须关好拴牢。

5.7.4.4 禁止货运机动车载客,货运机动车需要附载作业人员的,应当设置保护作业人员的安全措施。

5.7.5 危险化学品运输安全要求

按《危化品安全管理程序》(Cp.O.4720—2005)的规定执行。

5.7.6 型号产品运输安全要求

5.7.6.1 大型产品必须有专用支架承载并且固定牢固。

5.7.6.2 箱装产品最上一层不得高出车厢护栏高度的三分之一,装载重量不得超过汽车允许载重的80%。

5.7.6.3 长途运输产品的汽车,车速在Ⅰ、Ⅱ级公路行驶不得超过40 km/h,在Ⅲ级公路和土路不得超过23 km/h,弯道要减速,列队行驶时,车距不得少于30 m。

5.7.6.4 已装产品的汽车禁止修理,必须修理时应将产品装到其他汽车上或临时堆放在空场上用帆布盖好,并派人看守。但堆放时间不但超过一昼夜。

5.7.6.5 运输产品时应有押运人员和/或警卫人员,驾驶员、押运人员和警卫人员在途中禁止吸烟和携带烟火,途中进餐、休息时,应留人看守。

5.7.6.6 运输产品通过铁路道口时,若遇有火车通过,停车等候点与铁路之间的距离应大于 23 m。

5.7.6.7　产品包装箱应牢固固定在车厢内,保证在行车时产品不能相对移动和跳动。

5.7.6.8　运输产品的汽车启动时,应缓慢加速;要停车时,应缓慢减速,不允许猛加速或急刹车。

5.7.7　厂区运输安全要求

5.7.7.1　厂内机动车(电瓶车)行驶在主干道行驶时,不得超过 30 km/h,其他道路不得超过 20 km/h,转弯、调头不得超过 15 km/h,进出库房、生产区得超过 5 km/h。

5.7.7.2　厂内机动车(电瓶车)不准超载使用,不准运输危险化学品。

5.7.8　运输途中发生紧急事故时按《应急准备和响应管理程序》(Cp. O. 4470—2005)的规定执行。

5.8　机动车驾驶操作规程

5.8.1　机动车通用操作规程

5.8.1.1　出车前,除必须检查油和水及轮胎气压是否正常外,还需对设备例行检查,并空载试车,包括刹车、转向盘、喇叭、照明、液压系统等装置是否灵敏可靠,严禁带病出车。

5.8.1.2　起步时要看清周围有无人员和障碍物,行驶时遇不良条件,应减速慢行。

5.8.1.3　转向盘的操作不得用单手或两手集中一点,严禁两手同时离开转向盘。

5.8.1.4　汽车启动时应缓慢加速;要停车时应缓慢减速,不允许猛加速或急刹车。

5.8.1.5　操纵油门要缓慢,不得无故忽踏忽放。发动机在加速和熄火前不得猛踏油门轰车(试检修时应不在此限,但空负荷转速也不宜过高)。

5.8.1.6　离合器的操纵分离时要彻底,接合时要平稳,严禁较长时间使离合器半离合状态。

5.8.1.7　收车后必须检查轮胎有无夹石及气压是否正常。

5.8.1.8　严禁酒后驾驶和疲劳驾驶,行驶中不准吸烟、饮食和闲谈。

5.8.1.9　遇雷雨天不得在高处或树下停车。

5.8.2　电瓶车操作规程

5.8.2.1　无证人员禁止动用。

5.8.2.2　电瓶车要在规定的区域内行驶,行驶时速最高不得超过 10 km,并要悬挂厂内机动车标志。

5.8.2.3　在人多、车多、交叉路口要提前减速和鸣喇叭。

5.8.2.5 电瓶车要按照使用说明书进行充电。

5.8.2.6 停止工作后,要将电瓶车停放在指定地点,关好电源。

6 相关文件(略)

7 相关记录(略)

(附录等略)

十、劳动防护用品管理程序

下面是某电力建设企业的劳动防护用品管理程序。程序的内容要点是:

(1)劳动防护用品的分类

(2)劳动防护用品的采购与验收

(3)劳动防护用品的保管

(4)劳动防护用品的发放及发放标准

(5)劳动防护用品的使用和维护:防冲击用品,防坠落用品,防触电用品,防尘防毒用品,防噪声用品,防高温辐射用品、防酸碱用品

(6)特需劳动防护用品的报废

(7)信息反馈

1 范围

本程序对劳保用品采购、验收、保管、发放、使用维护、报废等工作进行了规定,适用于××省火电建设公司职工劳动防护用品的管理。

2 职责

2.1 物资处

(1)劳动防护用品需求计划的编制、采购、储存、保管、发放;

(2)组织劳动防护用品合格供方的评定;

(3)劳动防护用品 IC 卡(微机领用卡)的管理。

2.2 工会

(1)参与并监督劳动防护用品发放标准的制订和修改;

(2)参与审查职工劳动防护用品管理程序及监督劳动防护用品采购、发放;

(3)负责收集、反馈职工对劳动防护用品的有关意见和建议,督促有关部门解决落实。

2.3 安全处负责对主要劳动防护用品报废的鉴定。

2.4 劳资处负责组织制订劳动防护用品的发放标准。

3　工作程序及要求

3.1　劳动防护用品的分类

劳动防护用品按用途可分为下列几类：

（1）普通劳动防护用品类：包括布制鞋帽、服装、手套、肥皂、毛巾等；

（2）安全防护用品类：包括各种防护镜、电焊面罩、耐酸碱工作服及鞋类、耐酸耐油手套等；

（3）防尘防毒用品类：包括复简式防尘口罩、送风口罩头盔、头罩式防毒面具、氧气呼吸器、自救器、连衣防毒服等（主要组成部件及使用范围见表4-14、表4-15）；

（4）特需防护用品类：包括安全帽、安全带、安全绳、安全网、防坠器等；

（5）公安保安用品类：包括冬夏春秋服、训练服、迷彩服等。

上述（2）、（3）、（4）属于特种劳动防护用品。

3.2　劳动防护用品的采购与验收

劳动防护用品的采购与验收执行 ZHDB 306001《物资采购管理程序》。采购的特种劳动防护用品应具有安全标志、生产许可证、产品合格证和安全鉴定证。

3.3　劳动防护用品的保管

3.3.1　劳动防护用品的保管，要有切实的防潮、防霉、防蛀、防变质的措施。

3.3.2　做到账、卡、物相符，进货台账与发放账目保存完备，能随时提供检查。

3.4　劳动防护用品的发放及发放标准

3.4.1　公司各在建施工项目均设立劳保用品库，为职工办理劳保用品的发放工作。

3.4.2　职工在领用时，要仔细核对所需用品的规格、数量及质量情况，发现问题及时提出，便于更换。

3.4.3　劳动防护用品的发放按 GB 11651《劳动防护用品选用规则》和××火电劳（2009）0042 号《关于调整职工个人劳动防护用品发放标准的规定》执行。

3.5　劳动防护用品的使用和维护

3.5.1　防冲击用品（包括安全帽、防护镜、防砸鞋等）

（1）在使用前要检查部件有无损坏，装配是否牢固，安全帽的帽衬调节部位是否卡紧，帽衬与帽壳插脚是否插牢，缓冲绳带是否结紧，帽衬顶端与帽壳内面是否留有不小于 25 mm～50 mm 的垂直缓冲距离，距侧面应有不小于 5～20 mm 水平间距。

（2）安全帽要佩带牢固，系紧拴带，避免低头干活或活动时脱落。

（3）安全帽使用年限一般为三年，在使用时，凡经受较大冲击的要立即停止使用。

（4）平时要爱护安全帽，避免磨损，并不得当座凳使用，以免减少使用寿命，用后发现脏污，要用肥皂水清洗，在通风阴凉处晾干，并远离热源。

（5）防护镜、眼罩要避免挤压受损。防砸鞋要避免水湿，忌用火烤。

3.5.2　防坠落用品（包括安全带、安全绳、安全网、防坠器等）

（1）每次使用前做一次外观检查，发现绳无保护套、磨损、断股、变质等情况要停止使用。

（2）安全带、绳在使用时要将钩、环挂牢，卡子扣紧。安全带要高挂低用，其次应平行拴挂，切忌低挂高用。

（3）使用安全网时要将四周的每根甩头绳拴紧拴牢，并做到松紧一致；

（4）使用中要避开尖刺、钉子物体，不得接触明火或酸碱化学物质。

（5）受过冲击的安全绳，要更新后再使用，绳套破损后要及时修补或更换新套。

（6）用品应经常保持清洁，弄脏后，要用温水及肥皂清洗，在荫凉处晾干，不可用热水浸泡或日晒火烤。

（7）用品使用完毕后要将安全带、绳卷成盘，安全网折叠整齐，放置干燥的架上或吊挂起来，不要接触潮湿的墙壁，不宜放在日晒的场所，在金属配件上可涂机油或工业凡士林，以免生锈。

3.5.3　防触电用品（包括绝缘手套、绝缘鞋、绝缘靴、绝缘垫、毡、毯等）

（1）要根据电压等级高低选用绝缘用品，不得越级使用，以免击穿，造成事故，并要根据各种绝缘用品的说明书规定正确使用，不得任意乱用。

（2）绝缘手套和鞋、靴在每次使用前要仔细进行外观检查，发现有任何超过规定的缺陷，则不得使用。如有尘埃或浸渍其他污物，要清洗干净并完全干燥后方可使用。

（3）绝缘手套的使用方法，应将上衣袖口套入手套筒口内，另外在外面罩上一副纱、布或皮革手套，以免胶面受损，但所罩手套的长度不得超过绝缘手套的腕部。使用绝缘靴要将裤管套入靴筒内，穿用绝缘鞋时，裤管不宜长及鞋底外沿条高度，更不能长及地面，并应保持鞋帮干燥。

（4）橡胶制品不可与酸碱油类物质接触，并防止尖锐物刺伤。用毕要清洗干净，晾干后妥善保管。手套可撒滑石粉，并防止受压。

（5）为保证安全，对绝缘用品要按表4-13的规定定期做耐电压强度复验，复验不合格的停止使用。

表 4-13　耐电压强度复验规定

序号	名称	电压等级 （kV）	试验周期	试验时间 （min）	交流耐压 （kV）	泄露电流 （mA）	备注
1	绝缘棒	6～10	1 年	5	44		
2	绝缘夹钳	≤35	1 年	5	3 倍线电压		
3	绝缘手套	高压	6 个月	1	8	≤9	
4	绝缘手套	低压	6 个月	1	2.5	≤2.5	
5	绝缘鞋	高压	6 个月	2	15	≤7.5	
6	验电笔	6～10	6 个月	5	40		发光电压 不高于额定 电压的 25%

（6）低压绝缘鞋、靴的绝缘性能标记，以大底花纹磨光，内部露出黄色光面胶（即绝缘层）时，为绝缘失效，不能再用于防触电使用。

3.5.4　防尘防毒用品（包括复筒式防尘口罩、送风头盔、防尘衣、头戴式防毒面具、空气呼吸器、连衣防毒衣、带面罩防毒服、防毒手套、防沥青面罩等）

（1）使用前检查部件是否完整，如有损坏，要及时修理或更换。各部件连接处要严密，特别是送风口罩或面罩，要检查管路、接头是否畅通，调节装置是否灵敏。

（2）佩戴位置要正确，系带或头箍要调节适度，对颜面无严重压迫感，否则会影响活动，并容易造成侧漏。

（3）防砂面罩的眼窗玻璃要有备用件，破碎或被砂粒打毛后，及时更换。

（4）使用前检查是否破损、密封，否则起不到防尘作用。

（5）使用防毒面具，要严格遵守使用规则。使用前，要确认使用范围，检查面具的质量，并做好消毒灭菌后正确佩戴；使用中，遇到故障要及时进行处理，使用完毕应妥善保养。

3.5.5　防噪声用品（包括各种耳塞、耳罩，防噪声帽等）

（1）佩戴各种耳塞的方法，应先将耳廓向上提起，使外耳道口呈平直状态，然后手持塞柄，将塞帽部分轻轻推入外耳道内，使它与耳道贴合。但不应使气力太猛或塞得太深，以感觉适度为宜。

（2）使用耳罩及防噪声帽前，先检查罩壳有无裂纹和漏气现象，佩带时应注意罩壳标记，顺着耳型戴好，将弓架压在头顶适当位置，以使耳罩软垫圈与周围皮肤贴合，如不合适，应移动弓架或帽盔，调整到适度为止。

（3）进入噪声区前，要先将耳塞或耳罩、防噪声帽戴好，出来后方能摘下。

工作中不应随意摘除,以免震伤耳膜。休息时和出来后,要到安静处摘除护耳器,让听觉逐渐恢复。

3.5.6 防高温辐射用品、防酸碱用品(包括隔热、防火服装:白帆布服装类、石棉服装等,防热面罩、电焊面罩等,防护镜片、电焊镜片、防紫外线眼镜等及耐酸碱工作服、防酸面罩、防酸口罩等)

(1)对白帆布服装,要注意防潮,受潮后容易泛黄变花。使用后要洗净,尽量保持白色,以免降低反射功能。工作时要避免与易燃液体接触。以防吸附后进入高温区域发生危险。

(2)石棉服装,要尽量避免直接接触火焰及接触锐利金属物体,以免割破。忌重压,以免折断纤维造成破损。使用时还要注意防止石棉纤维尘吸入呼吸道。

(3)橡胶和合成纤维织物要避免接触油类,涤纶耐酸服接触油污再遇碱以后,易脏且易破裂。塑料和合成纤维织物忌高温、日晒,还要避免与有机溶剂接触,在兼有明火、电弧烧烫危险的场所,禁用合成纤维织物。

(4)各种防酸碱用品都要避免与锐利物接触,以免割刺而破裂。

3.6 特需劳动防护用品的报废

3.6.1 为确保施工生产的安全,对特需防护用品要加强重点监督和管理。项目工程公司的安全员要巡视作业现场,检查特需防护用品的使用状态,发现问题及时向有关人员报告。

3.6.2 特需防护用品的报废申请由使用单位(施工班组)提出,经工区或项目安全人员确认,给予调换或提出处理意见后调换。

3.6.3 一般特需防护用品的报废状态有:霉烂变质、已超使用期限、失效、更新。

3.7 信息反馈

3.7.1 各项目专业工程公司设置一名兼职劳动防护用品信息联络员,负责劳动防护用品使用情况的信息反馈工作。有关信息反馈给物资处或直接向公司工会反映。

3.7.2 物资处每年召开一次兼职劳动防护用品信息联络员会议,征求、了解劳动防护用品的使用情况和改进意见。

4 相关文件(略)

5 相关记录

物资供应处、项目供应部门负责形成并管理下列记录:

(1)劳动防护用品合格供方名录及审定情况表;

(2)劳动防护用品库存台账;

(3)劳动防护用品入库验收凭证;

（4）职工劳动防护用品 IC 卡发放凭证；

（5）劳动防护用品收货凭证；

（6）劳动防护用品领料凭证。

项目安全部门管理特需劳动防护用品报废审批表，表式由物资供应处提供。

6 附录（见表 4-14 和表 4-15）

表 4-14 附录 A(资料性附录)防尘用品主要组成部件及使用范围

品类			主要组成部件	使用范围
呼吸道防尘用品	过滤式	自吸式 复式防尘口罩	口鼻罩、呼气阀、过滤盒带吸气阀	粉尘浓度较高
		自吸式 简易式防尘口罩	口鼻罩带夹具或支架，大部分不设呼气阀	粉尘浓度较低
		送风式 送风口罩	口鼻罩带呼气阀，导气管，过滤器，电动风机	粉尘浓度大
		送风式 送风头盔	帽盔带面罩，滤尘袋电动风机	
	隔离式	送风式 压气口罩	口鼻罩带呼气阀，长导气管，空压机或人工压气	粉尘浓度大或尘毒混杂的环境中使用，行动受管路限制
		自吸式 防砂面罩	帽盔带镜窗，送风管	清砂除锈作业
		自吸式 口罩接长导气管	口鼻罩带呼气阀，长导气管	同压气口罩，导气管限长 10 m
身体防尘用品	防尘衣			接触粉尘工种
	披肩帽			

表 4-15 附录 B(资料性附录)防毒用品主要组成部件及使用范围

品类				主要组成部件	使用范围
呼吸道防毒用品	过滤式	全面罩式	头罩式防毒面具	头罩，导气管，滤毒罐	毒气体积浓度：大型罐低于 2%，中型罐低于 1%
			面罩式防毒面具 导气式	面罩，导气管，滤毒罐	毒气体积浓度：大型罐低于 2%，中型罐低于 1%
			面罩式防毒面具 直接式	面罩，小型滤毒罐	毒气体积浓度低于 0.5%
		半面罩式	双罐式防毒口罩	口罩，小型滤毒罐	毒气体积浓度低于 0.1%
			单罐式防毒口罩	口罩，滤毒盒	毒气体积浓度低于 0.1%
			简易式防毒口罩	滤毒板，口罩支架	毒气体积浓度低于 0.1%

品类				主要组成部件	使用范围
呼吸道防毒用品	隔离式	自给式	供氧（气）式 氧气呼吸器	面罩,导气管,氧气瓶呼吸器	毒气浓度过高,毒性不明或缺氧的可移动作业
			生氧式 生氧面具	面罩,导气管,生氧呼吸器	毒气浓度过高,毒性不明或缺氧的可移动作业
			生氧式 自救器	面罩,导气管,生氧呼吸器	毒气浓度过高,毒性不明或缺氧短暂时间内出现事故时自救用
		送风式	电动式 送风头（面）罩	头（面）罩,长导气送风机	毒气浓度较高或缺氧的固定性作业
			人工式 送风头（面）罩	头（面）罩,长导气,人工压气	毒气浓度较高或缺氧的固定性作业
		自吸式	头（口）罩接长导气管	头罩或口鼻罩带呼气阀,长导气管	同上条件,导管限长<10 m,内径 20 mm
皮肤防毒用品	连式防毒衣				毒物对身体皮肤有强烈刺激性
	分式防毒服				毒物对身体皮肤有强烈刺激性
	带面罩防毒服				毒物对身体皮肤有强烈刺激性
	防毒手套				毒物对手部有强烈刺激性
	防沥青面罩				防沥青及其他毒物喷溅面部兼防沥青烟气

十一、相关方监督管理程序

下面是某危险化学品生产企业的相关方监督管理程序。该程序不仅针对安全生产,还包括质量和环境管理的内容。该企业的相关方主要有承包商、供应商、劳务派遣人员、保安员以及外来考察、实习、检查人员等。程序的内容要点是:

(1)对外来人员的管理。

(2)对承包方的监督管理:招投标管理,资质审查,合同或协议,施工方案审批,进场前教育,建筑施工安全监督管理,建筑施工环境保护监督管理,建筑施工消防监督管理,现场要求,水电控制,监督检查,验收,运输承包商管理。

(3)对供应商的监督管理:原料、燃料、辅材备件供应商,危险化学品供应商,消防器材供应商,特种劳动防护用品供应商。

(4)劳务派遣人员管理。

(5)保安员管理。

(6)沟通与协商。

(7)定期评价。

1　范围

本程序规定了对承包方、供应商的监督管理和对劳务派遣人员、外来人员管理的要求。

2　职责

2.1　行政管理部及接待单位负责来公司学习、参观、检查的外来人员的管理。

2.2　采购部负责对供应商的资质审查和监督管理。

2.3　机动处负责对动力、设备安装、维修、改造的服务方的资质审查和监督管理。

2.5　土建处负责对建筑施工承包方的资质审查和监督管理。

2.6　安全环保部

(1)负责对承包方安全、环保资质的审查和安全、环保监督管理；

(2)负责外来人员的准入审批。

2.7　人力资源部负责劳务派遣单位的管理以及派遣人员到岗前的管理。

2.8　各单位负责对与本单位有关的相关方的监督管理。

3　工作程序及要求

3.1　对外来人员的管理

外来人员包括来公司考察、参观、学习、实习人员,咨询和审核人员,上级检查(指导)人员,用户以及供货方人员等。

3.1.1　一般要求

(1)接待单位负责事前的审查、报批。

(2)对于上级领导和外来重要人员,由行政管理部负责办理接洽和办理相关手续。

(3)进入生产区、酒精罐区的外来人员,安全环保部负责准入审批及消防、保密、治安管理。

(4)接待单位向外来人员告知本公司的相关规定,介绍有关风险和安全要求。

(5)外来人员进入作业现场应由接待单位的人员陪同和监护,要求他们服从陪同人员的指挥,不得自行活动。

3.1.2　来宾参观的接待

来宾参观接待执行 GXP 43—01《来宾参观接待制度》。

3.1.3　外部人员来访的接待

外部人员来访的接待执行 GXP 43—02《接待外部人员来访制度》。

3.2　对承包方的监督管理

3.2.1　招投标管理

招投标管理执行 GXP 43—03《招投标管理制度》。

3.2.2 资质审查

(1)设计方应取得相应的等级资质证书,在许可范围内承揽设计业务。

(2)建筑施工方

——具备国家规定的注册资本、专业技术人员、技术装备和安全生产等条件,依法取得相应的资质等级证书,并在其资质等级许可的范围内承揽工程;

——有国家建设部或自治区建设厅颁发的安全生产许可证;

——按相关法规要求,提供政府环保部门认可的资质证明。

(3)特种设备安装、维修、改造单位

——资质证书;

——许可证明:承担安装、改造的单位需取得国家质量监督检验检疫总局的许可,承担维修的单位需取得××自治区质量监督检验检疫局的许可。

土建处、机动处等相关职能部门保留资质证书和证明的复印件以及特种作业人员操作证复印件。

3.2.3 合同或协议

(1)合同管理执行 GXP 40—06《合同管理制度》。

(2)在与承包方签订的合同或协议中,应明确规定双方的安全生产(包括消防)、和环境保护的责任。

3.2.4 施工方案审批

对于危险作业,建筑施工承包方要编制工程施工方案,其中包括保证工程质量、安全和环保的措施,土建处批准后方可组织施工。

3.2.5 进场前教育

承包方应按照安全环保部提出的要求,对所有进入现场施工的作业人员进行安全、消防和环保教育,并填写教育记录报安全环保部备案。

3.2.6 建筑施工安全监督管理

(1)土建处和安全环保部监督建筑施工承包方落实 GXP 44《建设项目管理程序》条款"3.4.1.2"规定的五项责任;

(2)需要进行爆破作业的,爆破方案应经土建处报地方公安部门审查,并按要求办理有关手续;

(3)施工中涉及临时用电时,执行 GXP 20《电气安全管理程序》的相关规定;

(4)涉及动火作业时,执行 GXP 23《动火作业管理程序》的相关规定。

3.2.7 建筑施工环境保护监督管理

土建处、安全环保部要求建筑施工承包方配备专职或兼职的环境管理人员,对施工期间污染物的排放进行控制。

(1)不得在工地随意排放污水、废气和其他污染物;

（2）施工机械作业噪声不得超过国家有关标准，不得在夜间实施高噪声作业；

（3）执行本公司 GXP 35《固体废弃物排放控制程序》。开挖基坑等作业导致大量泥土暴露时，应加覆盖以防止扬尘；及时清运建筑垃圾。

3.2.8　建筑施工消防监督管理

（1）对于新建、改建、扩建工程项目，土建处、安全环保部要求建筑施工承包方在施工前将消防设计和资料报送市公安消防部门进行审核；

（2）土建处、安全环保部要求建筑施工承包方按照批准的防火设计图纸施工，不应擅自改动。

3.2.9　现场要求

土建处、机动处要求各自的承包方：

（1）对所使用的原材料和机具实行定置管理，保证现场道路及安全设施不被侵占或挪用；

（2）现场办公应符合安全要求，各种图表齐全有序。

3.2.10　水电控制

土建处、机动处对承包方的施工及生活用水、用电单独计量和计费，未经工许可，不得私自在表外接用水电，施工时应遵守公司节能降耗的规定。

3.2.11　监督检查

土建处、机动处和安全环保部在施工期间要定期或不定期地对承包方的施工现场进行监督检查，填写《建筑承包方现场监督检查记录》，发现问题及时处理。如发现有较大的安全隐患时，可令其停工整改。

3.2.12　验收

（1）建设项目工程的验收，执行 GXP 44《建设项目管理程序》条款"3.5"的规定；

（2）其他项目的验收，由主管职能部门组织相关职能部门、公司内使用单位，按照国家或××集团、事业部及公司有关规定进行验收，必要时请事业部及外部专家参加验收。

3.2.13　运输承包商管理

销售部应按照 GXP 43—05《外雇运输车辆管理制度》对运输承包商进行管理。

3.3　对供应商的监督管理

3.3.1　对原料、燃料、辅材备件供应商的监督管理执行 GXP 43—04《原料、燃料、辅材备件供应商管理制度》。

3.3.2　危险化学品供应商

采购部确保：

（1）危险化学品供应商必须具有生产许可证或经营许可证，采购部复印存档。

（2）危险化学品供应商提供产品的安全技术说明书（MSDS），说明书应当载明产品特性、主要成分、存在的有害因素、可能产生的危害后果、安全使用注意事项、职业危害防护和应急处置措施等内容。产品包装应当有醒目的警示标识和中文警示说明。供应商还应提供运输、贮存条件等信息，采购部复印存档。

（3）签订派送、装卸、包装物废弃物回收协议，并审查其职业健康安全和环境影响。

3.3.3 消防器材供应商

采购部、安全环保部审查消防器材供应商的资质证书、营业执照、生产许可证、产品合格证，安全环保部复印存档。

3.3.4 特种劳动防护用品供应商

安全环保部审查特种劳动防护用品供应商的生产许可证、产品合格证、安全鉴定证或产品检验报告，安全环保部复印存档。

3.3.5 采购部确保，在任何情况下，选择采购安全、环保型的物资。

3.4 劳务派遣人员管理

3.4.1 人力资源部组织劳务派遣人员进行安全生产培训，考试合格后方可上岗。

3.4.2 劳务派遣人员操作设备，应经聘用单位考核合格，才能上岗独立操作。劳务派遣人员从事特种作业，应持有特种作业操作资格证。

3.4.3 劳务派遣人员从事职业危害作业时，必须进行上岗前职业健康体检，确保无职业病和职业禁忌症，方可上岗。在岗期间，进行在岗的职业健康体检。离岗时，应进行离岗前职业健康体检。

3.4.4 聘用单位要为劳务派遣人员配备必要的劳动防护用品。

3.4.5 聘用单位要求劳务派遣人员做到：

（1）遵守公司的安全生产和环境保护管理规定，掌握相关技能；

（2）上岗期间必须正确穿戴劳动防护用品；

（3）遵章守纪，服从管理。

3.5 保安员管理

对××县保安公司及保安员的监督管理，执行 GXP 39—02《保安员管理制度》。

3.6 沟通与协商

各单位应与相关方进行信息沟通，遇重要问题需与相关方协商。

3.7 定期评价

相关职能部门定期对相关方提供的产品或服务进行评价，评价内容应包括质量、安全、环保等各方面。对评价结果未达到满意的相关方,应重点施加影响,令其改进;对评价结果为不合格的相关方,应终止合作。

4　相关文件

　　GXP 44 建设项目管理程序;

　　GXP 20 电气安全管理程序;

　　GXP 23 动火作业管理程序;

　　GXP 35 固体废弃物排放控制程序;

　　GXP 43—01 来宾参观接待制度;

　　GXP 43—02 接待外部人员来访制度;

　　GXP 43—03 招投标管理制度;

　　GXP 40—06 合同管理制度;

　　GXP 43—05 外雇运输车辆管理制度;

　　GXP 43—04 原料、燃料、辅材备件供应商管理制度;

　　GXP 39—02 保安员管理制度。

5　相关记录(略)

第五章　个性运行控制程序范例

一、装卸作业安全管理程序

下面是某从事仓储、运输的企业的装卸作业安全管理程序。程序的内容要点是：

(1)人员要求；

(2)设备要求；

(3)作业安全要求；

(4)起重机械安全操作规程；

(5)叉车安全操作规程；

(6)专用配套设备和专用产品装卸的特殊要求；

(7)危险化学品装卸的特殊要求。

程序中"专用产品"指某类特殊产品。

1　目的

规范装卸作业的安全管理，防止发生磕碰、跌落、砸伤、碰伤、火灾、爆炸等事故。

2　适用范围

本部特殊仓储处、仓储处、运输队、下料加工车间。

3　定义（物资分类）

目前本部所经营物资可分为以下三类：

第一类：一般物资（金属材料、非金属材料、元器件、标准件、线缆、劳动防护用品）；

第二类：专用产品（含各种专用设备、专用产品）；

第三类：危险化学品（爆炸品、压缩气体和液化气体、易燃液体、易燃固体、氧化剂和有机过氧化剂、毒害品、腐蚀品）。

4　职责

4.1　特殊仓储处负责专用产品及危化品中爆炸品、易燃固体的装卸。

4.2　仓储处负责一般物资及危化品中压缩气体和液化气体、易燃液体、氧化剂和有机过氧化剂、毒害品、腐蚀品的装卸。

4.3　运输队负责专用产品和一般物资的汽车起重机装卸。

4.4　下料加工车间负责本部门机械加工材料和成品的装卸。

4.5　安全处负责特种设备和作业现场的安全检查。

4.6　行政处负责专用产品和危化品中爆炸品、易燃固体装卸作业的安全教育及装卸现场的安全保卫。

5　工作程序及要求

5.1　人员要求

5.1.1　吊装设备操作人员须经过培训、考试合格并取得北京市安全生产监督管理局证书；汽车起重机司机还应具有交通部门发放的汽车驾驶执照。

5.1.2　参与机械吊装作业人员要熟悉吊具结构，熟练掌握使用方法。

5.1.3　吊装作业人员应按规定穿戴好工作服、工作鞋、手套等防护用品。

5.2　设备要求

吊装设备的安全要求执行 Cp. O. 4730—2005《特种设备安全管理程序》的有关规定。

5.3　作业安全要求

5.3.1　装卸作业前

(1)分清是人工装卸还是机械装卸，吊装或叉装的位置等。

(2)选择适当的装卸设备及工具，并做到不带故障使用、不超负荷使用。

(3)检查运载车辆是否符合吊装物品规定的要求，是否有必要的防火、防雨、防晒等措施。

(4)吊装物品装卸前，清点品种、型号、规格、批次、数量等，并检查铅封和包装是否完好。

5.3.2　装卸作业严格按照技术文件或相关要求进行，轻拿轻放，堆码整齐，装载稳固，不得超高、超宽、超重，防止跌落、挤压、磕碰等；并应按照物品包装上标明的挂钩、起吊、叉挡、限位等标记吊装。

5.3.3　机械吊装时，吊装作业人员必须熟悉 GB 5082—85《起重吊运指挥信号》中的各种信号；吊装作业指挥人员必须使用 GB 5082—85《起重吊运指挥信号》中规定的指挥信号、语言和联络方法，发出的信号必须清晰、准确。

5.3.4　人力装卸

(1)人力装卸物品重量最大限值应符合 GB 12330—90《体力搬运重量限值》中的规定(见表5-1)。

表 5-1　体力搬运重量限值

性别	搬运类别	单位	搬运方式		
			搬	扛	推或拉
男	单次重量	kg	15	50	300
	全日重量	t	18	20	30
	全日搬运重量和相应步行距离乘积	t·m	90	300	3000
女	单次重量	kg	10	20	20
	全日重量	t	8	10	16
	全日搬运重量和相应步行距离乘积	t·m	40	150	1600

(2)两人或多人搬抬物品时,动作、步伐要协调一致。

5.3.5　严禁酒后作业、严禁疲劳作业。

5.4　起重机械安全操作规程

5.4.1　通用安全操作规程

(1)作业人员必须熟悉操作按钮的作用、各种安全装置的作用,以及吊挂捆绑方法等;

(2)作业人员必须听从指挥,集中精力,不得闲谈说笑;

(3)钢丝绳不准超负荷使用、不准突然猛拉、不准使用有损伤的钢丝绳并应定期对钢丝绳进行检查;

(4)作业时必须将物品捆绑牢固,拉紧后先试吊,稳妥后方能将物品吊起;

(5)作业中遇有尖锐边缘的物品时,须用木板等垫好,防止钢丝绳、链条、尼龙吊带等受损;

(6)起重臂下、吊钩下严禁停留或行走,吊起的物品上严禁站人,严禁用吊钩吊人;

(7)吊车运行中禁止同时操纵两个以上运动方向的按钮;

(8)吊装物品的高度至少比行进路线遇到的物品高 0.5 m,但不得从人的头顶上方通过,物品放置平稳后方可松钩;

(9)起重机械使用前应试运行,发现异常应立即修理,正常后方可进行操作;起重机械使用中严禁进行检查或修理;

(10)遇五级以上的大风或雷雨、雾天气,禁止室外吊装作业;

(11)工作结束后,应将起重机械停回原处,将吊钩升至一定高度,并整理好吊具,切断电源。

(12)起重机械安全操作十不吊:

——安全装置失灵不吊;

——超负荷及斜拉不吊;

——无人指挥及光线阴暗、手势不清不吊;

——吊绳打结及物品捆扎不牢不吊;

——尖锐棱角没有安全措施的物品不吊;

——埋在地下物品不吊;

——吊物上站人和有浮物不吊;

——氧气瓶、乙炔瓶等具有爆炸性物品不吊;

——进行加工的物品不吊;

——违章指挥不吊。

上述通用安全操作规程也是桥式起重机械安全操作规程。

5.4.2　汽车起重机安全操作规程

除"5.4.1"的规定之外,还应执行以下规定。

(1)出车前仔细检查各部件的安全状况,如润滑、离合器及钢丝绳、卡子等,出现钢丝绳断股,卡子松等现象时不得使用。

(2)起吊前,支好支腿,紧好稳定螺丝。发现故障,立即停车修理,修复后方准工作。

(3)起吊前检查场地周围是否有人和障碍物,根据吊装物品的重量来确定吊杆的角度。

(4)不论吊装任何物品,都不得在输电线下操作;吊车经过输电线路时,必须将起重臂落下;在电线两侧进行吊装作业时,吊杆、钢丝绳及物品与电线的距离应不小于表5-2规定。

表 5-2　与输电线距离规定

输电线电压	1000 V 以下	1～2000 V 以下	35～110 kV	154 kV	220 kV
与输电线距离	1.5 m	2 m	4 m	5 m	6 m

(5)汽车起重机应在平坦、坚实地面进行吊装作业。

(6)吊装物品出现支腿离开地面时,应立即停止吊装。

(7)禁止用吊杆顶物品。

(8)不得将吊起的物品长时间悬在吊钩上;吊钩左右旋转半径范围内应无人员。

(9)应用吊钩升降,严禁用吊杆升降。

(10)捆绑富余的钢丝绳头,应悬在吊钩上。

(11)司机离开操作室时,应将吊杆放低,所有控制杆,操作杆放到规定的位置上。

(12)出车前、下班后检查:

——吊车是否可靠(包括手、脚刹车、离合器自由行程是否正常);

——转向系统是否有效;

——前后大小灯光及反光镜角度是否良好；风扇和风扇皮带是否完好；喇叭、雨刷是否正常；

——轮胎气压是否正常，轮胎帽及骑马盘螺丝是否松动；

——防止四漏（油、水、电、气）；

——吊车钢丝链条是否良好。

（13）行驶中检查：

——各部机件有无特殊响声或异常气味；

——各种仪表的工作情况；

——转向系统、制动器机构工作是否正常。

5.4.3 龙门式起重机械安全操作规程

除"5.4.1"的规定之外，还应执行以下规定。

（1）工作前要检查吊车、吊具是否正常，特别是操纵系统、音响信号、限位开关、刹车机构、吊钩等一定要安全可靠，否则禁止行车。

（2）上下吊车梯子时，要穿软底绝缘工作鞋，必须有一只手扶着梯子扶手。

（3）下述情况，司机应发出音响信号：

——吊车在启动时；

——开始吊起物品或放下物品时；

——吊着物品接近人员时。

（4）转换控制器把柄及刹车时，应缓慢操作。

（5）工作结束后，应将行车停放原处，将吊钩升到上方，控制器拨至零位，并关闭总电源，上紧夹轨器。

5.5 叉车安全操作规程

（1）严禁超载、超长、超宽、超高装卸，严禁拖拉货物。滚动物品必须绑扎牢固，当装载物品重心超出设计载荷中心时，其载荷量要相应减少。

（2）运行时严禁载人，严禁人员在货叉上或货叉下停留或穿行，严禁在驾驶座椅外操纵车辆，严禁将脚搁在离合器上，除叉车作业时需要低速微动外，一律不允许离合器处在半分离状态。

（3）货叉载物时，提升或下降应缓慢运行；提升物品时，高度不得超过车身高度的 2/3，零散物品，不应超过货叉挡板。行驶时，货叉离地高度不得超过500 mm。

（4）搬运的货物较大，且无法降低高度时，应慢速倒车行驶。

（5）叉举重物，货叉应穿过重物底面，在对面露出叉头。

（6）停车时应将货叉平放在地面上，同时要拉紧手刹，切断电源。

（7）不得在上坡坡度超过 3%、下坡坡度超过 8%的坡道上行驶。叉车在规定坡度的坡道行驶时，应拉好制动装置，并不得停放在坡度大于 5%的坡道上。

（8）叉车行驶时严禁进行装卸作业并严禁起升载有货物的货叉。

（9）叉车在规定的道路上行驶,低速行驶时间一般不宜超过 10 秒钟,全速行驶不应超过 1 小时。

（10）在厂区内行驶最高速度:每小时空车不准超过 10 km,载物重车每小时不准超过 5 km,不准随意超车,转弯要鸣笛、减速、开方向灯和打手势。

（11）严禁在叉车启动的情况下进行维修、装卸零部件。

5.6 专用配套设备和专用产品装卸的特殊要求

5.6.1 专用配套设备装卸的特殊要求

除按"5.3"、"5.4"、"5.5"的规定执行外,还应做到:

（1）根据专用配套设备的特性合理选用吊具,需用专用吊具吊装的设备必须使用专用吊具;

（2）对偏离重心的设备严格按所标重心位置进行吊装;

（3）特殊设备的吊装由生产部门的技术人员提供技术指导。

5.6.2 专用产品装卸的特殊要求

除按"5.3"、"5.4"、"5.5"的规定执行外,还应做到:

（1）专用产品吊装必须有指挥人员指挥,必须使用专用吊具;

（2）作业人员应严格按指挥信号操作,对紧急停车信号,不论任何人发出,都应立即执行;

（3）在作业前,对起重机的制动器、吊钩、钢丝绳和安全装置认真检查和吊重试验合格后,方可作业;

（4）桥式起重机只能在额定载荷 75% 的范围内、汽车起重机只能在倾翻载荷 75% 的范围内工作;

（5）起重机不能利用极限位置限制器停车;

（6）专用产品吊装时,视情采用绳牵引,以稳住专用产品;

（7）在吊装过程中,不得调整吊车的制动器;

（8）当吊具与专用产品尚未连接稳妥时,不得起吊专用产品。

5.7 危险化学品装卸的特殊要求

危险化学品的装卸按 Cp. O. 4720—2005《危险化学品安全管理程序》的相关规定执行。

6 相关文件（略）

二、检修作业安全管理程序

下面是某天然气化工厂的检修作业安全管理程序。程序的内容要点是:

（1）检修方案落实及票证办理;

（2）检修作业前的安全措施;

（3）检修作业中的安全管理；

（4）检修结束后的安全要求。

说明：本程序可参照 AQ 3026—2008《化学品生产单位设备检修作业安全规范》进一步完善。

1 目的

规范对检修作业的安全管理，防止爆炸、火灾、中毒等事故的发生。

2 适用范围

公司生产区域的检修和抢修。

3 定义

3.1 设备：化工生产区域内的各种塔、球、釜、槽、罐、炉膛、锅筒、管道、容器以及建构筑物、地下隐蔽工程。

3.2 设备内作业：进入化工生产区域内的各类塔、球、釜、槽、罐、炉膛、管道、容器以及地下室、阴井、地沟、下水道或其他封闭场所内进行的作业。

4 职责

4.1 机动处负责检修计划的审核；负责动土安全许可证、设备检修任务书的审批；对检修进行监督、指导。

4.2 安环处负责检修安全措施的审查及动火安全作业证、设备内安全作业证、高处安全作业证审批，并负责检修中安全措施的监督检查。

4.3 生技处负责系统置换方案的确定及抽插盲板安全许可证审批。

4.4 中化车间负责易燃、易爆气体浓度检测和危险性气体分析。

4.5 生产车间负责编制车间所属设备检修计划，并组织实施。

4.6 检修过程中相关施工单位及其人员的管理由相关处室和车间负责。

5 工作程序及要求

5.1 检修方案落实及票证办理

5.1.1 机动处根据设备检修项目要求，制定设备检修方案，落实检修人员、安全措施。

5.1.2 机动处在大（中）检修开始前办理"设备检修任务书"。

5.1.3 检修项目负责人按检修方案的要求，组织检修作业人员到检修现场，交待清楚检修项目、任务、检修方案，并落实安全措施。

5.1.4 设备检修所需吊装作业、高处作业、动土作业、抽堵盲板作业、进入设备内作业等，分别执行化学品生产单位吊装作业安全规范（AQ 3021—2008）、化学品生产单位高处作业安全规范（AQ 3025—2008）、化学品生产单位动土作业安全规范（AQ 3022—2008）、化学品生产单位盲板抽堵作业安全规范（AQ 3027—2008）、化学品生产单位受限空间作业安全规范（AQ 3028—2008）

的规定,采取相应措施,并办理"吊装安全作业证"、"高处安全作业证"、"动土安全许可证"、"盲板抽堵安全作业证"、"设备内安全作业证",动火作业按《动火作业安全管理程序》的规定办理"动火安全作业证"。

5.1.5　严格按"设备检修任务书"及相关安全票证组织检修。如变更作业内容、扩大作业范围或转移作业地点,要重新办理相应手续。

5.1.6　对"设备检修任务书"及安全作业票证审批手续不全、安全措施不落实、作业环境不符合安全要求的,作业人员有权拒绝作业。

5.2　检修作业前的安全措施

5.2.1　安全隔绝

(1)设备上所有与外界连通的管道、孔洞均要与外界有效隔离。设备与外界连接的电源要有效切断;

(2)管道安全隔绝可采用加盲板或拆除一段管道进行隔绝,不能用水封或阀门等代替;

(3)电源有效切断可采用取下电源保险熔断丝或将电源开关拉下后上锁等措施,并加挂警示牌。

5.2.2　清洗和置换

进入设备内作业前,必须对设备内进行清洗和置换,并达到下列要求:

(1)氧含量 $18\%\sim21\%$;

(2)有毒气体或蒸汽浓度不超过空气中最高允许含量($CO<30\ mg/m^3$, $CH_3OH<50\ mg/m^3$);

(3)可燃气体或蒸汽浓度在爆炸下限的安全范围内。

5.2.3　通风

(1)采取措施,保持设备内空气良好流通;

(2)打开所有入孔、手孔、料孔、风门、烟门,进行自然通风。必要时,可采取机械通风;

(3)采用管道空气送风时,通风前必须对管道内介质和风源进行分析确认;

(4)不准向设备内充氧气或富氧空气。

5.2.4　设备的清洗、隔绝、置换、交出,由设备所在部门负责。设备清洗、置换后应有分析报告。检修项目负责人会同设备技术人员、工艺技术人员,检查并确认设备、工艺处理及盲板抽堵等符合检修安全要求。

5.2.5　检修前,要对参加检修作业的人员进行安全教育。

安全教育内容:

(1)严格遵守检修安全操作规程;

(2)检修作业现场和检修过程中可能存在或出现的不安全因素及对策;

(3)检修作业过程中个体防护用具和用品的正确佩戴和使用方法;

(4)检修作业项目、任务、检修方案和检修安全措施。

安全教育由检修部门或检修项目负责人组织进行。

5.2.6 检修前的检查和措施

(1)对检修作业使用的脚手架、起重机械、电气焊用具、手持电动工具、扳手、管钳、锤子等各种工器具进行检查,凡不符合作业安全要求的工器具不得使用;

(2)采取可靠的断电措施,切断需检修设备上的电源,并经启动复查确认无电后,在电源开关处挂上"禁止启动"的安全标志并加锁;

(3)对检修所需的气体防护器材、消防器材、通信设备、照明设备等由专人检查,保证完好可靠,并合理放置;

(4)对检修现场的爬梯、栏杆、平台、铁箅子、盖板等进行检查,保证安全可靠;

(5)对检修用的盲板逐个检查,高压盲板须经探伤后方可使用;

(6)检修所使用的移动式电气工器具,应配有漏电保护装置,漏电保护器的配备按《电气安全管理程序》执行;

(7)有腐蚀性介质的检修场所,须备有冲洗用水源;

(8)对检修现场的坑、井、洼、沟、陡坡等,要填平或铺设与地面平齐的盖扳,也可设置围栏和警告标志,并设夜间警示红灯;

(9)厂区内焊接后进行探伤作业时,必须悬挂明显的警告标志和围栏;

(10)将检修现场的易燃易爆物品、障碍物、油污、冰雪、积水、废弃物等影响检修安全的杂物清理干净;

(11)检查、清理检修现场的消防通道、行车通道,保证畅通无阻;

(12)需夜间检修的作业场所,应设有足够亮度的照明装置。

5.3 检修作业中的安全管理

5.3.1 检修项目负责人对检修安全工作负全面责任,并指定专人负责整个检修作业过程的安全事宜。

5.3.2 检修作业的各工种人员要遵守本工种安全操作规程。电气作业执行 YTHB 323.07—2004《电气安全管理程序》的规定,动火作业执行 YTHB 323.04—2004《动火作业安全管理程序》的规定。

5.3.3 在生产和储存危险化学品的场所进行设备检修时,检修项目负责人应与当班班长联系。如生产出现异常情况或突然排放物料,危及检修人员的人身安全时,生产当班班长应立即通知检修人员停止作业,迅速撤离作业场所。待上述情况排除完毕、确认安全后,检修项目负责人方可通知检修人员重新进入作业现场。

5.4 检修结束后的安全要求

5.4.1 检修项目负责人会同有关检修人员检查检修项目是否有遗漏,工器具和材料等是否遗落在设备内。

5.4.2　检修项目负责人会同设备技术人员、工艺技术人员根据生产工艺要求检查盲板抽堵情况。

5.4.3　因检修需要而拆移的盖板、箅子板、扶手、栏杆、防护罩等安全设施要恢复正常。

5.4.4　搬走检修所用的工器具，及时拆除脚手架、临时电源、临时照明设备等。

5.4.5　设备、屋顶、地面上的杂物、垃圾等要清理干净。

5.4.6　检修部门会同设备所在部门和有关部门对设备等进行试压、试漏，调校安全阀、仪表和连锁装置，并做好记录。

5.4.7　检修部门会同设备所在部门和有关部门，对检修的设备进行单体和联动试车，验收交接。

6　相关文件（略）

7　相关记录（略）

三、工业煤气安全管理程序

下面是某钢铁公司的工业煤气安全管理程序。程序的内容要点是：

(1)煤气设备、设施设计与施工；

(2)煤气设备、设施的安全管理；

(3)使用煤气设备的场所和设施的防护和监测；

(4)煤气设备、设施的动火；

(5)进入煤气容器内作业；

(6)煤气生产、输配、使用的安全要求；

(7)停、送、带煤气作业安全要求；

(8)安全检查；

(9)发生煤气事故时的处理措施。

在《冶金企业安全生产标准化评定标准（煤气）》发布之后，应根据标准的"六、生产设备设施"和"七、作业安全"两部分的内容调整本程序。

1　目的

规范煤气生产、回收、输配、使用的安全管理，防止煤气泄漏、中毒、着火、爆炸等事故的发生。

2　适用范围

公司体系范围内与工业煤气有关的各单位。

3　定义

3.1　可靠隔断装置：系指安装了此类装置以隔断煤气后，装置前的煤气不会漏向装置后。这类装置有眼镜阀（与密封蝶阀或闸阀并用）、盲板、叶形插板阀、一道开闭器加一道水封等。

3.2 煤气事故"四防"：防火、防爆、防中毒、防泄漏。

3.3 工业企业煤气：在炼焦、炼铁、炼钢、发生炉等生产过程中所产生的 CO 等多种气体成分组成的可燃性混合气体。

4 职责

4.1 安全环保处负责对煤气的生产、储配、使用等过程实施安全监督检查和安全测试，并审查煤气设备、设施检修的安全措施，办理《煤气管网、设备动火许可证》。

4.2 装备部负责监控煤气设备、设施的安全运行，煤气设备、设施检修、改造过程中的安全管理。

4.3 生产部负责煤气生产、输配、使用的平衡管理。

4.4 煤气生产、储配、使用单位，负责生产、储配、使用的安全。

4.5 相关部门要按照煤气生产、储配、使用单位的要求，根据各部门的职责，提供便利条件，以保证需求。

5 工作程序及要求

5.1 煤气设备、设施设计与施工

5.1.1 煤气设备、设施设计

煤气设备、设施的设计必须安全可靠，对笨重体力劳动及危险作业，必须采用机械化、自动化措施。设计必须由经生产部、装备部、公安处、安环处、工会、规划部、使用单位等部门经过论证同意（要有记录）后，方可实施。

5.1.2 煤气设备、设施施工

（1）施工必须按设计进行，修改设计应必须由设计单位出具正式"设计更改（补充）通知单"。

（2）设计单位应指定煤气工程施工现场代表，及时解决工程项目中存在的问题。

（3）煤气工程的隐蔽部分，应经煤气使用单位、设计单位、施工管理单位、安全部门共同检查验收合格，签字认可后方能封闭。煤气工程施工完毕，应由施工单位编制竣工说明书及竣工图，由设计单位、施工管理单位、使用单位、安全部门签字认可，交付使用单位存档。

（4）在煤气系统中需要经常进行检修施工的部位，必须能够可靠切断煤气来源和具备介质置换的条件，为检修创造良好条件。

（5）煤气"三建"项目和技术改造项目的竣工验收，必须经由设计、施工管理、设备管理、安全环保管理、生产管理、使用单位等部门组成的验收小组，严格按照国家规定标准进行气密性试验或强度试验，并试车运行。验收签字后，才能投入运行，未经签字，不得擅自竣工投产。

5.2　煤气设备、设施的安全管理

5.2.1　煤气生产、输配、使用单位应对本单位重点煤气设备、设施、岗位、区域明确划分，落实责任，以便加强管理和防护。对各种主要的设备、设施（如切断装置、加压机、放散装置、水封槽、排水器、膨胀器、支架等）编号，号码写在明显处。

5.2.2　煤气设备、设施的管辖单位，对设备图纸、技术文件、设备检修报告、竣工说明书、设备大、中修资料等建立技术档案，并归档保存。

5.2.3　煤气设备、设施未经主管部门和设计部门的书面同意，不得任意更改。

5.2.4　正在生产的煤气设备和不生产的煤气设备之间，必须采用盲板等可靠隔断装置切断，不准用阀门替代。

5.2.5　凡用软管连接引导煤气，必须设有切断装置，并对接口进行捆扎，定期检查有无老化和泄漏现象，并及时处理。

5.2.6　煤气管网的支架和设施基础，严禁做起重支撑作用，严禁将其他管线、电缆等搭设在煤气管线上。

5.2.7　空气管道的末端应设有放散管，放散管应引到厂房外。

5.2.8　煤气管网上的排水器应始终保持溢流，防止压力击穿跑煤气，冬季应做好保温防冻措施。

5.2.9　设备管道要有良好的接地线，电器设备要有良好的绝缘及接地装置，对接地线要定期检查测试。

5.2.10　定期对煤气设备设施进行防腐工作（一般间隔为 3～5 年），防止年久腐蚀泄漏。

5.3　使用煤气设备的场所和设施的防护和监测

5.3.1　煤气生产、输配、使用单位的操作岗位、煤气操作室和重点煤气区域等，凡有可能造成煤气集聚的场所和部位，必须设置一氧化碳监测报警装置，并设醒目的安全警示标牌。

5.3.2　室内作业应确保通风良好，生产环境中一氧化碳含量不得超过 24 ppm（30 mg/m³）。

5.3.3　各煤气用户的燃烧装置采用强制送风的燃烧嘴时，煤气支管上应设逆止装置或自动隔断装置，煤气设备易发生爆炸的部位必须安装泄爆装置，且相辅的空气管线也必须增设泄爆装置。煤气、空气管线必须安装低压声光报警装置。

5.3.4　加压站、混合站、风机房、地下室等有可燃气体爆炸危险性的场所的电器及设施应选用防爆型并采取防爆措施。

5.3.5　强制送风的炉子，必须设有煤气低压声光报警和煤气低压自动切断装置，以防回火、串漏造成爆炸事故。

5.3.6 煤气、空气管道必须安装低压声光报警装置。煤气、空气管道必须安装低压声光报警装置。

5.3.7 煤气操作岗位、操作室必须设置良好的联系通讯设施。

5.3.8 煤气监测报警仪器、设备的管理,按照《监视和测量设备控制管理程序》的规定执行。

5.3.9 各单位自行配备使用的防毒仪器(如:氧气、空气呼吸器等),必须制订维护、保养、定检、定修制度,确保仪器、设备处于良好的备用状态。

5.4 煤气设备、设施的动火

凡在煤气设备、设施上动火,动火单位提前一天到安全环保处办理"煤气管网、设备动火许可证"。计划检修动火时间和地点有变动时,应重新办理动火手续。动火作业须严格执行《煤气动火安全规程》。

5.5 进入煤气容器内作业

凡进入煤气容器内作业或检修,必须彻底切断煤气来源,进行自然通风或用蒸汽、氮气置换,经过测试合格后方可入内工作,并设专人监护,严格执行SSP 446/05《受限空间作业安全管理程序》。

5.6 煤气生产、输配、使用的安全要求

5.6.1 建立煤气安全规程

各单位必须根据 GB 6222—1986《工业企业煤气安全规程》,完善各自的煤气使用技术规程、安全规程及煤气设备、设施检修维护规程等,按 AJS/7/06《规程管理办法》报批后实施。

5.6.2 煤气安全教育

教育的内容包括:煤气安全法规和标准;煤气安全规章制度、操作规程;煤气安全技术;煤气防护、救护知识;典型经验和煤气事故教训等。煤气安全教育计划的提出以及实施,按《人力资源管理程序》办理。

5.6.3 煤气生产、输配、使用单位应由有经验的老工人或工程技术人员从事本单位的煤气安全管理工作。各单位应绘制"煤气工艺流程简图",并上墙。

5.6.4 打开煤气设备、设施时,应采取蒸汽吹扫或喷水打湿,以防止硫化物等自燃。

5.6.5 煤气管网所需用的蒸汽或氮气管线,只有在通蒸汽或氮气时,才能把蒸汽管或氮气管与煤气管道联通,停用时必须断开或堵盲板(确认盲板质量合格)。

5.6.6 停送煤气时,严禁下风侧存有明火。

5.6.7 煤气放散时要注意煤气对周围作业人员的影响,煤气过剩放散高度不得少于 30 m,并应高空通过火盆放散点燃,其他放散高度距离最顶层作业面不得少于 4 m,距离地面不少于 10 m。

5.6.8 不准在煤气区域停留、睡觉或烤火。

5.6.9 煤气生产、输配、使用单位,应对外来检修、参观考察、学习等人员的安全负责,如造成煤气中毒、着火、爆炸等事故而伤及外来人员,将追究责任单位的管理责任。

5.7 停、送、带煤气作业安全要求

5.7.1 停煤气作业安全要求

(1)做好必要的准备后,在规定的时间内进行停煤气操作,并做好残余煤气的处理工作,停煤气操作前要通知用户停止使用,并关闭支管阀门和仪表。

(2)检修项目完工确认无误后,方可进行送煤气操作。

5.7.2 送煤气作业安全要求

(1)送气前要全面检查,通知用户,关闭人孔,排水器充满水保持溢流,关闭炉前烧嘴,打开末端放散管。

(2)送煤气前,通入蒸汽或氮气进行置换,达到要求后,关闭蒸汽或氮气,开始送煤气,末端放散 5～10 分钟,经做爆发试验或做含氧量分析,三次合格后,停止放散。

(3)点火时,煤气压力必须在 1000 Pa 以上,低于 1000 Pa 以下,停止使用。

(4)送煤气时不着火或着火后又熄灭,应立即关闭煤气阀门,查清原因,排净炉内混合气体后,再按规定程序重新点火。

(5)炉窑点火时,炉内系统具有一定的负压,点火程序:必须先点火后送煤气。严禁先送煤气后点火。凡送煤气前已烘炉的炉子,其炉膛温度超过 1073K(800℃)时,可不点火直接送煤气,但应严密监视是否燃烧。

(6)凡强制送风的炉子,点火时应先开启鼓风机,但不送风,待点火送煤气燃着后,再逐步增大供风量和煤气量,停煤气时,应先关闭所有的烧嘴,然后再停鼓风机。

(7)送煤气后应检查所有连接部位和隔断装置等是否泄漏。

(8)使用的煤气燃着时,看火人必须坚守岗位,防止煤气熄火、回火、脱火等造成事故。

5.7.3 带煤气作业安全要求

(1)夜间不准带煤气作业,特殊情况下,若在夜间进行,应设两处以上投光照明,照明应距施工地点 10 m 以上,保证照明必须防爆和足够照度;

(2)带煤气作业不准在低气压、雾、雷雨天气进行;

(3)带煤气作业时,必须佩戴氧气(或空气)呼吸器,在使用前要检查确认呼吸器的灵敏、可靠;

(4)凡煤气带压进行危险作业,因压力过高,威胁到附近岗位人身安全和施工的顺利进行,必须通知煤气管理单位和生产单位降低煤气压力;

(5)带煤气抽堵盲板作业,煤气压力应维持在 1000 Pa 至 2000 Pa 范围内;

(6)室内带煤气作业,必须强制通风,室内严禁一切火源;

(7)带煤气作业不准穿钉子鞋及携带火柴、打火机等引火装置；

(8)送煤气后应检查所有连接部位和隔断装置等是否泄漏；

(9)带煤气作业应使用铜工具或涂润滑油脂的铁工具；

(10)带煤气作业地点的现场负责人配备通讯设施，以便掌握控制煤气压力情况；

(11)高空带煤气作业点应按标准设立斜梯、平台、围栏等安全设施；

(12)操作时有大量煤气冒出，应警戒周围环境，40 m 内为禁区，有风力吹向下风侧应视情况扩大禁区范围。

5.8 安全检查

5.8.1 总公司实行班组(岗位)日查、车间周查、二级单位月查，总公司半年一次煤气安全检查。

5.8.2 各单位根据本单位的实际情况，参照表 5-3 的内容制订适合本单位的煤气安全检查表，并组织实施。

表 5-3 煤气安全检查表

类别		检查项目
设备设施	1	下列部位是否泄漏：阀芯、法兰、膨胀器、焊缝口、计量导管、铸铁管接头、排水器、煤气柜侧与活塞间、风机轴头、蝶阀轴头等
	2	连接引导煤气的软管的连接处是否松动、老化
	3	煤气管道(壁厚)、泄爆装置、塔器、阀、水封、排水器、放散阀等是否安全可靠
	4	设备腐蚀是否严重，是否定期进行防腐
	5	CO 检测报警装置、煤气、空气压力报警装置、声光通讯设施、防爆设施、防护设施是否准确灵敏
	6	煤气管道支架(标高)、梯子、平台、护栏是否符合标准
	7	煤气管线清扫置换用的氮气、蒸汽管线或保温用的蒸汽管线是否存在与煤气管线串联的隐患
	8	夏季(冬季)防雷电(防冻)措施是否到位
煤气区域	1	CO 浓度是否超标
	2	煤气设施周围是否放置易燃、易爆物品
	3	是否设置禁止停留的"警告牌"
制度与行为	1	安全操作规程(包括检修规程)是否建立健全并落实
	2	是否建立定期检查制度，记录是否及时、完整
	3	是否有应急预案和措施，是否演练
	4	发现的不符合是否及时得到整改
	5	煤气操作人员是否会使用防护和监测仪器，对防护、监测仪器是否制定并落实维护、保养、定检、定修制度
	6	是否存在私自乱接煤气(如取暖、烧水等)现象

5.8.3　煤气安全检查中发现的不符合,应本着"三定"、"四不推"的原则,及时纠正。如在短时间内纠正有困难,应采取有效的防范措施。对检查中查出的不符合,要登记造册,并发出《煤气隐患限期整改指令通知书》。纠正不符合后,纠正单位(部门)有关负责人要将纠正情况向发出指令单位反馈纠正信息,并经发出不符合指令部门人员检查确认,按《不符合、纠正与预防措施管理程序》的规定办理。

5.9　发生煤气事故时的处理措施

发生煤气事故时的处理措施,按《发生煤气事故时的处理办法》执行。必要时启动《煤气事故应急救援预案》。

6　相关文件(略)

7　相关记录

记录编码	记录名称	保管场所	保管期限
SRP 446/03—1	煤气安全检查表	各单位	3 年
SRP 446/03—2	煤气作业不符合记录	各单位	3 年
SRP 446/03—3	煤气隐患限期整改指令通知书	安全环保处/各单位	5 年
SRP 446/03—4	煤气管网、设备动火许可证	安全环保处/各单位	3 年

四、土方开挖施工安全管理程序

下面是工业和民用建筑企业的土方开挖施工安全管理程序。程序的内容要点是:

(1)施工组织设计(方案);

(2)施工机械选择;

(3)技术交底;

(4)施工管理;

(5)基坑施工的检测;

(6)土方开挖过程的监督检查;

(7)土方开挖施工的验收;

(8)应急预案。

1　目的

避免土方开挖施工时发生坍塌事故。

2　适用范围

本公司承建工程的土方开挖施工。

3　职责

3.1　公司总工程师负责土方开挖施工组织设计（方案）的审批，负责审阅检测报警值报告。

3.2　工程公司主任工程师（技术负责人）负责土方开挖施工组织设计（方案）的审核，负责审阅检测报告。

3.3　工程公司技术科（技术员）负责土方开挖施工组织设计（方案）和检测报告的编制。

3.4　项目部负责土方开挖施工组织设计（方案）的实施，土方开挖工程实施过程中的日常安全检查，以及基坑施工的检测。

3.6　公司安全管理部、工程公司安全科分别负责土方开挖工程实施过程中的监督检查。

4　工作程序及要求

4.1　施工组织设计（方案）

凡土方开挖工程，施工前均应编制施工组织设计（方案）。

4.1.1　施工组织设计（方案）应根据建设单位提供的地质资料、地下管网、涵洞、周边建筑物基础等情况编制。

4.1.2　根据现场场地及工期等情况选择施工机具。

4.1.3　根据4.1.1及4.1.2确定施工工艺及预防坍塌的措施。

4.1.4　施工组织设计（方案）由技术人员编制，施工人员及相关人员参与，主任工程师（技术负责人）审核，总工程师负责审批。

4.1.5　在施工中如需变更施工组织设计（方案）时，必须履行4.1.4的程序，并补充有关图纸资料或文字变更手续。

4.2　施工机械选择

4.2.1　根据施工组织设计（方案）、施工工艺及预防坍塌的措施，选择适用的施工机械。

4.2.2　机械的选型由项目部负责，机械进场后，由项目部与产权单位共同验收，合格后方可使用。

4.3　技术交底

4.3.1　土方开挖前，技术人员或技术负责人根据施工组织设计（方案），向所有参与施工的人员进行书面安全技术交底。交底的内容有：

（1）基坑槽开挖的尺寸；

（2）基坑槽开挖的顺序；

（3）机械行驶的路线；

（4）人员行走的路线；

（5）人机配合应注意的事项；

(6)高处作业应注意的事项；

(7)夜间施工应注意的事项等。

4.3.2 交底时明确规定以下几方面预防坍塌的安全技术措施：

(1)放坡；

(2)降水；

(3)边坡、基坑的支护方法及安全技术措施；

(4)坍塌后的应急措施及抢救方法。

4.4 施工管理

4.4.1 土方开挖的顺序和方法必须与施工组织设计方案相一致，并遵守"开槽支撑，先撑后挖，分层开挖，严禁超挖"的原则，严禁先挖坡脚或逆坡挖土。

4.4.2 土方开挖应根据施工组织设计(方案)，确定机械的进出场地通道。坡道的坡度宜为 $10\%\sim15\%$；如基坑较深、场地受限，可采用接力开挖法作业。

4.4.3 严禁对边壁超挖或边壁土体松动，机械开挖应与人工清坡配合作业，保证边坡的平整、坡度符合要求，表面无虚土及孤石、旧基础等悬空物体存在。

4.4.4 基坑边不宜堆放土方、建筑材料等，土方运输车辆不宜在坑边 1.5 m 内行驶。如受现场限制而堆放或车辆进入 1.5 m 内，应首先进行核算。

4.4.5 如需要重型土方机械或其他机械在坑边作业时，可专门设置平台或深基础等措施。

4.4.6 在机械开挖至坑底时，应预留 $150\sim300$ mm 厚原土，在清底、验槽、浇筑垫层前，由人工挖掘修理。

4.4.7 配合机械作业的人员，应在机械回转半径以外工作；当必须在回转半径以内工作时，应停止机械回转内的作业。

4.4.8 基坑开挖需爆破时，应由承包爆破分项工程的单位编制专项施工方案，经施工单位总工程师和监理单位总监审核后报当地公安部门审批。

4.4.9 基坑爆破施工时，除按方案施工外，还应遵守《建筑安装工程安全技术规程》中第 63 条和《建筑安装工人安全技术操作规程》中第 224 条～248 条规定。

4.4.10 基坑开挖至 2 m(含 2 m)以下时，应在其四周设置防护栏杆，栏杆柱的固定及栏杆柱与横杆的连接，应能保证整体构造在防护栏杆的上杆任何部位都能经受任何方向 1000 N 的冲击荷载。

4.5 基坑施工的检测

项目部技术人员负责基坑施工的检测，当地面或周围路面出现裂缝、周围建筑物发生基础位移或倾斜、发生大型塌方时，由工程公司技术科或公司技术部负责检测。

4.5.1　基坑检测的对象

(1)地上环境:包括周围的建筑(构)物、道路等;

(2)地下环境:包括地下水、管线(供热、电缆、给排水、煤气)、洞窟等设施;

(3)坑内环境:包括基坑底部及周围土体、支护结构、降水等。

4.5.2　基坑检测的内容:

(1)基坑周边土体位移;

(2)基坑周边地面超载现象;

(3)地下水位、降水及渗漏水;

(4)支护结构的竖向位移及支护轴力、锚杆拉力;

(5)支护结构的裂缝、基坑周边地表的沉降和裂缝;

(6)周边建(构)筑物、地下管线的变形。

4.5.3　检测点的布置原则

检测点布置应抓住关键部位,分清轻重缓急,检测到的数据能综合反应支护结构受力、变形情况及对周围环境的影响程度等。

4.5.4　检测的频率

(1)第一阶段,基坑开挖阶段,每天检测一次;

(2)第二阶段,基础地板、地下室结构施工至回填土阶段,可适当降低检测频率;

(3)对基坑的稳定和安全影响较大的重要检测项目,当检测值达到报警值或变化速率加快或出现危险先兆时,应增加检测频率。

4.5.5　检测的方法

现场检测以仪器观测为主,并与肉眼目测相结合。

4.5.6　报警值的确定

应根据支护结构计算的设计值和周围环境情况,事先确定检测的报警值。报警值的确定既要考虑安全条件,也要考虑经济因素。

4.5.7　检测控制值

(1)位移及沉降检测应符合 GB 50202—2002《建筑地基基础施工质量验收规范》中的基坑变形检测值;

(2)结构内力检测报警值应控制在允许值的 80% 之内;

(3)相邻建(构)筑物的变形检测控制值要根据其结构类型和有关规范的规定确定,其中包括水平位移、沉降、倾斜、裂缝四种变形;

(4)对相邻地下管线的检测,按主管部门对变形的规定值进行;

(5)对墓穴及地下暗道的检测,应采取保护措施,待有关部门进行处理。

4.5.8　检测数据的整理分析

(1)检测数据由项目部技术人员及时整理分析,绘制曲线图,评价内力与变

形发展趋势,报工程公司技术科审核后报公司技术部审阅;

(2)当观测数据达到报警值时,应立即报公司总工程师审阅,同时通报相关单位和人员。

4.6　土方开挖过程的监督检查

4.6.1　项目部安全员应跟班检查,随时消除不符合情况。

4.6.2　工程公司安全科、技术科每周进行一次检查。发现不符合,对施工单位下发整改通知书。

4.6.3　施工单位接到整改通知书后,定人、定时、定措施进行整改,在规定的时间内及时反馈整改情况,并记录备案。工程公司安全科、技术科监督整改情况的落实,并记录备案。

4.6.4　公司安全管理部、技术管理部每半月进行一次检查。发现不符合,对项目部下发整改通知书。下发整改通知书,并负责监督不符合的整改。

4.6.5　项目部接到整改通知书并经项目经理确认后,定人、定时、定措施进行整改,在规定的时间内及时反馈整改情况,并记录备案。公司安全管理部、技术管理部监督整改情况的落实,并记录备案。

4.7　土方开挖施工的验收

4.7.1　土方施工完成后,必须由项目经理、工程公司技术科共同验收后,再进入下道工序。

4.7.2　验收的内容有:防坡的坡度、支护的结构、降水的深度、坑槽边的防护、荷载、人行通道等情况是否符合设计(方案)的要求

4.7.3　验收完毕应做验收记录,记录包括:验收的内容、合格的项目、存在的问题及是否影响下道工序的继续进行、整改的意见或方案等。

4.7.4　参与验收的人员签字后,报总工师审批。

4.8　应急预案

项目部应根据施工方案,编制符合公司总体应急预案的本工程坍塌事故专项应急预案,并进行演练。

5　相关文件

国议周字第 40 号建筑安装工程安全技术规程 1956;

建工劳字第 24 号建筑安装工人安全技术操作规程(JGJ 120—1999 建筑基坑支护技术操作规程)1980;

GB 50202—2002《建筑地基基础施工质量验收规范》。

6　相关记录

基坑开挖安全检查记录表;

基坑验收报告;

基坑施工检测报告。

五、特殊作业安全管理程序

下面是某电力建设企业的特殊作业安全管理程序。程序针对下面每种特殊作业，就作业前准备、作业安全控制、作业后处置几方面作出规定：

(1)水上作业；

(2)金属容器内作业；

(3)临近高压线作业；

(4)跨公路、河道作业及野外作业；

(5)进入高压带电区作业；

(6)进入电厂运行区作业；

(7)进入氢气站和氢系统作业；

(8)进入乙炔站作业；

(9)多工种立体交叉作业和运行交叉作业。

1 目的

规范水上作业、金属容器内作业、临近高压线作业、跨公路、河道作业、进入高压带电区作业、进入电厂运行区作业、进入氢气站和氢系统作业、进入乙炔站作业、多工种立体交叉作业和运行交叉作业的安全管理。

2 适用范围

××省火电建设工程公司。

3 职责

3.1 安全处及项目部安全部门负责审查、监督特殊作业有关组织、技术措施的编制及执行。

3.2 技术人员负责编制安全技术措施，并对安全技术措施进行交底。

3.3 工作负责人和监护人负责特殊作业过程的安全管理。

3.5 工作票签发人负责确认工作票上所列的安全措施和工作人员的适宜性。

3.6 工作许可人负责审查工作票上所列安全措施的正确性和完备性，检查现场安全设施的完善性，准许工作进行。

4 工作程序及要求

4.1 水上作业

4.1.1 作业前准备

(1)经航运管理部门审批同意；

(2)办理安全施工作业工作票；

(3)作业前应清点人数。

4.1.2　作业安全控制

(1)宜采用分段搭设脚手架施工的方法,以保证水上船只通行;

(2)落水脚手架必须使用钢管作为材料;

(3)落水脚手架和吊挂脚手架均属特殊脚手架,需审批设计后方可施工;

(4)脚手架的栏杆设置必须能防止人员坠入水中;

(5)有落水可能的施工作业,作业人员必须穿救生衣。

4.1.3　作业后处置

(1)由班长清点人数;

(2)办理工作票终结手续;

(3)作业人员整理现场,拆除防护设施,恢复正常状态。

4.2　金属容器内作业

4.2.1　作业前准备

(1)作业前必须办理安全施工作业工作票。

(2)必须进行良好的通风,必要时应采取强迫通风办法,内部温度不超过40℃,严禁用氧气作为通风的风源;

(3)进行焊接作业时,应设二次回路的切断开关;

(4)进入经水压试验后的金属容器前,应先检查空气门,确认无负压后方可打开;

(5)照明电压必须是安全电压;

(6)金属容器必须有可靠的接地。

4.2.2　作业安全控制

(1)作业人员所穿衣服、鞋、帽等必须干燥,脚下应垫绝缘垫;

(2)外部应有人监护,且应有内外联系办法,如绳子等;

(3)不得同时进行电焊、气焊或气割工作;

(4)在封闭容器内施工时,施工人员应系安全绳,绳的一端交由容器外的监护人拉住;

(5)严禁将漏气的焊炬、割炬和橡胶软管带入容器内,焊炬、割炬不得在容器内点火。

4.2.3　作业后处置

(1)在工作间歇或工作完毕后,应及时将气焊、气割工具拉出容器;

(2)工作结束时应及时切断焊接电源;

(3)作业后需办理工作票终结手续。

4.3　临近高压线作业

4.3.1　安全距离

(1)带电线路杆塔上工作的最小安全距离见表5-4。

表 5-4　带电线路杆塔上工作的最小安全距离

电压等级(kV)	<10	20~35	44	60~110	220	330
安全距离(m)	0.7	1	1.2	1.5	3	4

（2）施工人员工作中正常活动范围与带电设备的最小安全距离见表 5-5。

表 5-5　施工人员正常活动范围与带电设备的最小安全距离

电压等级(kV)	<10	20~35	44	60~110	154	220	330
安全距离(m)	0.35	0.60	0.90	1.5	2	3	4

（3）起重机工作时，臂架、吊具、辅具、钢丝绳及吊物等与架空输电线的最小距离不得小于表 5-6 的规定。

表 5-6　起重机部件及吊物与架空输电线的最小安全距离

电压等级(kV)	<1	35	60	110	154	220	330	N
安全距离(m)	1.5	3	3.1	3.6	4.1	4.7	5.8	0.01(N−50)+3

4.3.2　作业前准备

（1）作业前必须办理安全施工作业票；

（2）当安全距离不能满足最小安全距离时，须向用电部门申请停电，否则不得施工。

4.3.3　施工作业时设备、人员与带电线路、设备的距离应大于最小安全距离。

4.3.4　作业后处置

（1）作业后应办理工作票终结手续。

（2）停电作业后，应恢复送电。

4.4　跨越公路、河道作业及野外作业

4.4.1　作业前准备

跨越公路、河道作业须经得公路、河道管理部门同意。

4.4.2　作业安全控制

（1）跨越公路、河道作业原则上应不影响公路交通和河道航运，可采用分段施工的方法；

（2）影响公路交通、河道航运的，应在两端设立醒目的安全警告牌；

（3）跨越公路、河道的施工必须有防止人员伤害的措施；

（4）夏季野外作业应搭设休息凉棚，并采取防暑降温措施，调整好作息时间，尽量避开高温时段；

（5）冬季野外作业如遇结冰时，应有防滑措施。

4.4.3　作业后处置

作业完成后，作业人员整理现场，拆除防护设施，恢复正常状态。

4.5　进入高压带电区作业

4.5.1　人员要求

(1)经医师鉴定,无妨碍工作的病症;

(2)具备必要的电气知识,并经考试合格;

(3)学会紧急救护法,包括触电急救。

4.5.2　在高压设备上工作的基本要求

(1)填用工作票或用口头、电话命令;

(2)至少应有两人在一起工作;

(3)落实保证工作人员安全的组织措施和技术措施。

4.5.3　在电气设备上工作时保证安全的组织措施

(1)工作票制度;

(2)工作许可制度;

(3)工作监护制度;

(4)工作间断、转移和终结制度。

4.5.4　在电气设备上工作时保证安全的技术措施

在全部停电或部分停电的电气设备上工作,必须完成下列措施:

(1)停电;

(2)验电;

(3)装设接地线;

(4)悬挂标示牌和装设遮栏。

上述措施由值班员执行。对于无经常值班人员的电气设备,由断开电源人执行,并应有监护人在场。

4.5.5　作业前准备

(1)倒闸操作由操作人填写工作票,每张工作票只能填写一个工作任务。

下列项目应经过检查并填写在工作票内:

——应拉合的断路器(开关)和隔离开关(刀闸);

——断路器(开关)和隔离开关(刀闸)的位置;

——负荷分配情况;

——装拆接地线情况;

——安装或拆除控制回路或电压互感器回路的熔断器(保险);

——切换保护回路;

——是否确无电压。

工作票应用钢笔或圆珠笔填写,票面应清楚整洁,不得任意涂改。填写设备名称和编号。

工作票的签发人应由熟悉技术、设备情况以及电业安全规程的人员,经过授权担任。工作票签发人不得兼任该工作负责人。

（2）下列工作可以不用工作票：

——事故处理；

——拉合断路器（开关）的单一操作；

——拉开接地刀闸或拆除全厂（所）仅有的一组接地线。

上述操作应记入操作记录簿内。

（3）如工作需延期，应办理延期手续；工作人员或安全措施变更，应对原工作票进行补充或填写新的工作票。

（4）工作许可人在完成施工现场的安全措施后应进行检查，并向工作负责人交底后在工作票上签字。

4.5.6 作业安全控制

（1）倒闸操作必须由两人执行，其中对设备较为熟悉者进行监护。特别重要和复杂的倒闸操作，由熟练的值班员操作，值班负责人或值长监护。

（2）用绝缘棒拉合隔离开关（刀闸）或经传动机构拉合隔离开关（刀闸）和断路器（开关），均应戴绝缘手套。雨天操作室外高压设备时，绝缘棒应有防雨罩，还应穿绝缘靴。接地网电阻不符合要求的，晴天也应穿绝缘靴。雷电时，禁止进行倒闸操作。

（3）装卸高压熔断器（保险），应戴护目眼镜和绝缘手套，必要时使用绝缘夹钳，并站在绝缘垫或绝缘台上。

（4）操作前应核对设备名称、编号和位置，操作中应认真执行监护复诵制。发布操作命令和复诵操作命令都应严肃认真，声音洪亮清晰。必须按操作票填写的顺序逐项操作。每操作完一项，在检查无误后做一个"√"记号，全部操作完毕后进行复查。

（5）停电拉闸操作应按照断路器（开关）——负荷侧隔离开关（刀闸）——母线侧隔离开关（刀闸）的顺序依次操作，送电合闸操作应按与上述相反的顺序进行。严防带负荷拉合刀闸。

（6）为防止误操作，高压电气设备都应加装防误操作的闭锁装置（少数特殊情况下经上级主管部门批准，可加机械锁）。闭锁装置的解锁用具（包括钥匙）应妥善保管，方便使用。所有投运的闭锁装置（包括机械锁）未经值班调度员或值长同意不得退出或解锁。

（7）操作中发生疑问时，应立即停止操作并向值班调度员或值班负责人报告，弄清问题后，再进行操作。不准擅自更改操作票，不准随意解除闭锁装置。

（8）工作间断时，安全措施应保持不动。持续几天的工作，在每日工作前，应重新检查安全措施是否符合工作要求，然后方可工作。

（9）在发生人身触电事故时，为解救触电人，可以不经许可，即行断开有关设备的电源,但事后必须立即报告。

4.5.7　作业后处置

(1)作业完成后,作业人员整理现场,办理工作票终结手续。

(2)拆除防护设施,恢复常设遮拦,恢复送电。

具体详见 DL 408—1991 电业安全工作规程(发电厂和变电所电气部分)的要求。

4.6　进入电厂运行区作业

4.6.1　人员要求

(1)熟悉《电业安全工作规程》的有关内容,并经过考试合格;

(2)学会触电急救、窒息急救法、心肺复苏法,并熟悉有关烧伤、烫伤、外伤、气体中毒等急救常识;

(3)使用可燃物品(如乙炔、氢气、油类、瓦斯等)的人员,必须熟悉这些材料的特性及防火防爆规则。

4.6.2　作业前准备

(1)在电气设备上工作,应填写工作票或按命令执行;

(2)在生产现场进行检修或安装时,必须严格执行工作票制度;

(3)着装要求:

——工作时必须穿工作报,衣服和袖口必须扣好,不应有可能被转动的机器绞住的部分;

——禁止戴围巾和穿长衣服;

——禁止使用尼龙、化纤或混纺的衣料制作的工作服;

——进入生产现场禁止穿拖鞋;

——女工作人员禁止穿裙子、高跟鞋,辫子、长发必须盘在工作帽内;

——做接触高温物体的工作时,应戴手套和穿专用的防护工作服。

4.6.3　作业安全控制

(1)基本要求

——任何设备上的标示牌,除原来放置人员或负责的运行值班人员外,其他人员不准移动;

——不准靠近或接触任何有电设备的带电部分。特殊许可的工作,应遵守 DL 408—91 电业安全工作规程(发电厂和变电所电气部分)中的有关规定。

(2)在金属容器(如汽包、凝汽器、槽箱等)内工作时,必须使用 24 V 以下的电气工具,否则需使用 II 类工具,装设额定动作电流不大于 15 mA、动作时间不大于 0.1 s 的漏电保护器,且应设专人在外不间断的监护。漏电保护器、电源连接器和控制箱等应放在容器外面。

(3)输煤系统作业:

——各种运煤设备在许可开始检修工作前,运行值班人员必须将电源切断并挂上警告牌。检修工作完毕后,检修工作负责人必须检查工作场所已经清理完毕,所有检修人员已离开,才可通知电厂运行班长恢复设备的使用;

——不准在可能突然下落的设备(如抓头、吊斗等)下面进行工作。必须在这些设备下面进行检修等工作时,应先做好防止突然下落的安全措施;

——无论运行中或停止运行,禁止在皮带上或其他有关设备上站立、越过、爬过及传递各种用具。跨越皮带必须经过通行桥;

——螺旋输粉机、刮板给煤机上盖板应完好,封闭严密,不许敞口运行。无论在运行中或停止运行,禁止在螺旋输粉机、刮板给煤机盖板上作业、行走或站立;

——进入煤斗内进行检修工作前,应与电厂运行班长取得联系,把煤斗内的原煤用完,关闭煤斗出口的接板,切断给煤机电源并挂警告牌。

(4)燃油系统作业:

——进入油区应进行登记,交出火种,不准穿有钉或有铁掌的鞋子;

——参加油区工作的人员,应了解燃油的性质和有关防火防爆规定。对不熟悉的人员应进行有关燃油的安全教育,方可参加燃油设备的运行和维修工作;

——燃油设备检修开工前,检修工作负责人和当值运行人员必须共同将被检修设备与运行系统可靠地隔离,在与系统、油罐、卸油沟连接处加装堵板,并对被检修设备进行有效地冲洗和换气,测定设备冲洗换气后的气体浓度(气体浓度限额可根据现场条件制订)。严禁对燃油设备及油管采用明火办法测验其可燃性;

——燃油设备检修需要动火时,应办理动火工作票;

——在油区进行电焊、火焊的设备均应停放在指定地点。不准使用漏电、漏气的设备。火线和接地线均应完整、牢固,禁止用铁棒等物代替接地线和固定接地点。电焊机接地线应接在被焊接的设备上,接地点应靠近焊接处,不准采用远距离接地回路;

——在燃油管道上和通向油罐(油池、油沟)的其他管道上(包括空管道)进行电、火焊作业时,必须采取可靠的隔绝措施,靠油罐(油池、油沟)一侧的管路法兰应拆开通大气,并用绝缘物分隔,冲净管内积油,放尽余气。

具体详见 DL 5009.1—1992《电力建设安全工作规程》(火力发电厂部分)的有关要求。

(5)锅炉系统作业:

——在锅炉内部进行检修工作前,须把该炉与蒸汽母管、给水母管、排污母管、疏水总管、加药管等的联通处用有尾巴堵板隔断,或将该炉与各母管、总管

间严密不漏地关严并上锁,然后挂上警告牌。电动阀门还须将电动机电源切断,并挂上警告牌;

——在工作人员进入燃烧室进行清扫和检修工作前,须把该炉的烟道、风道、燃油系统、煤气系统、吹灰系统等与运行中的锅炉可靠隔断,并与有关人员联系,将给粉机、排粉机、送风机、回转式空气预热器、电气除尘器、炉排减速机等的电源切断,并挂上禁止启动的警告牌;

——燃烧室及烟道内的温度在 60℃ 以上时,不准入内进行检修及清扫工作。若必须要进入 60℃ 以上的燃烧室、烟道内进行短时间工作时,应有具体的安全措施并设专人监护,并经项目主管生产的领导(总工程师)批准。在锅炉大修中,动火作业(包括氧气瓶、乙炔气瓶等易燃易爆装置的放置)要与运行油母管保持足够的安全距离,并采取可靠的安全措施。

(6)汽机系统作业:

——汽轮机在开始检修之前,须用阀门把蒸汽母管、供热管道、抽汽系统等隔断,阀门应上锁并挂上警告牌。还应将电动阀门的电源切断,并挂警告牌。疏水系统应可靠隔绝。检修工作负责人应检查汽轮机前蒸汽管确无压力后,方可允许工作人员进行工作;

——汽轮机各疏水出口处,应有必要的保护遮盖装置,防止疏水时烫伤人;

——在汽、水管道上进行长时间的检修工作,检修管段应用带尾巴的堵板将运行中的管段隔断,或将它们之间的两个串联严密不漏的阀门关严,两个串联阀门之间的疏水门或放水门应予打开。关闭的阀门和打开的疏水门或放水门应上锁并挂警告牌。

(7)事故处理:

——发现有人触电,应立即切断电源,使触电人脱离电源,并进行急救。如在高处工作,抢救时必须注意防止高处坠落;

——遇有电气设备着火时,应立即将有关设备的电源切断,然后进行救火。对可能带电的电气设备以及发电机、电动机等,应使用干式灭火器、二氧化碳灭火器或 1211 灭火器灭火;对油开关、变压器(已隔绝电源)应使用干式灭火器、1211 灭火器等灭火,不能扑灭时再用泡沫式灭火器灭火,不得已时可用干砂灭火;地面上的绝缘油着火,不能扑灭时再用泡沫式灭火器灭火,不得已时可用干砂灭火;

——扑救可能产生有毒气体的火灾(如电缆着火等)时,灭火人员应使用正压式消防空气呼吸器。

4.7 进入氢气站和氢系统作业

4.7.1 氢气站和氢系统消缺,原则上应在无氢(或氢被置换)状态下进行。

4.7.2 进入氢气站人员严禁携带火种,不得穿带铁钉的鞋和穿化纤类衣服。

4.7.3 遵守氢气站管理制度,进出进行登记,无关人员不得进入。

4.7.4 氢气设备附近严禁放置易燃易爆物品。

4.7.5 严禁使用可能产生火花的工具或设备。

4.7.6 在制氢设备、发电机氢系统附近进行明火作业或可能产生火花的作业,则应事先测定该地空气含氢量(含氢量应不大于 0.4%),并在办理工作票后方可工作。

4.7.7 制氢与贮氢系统在检修前,其检修部分与运行部分之间应用堵板隔离,并进行气体置换。

4.7.8 氢系统严密性试验只能用肥皂水检查。

4.7.9 排放带压氢气时,应缓慢地打开阀门和节气门,防止引起自燃。

具体可见 DL 5009.1—1992《电力建设安全工作规程》(火力发电厂部分)和 DL 408—1991 电业安全工作规程(发电厂和变电所电气部分)的有关要求。

4.8 进入乙炔站作业

4.8.1 乙炔站管道的检修工作必须在乙炔站停运、乙炔气与管道连接的阀门关严,并将管内的乙炔气排净后进行。

4.8.2 进入乙炔站人员,严禁携带火种,无关人员不得入内。

4.8.3 不得在乙炔站内进行明火作业或可能产生火花的作业,工作人员不得穿带钉子的鞋。

4.8.4 不得在乙炔站内放置易燃易爆物品。

具体可见 DL 5009.1—1992《电力建设安全工作规程》(火力发电厂部分)的有关要求。

4.9 多工种立体交叉作业及与运行交叉作业

4.9.1 施工中应尽量减少立体交叉作业。必须交叉时,施工负责人应事先组织交叉作业各方,商定各方的施工范围及安全注意事项;各工序应密切配合,施工场地尽量错开,以减少干扰,无法错开的垂直交叉作业,层间必须搭设严密、牢固的防护隔离设施。

4.9.2 交叉作业场所的通道应保持畅通;有危险的出入口处应设围栏或悬挂警告牌。

4.9.3 隔离层、孔洞盖板、栏杆、安全网等安全防护设施严禁任意拆除;必须拆除时,应征得原搭设单位的同意,在工作完毕后立即恢复原状并经原搭设单位验收;严禁乱动非工作范围内的设备、机具及安全设施。

4.9.4 交叉施工时,工具、材料、边角余料等严禁上下投掷,应用工具袋、箩筐或吊笼等吊运,并严禁在吊物下方接料或逗留。

4.9.5 在生产运行区进行交叉作业时,必须执行工作票制度,落实安全措施。必要时应派人监护。

具体可见 DL 5009.1—1992《电力建设安全工作规程》(火力发电厂部分)有关要求。

5 相关文件

DL 408—1991 电业安全工作规程(发电厂和变电所电气部分);

电安生[1994]227 号电业安全工作规程(热力和机械部分);

DL 5009.1—1992 电力建设安全工作规程(火力发电厂部分);

ZHDB 122066 记录控制程序;

ZDZW-A22 电厂运行区作业安全操作规程。

6 相关记录

本程序的记录表式由安全部门提供,记录由值班人员保存,按 ZHDB 122066 进行控制。对已结束的工作票,应保存三个月。记录包括:

——电厂热力机械工作票;

——倒闸操作票;

——电力线路第一种工作票;

——电力线路第二种工作票;

——安全施工作业票。

六、铁路运输安全管理程序

下面是某钢铁公司的铁路运输安全管理程序。程序的内容要点是:

(1)铁路外发货物装载安全管理。

(2)铁路道口管理:道口安全设施,道口安全运行要求,道口安全管理,道口肇事的处理。

(3)铁水运输的安全要求。

(4)红钢运输的安全要求。

(5)铁道车辆装卸作业的安全要求。

(6)严禁侵入铁路线路限界。

(7)行车事故处理。

1 目的

规范铁路运输管理,确保铁路运输安全。

2 适用范围

×钢与铁路运输有关的单位。

3 定义

道口:指铁路上铺面宽度在两米五及以上,直接与公路贯通的平面交叉。

按看守情况分为"有人看守道口"和"无人看守道口"。

4 职责

生产部负责铁路运输的协调组织；

运输部负责铁路运输设施的检修、维护管理及运输组织工作；

原料处负责采购稻草绳把；

计量处负责外发产品和过程产品的计量；

安环处负责铁路道口的安全监督管理；

各装车单位负责装车；

各卸车单位负责卸车；

各单位负责向所属职工进行与自身有关铁路运输安全教育；

雇用外单位车辆、劳务人员的单位，负责对所雇人员进行铁路运输安全教育；

在总公司区域内承包工程项目的施工单位，由发包部门负责督促其对所属人员进行铁路运输安全知识教育，并对其进行监督检查。

5 工作程序及要求

5.1 铁路外发货物装载安全管理

5.1.1 生产部根据外发货物的特点，按照 QP 446/11/03《××钢铁集团总公司铁路货物运输装载加固方案》编制装载加固方案，报铁路有关部门审批后，组织实施。

5.1.2 销售公司合理配货，确保货物装载量不超过车辆标准。

5.1.3 各装车单位要严格按照装载加固方案装车，返整车辆要按照运输部监装人员的要求及时进行返整。

5.1.4 运输部做好空车挑选及监装工作。

5.1.5 计量处做好外发产品和过程产品的计量工作，并及时向相关单位传递计量信息。

5.1.6 原料处按照相关标准采购稻草绳把，装车单位验收。不合乎标准要求的稻草绳把不能使用，并予退货。

5.1.7 每月 3 日前，运输部将上一个月的"外发货物返整记录"报送生产部。

5.2 铁路道口管理

5.2.1 道口安全设施

(1)道口设置铁路道口标志和鸣笛标，并根据需要设置护栏、栅栏。

(2)有人看守道口必须设置：道口房、电话、音响装置、道口信号机、道口杆、栏杆、照明设施、鸣笛标。

(3)无人看守道口必须设置：停车让行(止步)标志，照明设施，鸣笛标，音响装置。

5.2.2 道口安全运行要求

(1)公路上的车辆(包括汽车、拖拉机、人力车、自行车等)和行人在道口发现或听到有火车开来时,应立即躲避到距铁路钢轨 5 m 以外的处所,严禁停留在铁路上和抢越道口。

(2)车辆和行人通过铁路道口时必须听从道口看守人员和道口安全管理人员的指挥。

(3)机动车通过铁路道口时最高时速不准超过 15 km/h,不准在道口超车。一旦车辆在道口内发生故障,驾驶员要立即设法将车辆移出铁路限界(距钢轨外侧不少于两米),确实无法移出的,需立即采取防护措施,设法通知运输部,并在距离道口不少于一百米处用红色信号拦截列车,无红色信号时可用红色物品或两臂高举头上向两侧急剧摆动,以有效地拦截火车驶入道口。

(4)凡遇道口栏杆(门)关闭,音响器发出警报,道口信号显示红色灯光或看守人员示意火车即将通过诸情况之一者,车辆行人严禁抢行,必须立即停于钢轨 5 m 开外,不得影响道口栏杆(门)的关闭,不得撞、钻、爬、越道口栏杆。

(5)车辆行人通过设有道口信号机的道口时,要遵守下列道口信号显示规定:

——红灯表示火车接近道口,禁止车辆行人通过;

——红灯熄、白灯亮时,表示道口开通,准许车辆行人通过;

——道口无信号显示时,按通过无人看守道口规定通过。

(6)机动车通过道口时,必须遵守下列规定:

——提前减速;

——通过有人看守道口时,要做到"一慢、二看、三通过",遇道口栏杆放下或显示停车信号时,须依次停车于钢轨 5 m 以外,严禁抢道通过;

——通过无人看守道口时,应做到"一停、二看、三通过";

——机车、车辆(火车)占用一部分无人看守道口时,机动车不得通过;

——通勤客车与载人货车应按规定路线行驶,不得任意改线,并尽量避免通过无人看守道口。如必须通过无人看守道口时,在通过前应派人做好监护;

——在一定时间内,机动车频繁通过的无人看守道口,应由用车单位派人看守。

(7)机动车在铁路道口处不准转弯掉头及停留。

(8)严禁车辆在没有道口或其他平面交叉设施的铁道线路上穿越,侵占铁道线路。

5.2.3 道口安全管理

(1)有人看守道口的道口员由运输部培训,考试合格后上岗,使其有效地保证道口安全。道口员必须责任心强,身体健康,工作中能严格按照技术操作规程和标准化作业程序作业,出务接车显示信号位置适当,动作规范,起落杆、开启栏门及时。

(2)运输部要加强对调乘人员安全教育,严格安全技术操作规程,通过道口时加强确认,鸣笛示警。

(3)在交通特别繁忙和易于出现肇事的道口,公安处应派出交通民警协助维持秩序。

(4)道口看守人员和道口安全管理人员均有权对违反铁路道口通行规定的车辆行人进行劝阻、教育、警告和按章处理。

5.2.4   道口肇事的处理

(1)发生道口肇事时,道口工作人员应立即报告,同时保护好现场,挽留有关证人。与国(省)道交叉的铁路道口事故,要同时报告当地公安派出所。公司区域内的道口肇事,由生产部牵头,组织公安处、安环处及有关单位共同调查处理,并确定事故责任。事故损失费用由责任方承担,双方都有责任时,由双方合理分担。对因道口肇事影响正常生产所造成的损失,按 SSP 446/06/01《事故处罚暂行规定》办理。

(2)对损坏道口设备,违反铁路道口通行规定,危险源铁路行车安全等行为,运输部可根据情节轻重给予经济处罚。赔偿费和罚款的核收,按 SSP 446/06/01《事故处罚暂行规定》办理。

5.3   铁水运输的安全要求

5.3.1   运输部与铁水运行相关岗位人员,应严格按照各自安全规程作业。

5.3.2   第一炼铁厂翻渣、抠壳、出铁、出渣工作,应严格按照安全操作规程作业,不得损坏运输设施。

5.3.3   第一炼铁厂做好铁水包的整备及备用包运用安排工作。

5.3.4   第一炼钢厂向混铁炉倾倒铁水,要严格按照安全操作规程作业,不得损坏车辆、线路。

5.3.5   运输部要加强设备管理,确保机车、车辆、线路等经常处于良好状态,并做好机车车辆的备用工作。

5.3.6   运输部应采取切实措施加强渣罐车、铁水车防溜工作。

5.4   红钢运输的安全要求

红钢运输的安全要求见 SSP 446/17/04《红钢运输的安全要求》。

5.5   铁道车辆装卸作业的安全要求

5.5.1   禁止天车等装卸工具随意拉动铁道车辆。

5.5.2   各装卸单位需变更装卸地点或铁道车辆不到位时,应及时与运输部联系,变更计划或重新对位。

5.5.3　各单位不准私自撤除、破坏铁道车辆制动措施,凡由此引起的事故,各单位自行负责。

5.5.4　禁止天车斜拉斜吊、碰撞车辆等现象。

5.5.5　装卸作业完毕,运输部确认车体是否恢复原位。

5.5.6　使用电磁吸盘进行装卸作业时,避免吸起车体(吸起车体后必须通知运输部调度,由调度安排人员对车辆进行检查确认)。

5.6　严禁侵入铁路线路限界

5.6.1　厂内建筑物、设备和绿化物严禁侵入铁路线路和道路的安全限界,并不得妨碍视线。现有已侵入限界的围墙和各种临时建筑物必须拆除,拆除确有困难的永久性建筑物,在其大修或改造时应予解决;未解决前应制定有效的安全措施,并在侵限处设置侵限警告标志。

5.6.2　在铁道线路附近施工或检修时,应事先通知运输部,并作好防护设施。所用的器具、材料的堆放,不得妨碍行车安全。

5.6.3　跨越铁路线路和道路或横穿路基、桥梁敷设电线、管道等设施时必须事先经工厂生产管理部门和运输部门同意。

5.6.4　不准随意增设道口,发现有私设道口时,运输部有权拆除。如生产厂必须增设永久道口时,经运输部同意,安全环保处、生产部批准,按道口标准设计,由运输部负责管理。增设临时道口,经生产部、运输部同意,申请单位派人看守,并限期拆除。

5.7　行车事故处理

铁路行车事故的处理、抢修、考核及经济损失计算,执行 SSP 446/17/01《铁路行车事故处理办法》。

6　相关文件

QMP 446/11/03《××钢铁集团总公司铁路货物运输装载加固方案》;

SSP 446/06/01《事故处罚暂行规定》;

SSP 446/17/04《红钢运输的安全要求》;

SSP 446/17/01《铁路行车事故处理办法》。

七、矿井通风安全控制程序

下面是某煤矿集团公司的矿井通风安全控制程序,该程序体现了《煤矿安全规程》所有适用条款的适用内容,体现了该矿所有不可忽略风险的控制,体现了《煤矿安全质量标准化标准及考核评级办法(试行)》的所有相关要求。程序的内容要点是:

(1)人员要求;

(2)建筑物及设施要求;

(3)通风系统；

(4)局部通风；

(5)瓦斯管理；

(6)安全监控；

(7)瓦斯抽放；

(8)防治自燃发火；

(9)通风设施的建筑与管理；

(10)综合防尘；

(11)通风实验室作业；

(12)安全检查；

(13)应急响应。

1 范围

本程序目的是规范矿井通风作业安全管理，预防瓦斯、粉尘、火灾事故。

本程序适用于集团公司各矿井及相关职能部门。

2 职责

2.1 集团公司总工程师负责通风作业安全技术管理。

2.2 集团公司通风管理部

(1)编制集团公司年度"一通三防"工作计划；

(2)编制、修改、完善集团公司"一通三防"管理制度；

(3)编制集团公司"一通三防"各种设计、措施及方案；

(4)编制集团公司矿井风量计算方法；

(5)审批矿井年度反风演习计划；

(6)审批矿井通风系统调整方案、风量计划；

(7)审批"一通三防"所需设备仪器仪表、材料计划；

(8)审批矿井防灭火设计；

(9)审批通风作业重大安全技术措施、通风设计方案；

(10)审批矿井年度灾害预防及处理计划；

(11)组织矿井瓦斯等级鉴定工作；

(12)组织召开集团公司通风例会；

(13)组织相关职能部门对通风作业安全检查；

(14)委托相关方对风机性能、矿井通风阻力测定、瓦斯和二氧化碳等级鉴定、煤层自燃性和煤尘爆炸性进行鉴定。

2.3 集团公司生产技术部参与通风管理部组织的通风作业重大安全技术措施、通风设计方案的审批。

2.4　集团公司机电工程部负责物资设备的采购审批和设备的验收。

2.5　集团公司通风实验室

(1)矿井瓦斯传感器、一氧化碳传感器、瓦检仪、甲烷测定器、氧气检测仪的标校工作;

(2)矿井粉尘测定;

(3)委托相关方对风表进行标校。

2.6　集团公司救护队

(1)对井下防火墙的温度、空气成分进行测定和分析;

(2)启封矿井密闭和排放瓦斯。

2.7　集团公司安全监察部负责通风作业的安全技术措施落实情况的监督检查。

2.8　集团公司劳动人事部负责组织作业人员体检、安全技能培训。

2.9　集团公司工会负责安全生产的群众监督、劳动保护用品的质量及发放、使用的监督检查。

2.10　矿井通风作业的安全管理

(1)矿长负责组织灾害预防与处理计划的实施;

(2)矿井总工程师负责矿井通风作业的安全技术管理;

(3)矿井通风管理部负责编制通风设计方案、年度灾害预防与处理计划和瓦斯检查计划、年度反风演习计划、矿井通风系统调整方案、矿井通风设计、矿井防灭火设计、矿井安全监控设计、矿井瓦斯抽放设计、矿井通风设施设计和矿井煤层注水设计;

(4)矿井瓦斯抽放站负责编制矿井瓦斯抽放设计;

(5)矿井安全监察部负责通风作业的安全检查、事故汇报;

(6)矿井机电动力部负责供电检修管理;

(7)矿井通风区队负责管辖范围内通风作业的现场安全管理;

(8)矿井物资申报员负责物资申报。

3　工作程序及要求

3.1　人员要求

3.1.1　各煤矿矿长必须具有的证书、学历、工作经历,见 JM(OHS)P 42—2008《职业安全卫生培训教育管理程序》条款 4.3.1。

3.1.2　安全生产管理人员必须具有的证书、学历、工作经历,见 JM(OHS)P 42—2008《职业安全卫生培训教育管理程序》条款 4.3.2。

3.1.3　特种作业人员必须具有的证书和须满足的基本要求,见 JM(OHS)P 42—2008《职业安全卫生培训教育管理程序》条款 4.3.3。

3.1.4　老工人经矿井、区队、班组"三级"安全教育,由授课人填写《安全培训记录》。新工人经集团公司、矿井、区队"三级"安全教育,按 JM(OHS)P 42—2008《职业健康安全培训教育管理程序》执行。

3.1.5 作业人员须熟悉生产工艺流程。

3.1.6 作业人员在作业中穿戴劳动防护用品。

3.1.7 作业人员的体检要求,见 JM(OHS)P 42—2008《职业病防治管理程序》条款 4.9。

3.2 建筑物及设施要求

(1)风筒出风口距工作面:煤巷不超过 5.0 m,岩巷不得超过 10 m。

(2)局部通风机和启动装置安装在进风巷道中,距掘进巷道回风口不得小于 10 m。

(3)不得使用 3 台以上(含 3 台)的局部通风机同时向 1 个掘进工作面供风。不得使用 1 台局部通风机同时向 2 个作业的掘进工作面供风。

(4)木料场、矸石山、炉灰场距进风井不得小于 80 m。木料场距矸石山不得小于 50 m。不得将矸石山或炉灰场设在进风井的主导风向上风侧,也不得设在表土 10 m 以内有煤层的地面上和设在有漏风的采空区上方的塌陷范围内。

(5)新建矿井的永久井架和井口房、以井口为中心的联合建筑,用红砖和料石建筑。

(6)有地面消防水池和井下消防管路系统。井下消防管路系统应每隔 100 m 设置支管和阀门,带式输送机巷道中应每隔 50 m 设置支管和阀门。地面的消防水池保持不少于 200 m³ 的水量。

(7)矿井暖风道和压入式通风的风硐必须用红砖和料石砌筑,并装设 2 道防火门。

3.3 通风系统

3.3.1 主要通风设施的建筑与安装

3.3.1.1 主要通风机性能参数设计

矿井通风管理部技术负责人按照 JM(OHS)P 4616—2008《矿井工程设计安全控制程序》执行。

3.3.1.2 申报设备

矿井物资申报员按照 JM(OHS)P 4616—2008《矿井工程设计安全控制程序》的要求向集团公司机电工程部申报设备。

3.3.1.3 风机房建筑

集团公司通风管理部要求建筑施工方按照 JM(OHS)P 4615—2008《相关方职业健康安全管理程序》进行施工作业。

3.3.1.4 安装前的设备验收

集团公司机电工程部技术负责人按照设备说明书、JM(OHS)P4620—2008

《矿井机电安全管理程序》进行验收。

3.3.1.5 安装

机电队技术负责人按照 JM(OHS)P 4620—2008《矿井机电安全管理程序》的规定组织安装工作。

3.3.1.6 通风机性能测定和矿井通风阻力测定

(1)集团公司通风管理部委托××煤安采矿专用设备测试技术服务有限公司对安装好的通风机进行第一次性能测定,并出具煤矿在用主通风机系统安全检测检验报告。以后每5年组织一次性能测定。

(2)集团公司通风管理部委托××能源有限责任公司机电实验室对矿井通风阻力进行测定,并出具矿井通风阻力测定报告。新井投产前进行1次矿井通风阻力测定,以后每3年进行1次。矿井转入新水平生产或改变一翼通风系统后,重新进行矿井通风阻力测定。

3.3.2 外部漏风率测定

3.3.2.1 准备

(1)测风工到矿井通风管理部领取测风仪器、仪表;

(2)测风工清理干净作业地点的浮煤、杂物,排除积水。

3.3.2.2 测定

(1)测风工将梯子与巷帮锚杆固定牢固;

(2)测风工每10天对矿井总进风和总回风进行1次全面测风;

(3)矿井通风管理部技术负责人填写《外部漏风率实测报告》。

3.3.2.3 漏风的处理

测风工对地表裂隙进行填充处理,降低矿井外部漏风量。

3.3.3 防爆门安装与维护

3.3.3.1 安装

(1)搭铁板过程中,作业人员要互相配合一致,搭设牢固;

(2)作业人员清除作业地点浮煤、浮矸及积水;

(3)安装负责人用长把找顶工具清除危岩活矸;

(4)作业人员固定起吊架;

(5)作业人员使用直径不小于12 mm的钢丝绳固定防爆门。

3.3.3.2 检查与维护

(1)防爆门安装工用黄油对滑轮的滚动轴每月润滑1次;

(2)矿井通风管理部技术负责人组织作业人员每半年对防爆门检查维修1次。

3.3.4 反风演习

3.3.4.1 反风前的准备与检查

(1)矿井通风管理部技术负责人编制《矿井反风演习计划》,经矿井、集团公

司相关技术负责人审核、签字,由集团公司总工程师批准;

(2)矿井机电动力部组织矿井电工对各种机电设备、供电系统进行检查、维修。

3.3.4.2　反风演习检测

(1)瓦斯检查员在井下瓦斯检查点检查瓦斯浓度,矿山救护队负责检查一氧化碳浓度。气体浓度须符合下列要求:CH_4 浓度$\leqslant 1.0\%$,CO_2 浓度$\leqslant 0.75\%$,CO 浓度$\leqslant 0.0024\%$。

(2)测风工负责井下测风。10分钟内改变巷道中的风流方向;风流方向改变后,主要通风机的供给风量不小于正常风量的40%。

3.3.4.3　分析

矿井通风管理部技术负责人按照《矿井反风演习计划》进行效果分析。将分析结果报矿井总工程师。

3.3.5　调风

(1)矿井通风管理部技术负责人编制调风方案,经矿井总工程师批准;

(2)测风工负责测风,并将测风结果报矿井通风管理部技术负责人,技术负责人指导测风工调风。

3.3.6　风量测定

3.3.6.1　准备工作

(1)矿井通风管理部技术负责人编制《矿井配风计划》,并报矿井相关负责人审核、签字,由矿井总工程师批准,并上报集团公司通风管理部。

(2)矿井通风管理部技术负责人绘制矿井通风系统图。图中须标明风流方向、风量和通风设施的安装地点。按季绘制通风系统图,并按月补充修改。多煤层同时开采的矿井,绘制分层通风系统图。

(3)集团公司通风管理部技术负责人编制矿井风量计算方法,由集团公司总工程师批准。

3.3.6.2　实施

测风工按照《测风工操作规程》测定风量。

3.3.7　巷道维修

(1)矿井通风管理部技术负责人负责编制维修巷道安全技术措施,并报矿井总工程师批准;

(2)矿井通风管理部巷道维修工按照《巷道维修工操作规程》及《巷道维修安全技术措施》维修巷道。

3.4　局部通风

3.4.1　局通安装及使用

3.4.1.1　安装前的准备

（1）矿井通风管理部技术负责人根据矿井《掘进工作面作业规程》中规定的风机选型配备局部通风机。

（2）矿井通风管理部技术负责人根据矿井《掘进工作面作业规程》中规定的巷道设计长度、风筒选型准备风筒。

3.4.1.2　设备验收

集团公司机电工程部技术负责人根据设备说明书、JM（OHS)P 4620—2008《矿井机电安全管理程序》对设备验收。

3.4.1.3　安装

通风工按照矿井《局部通风机工操作规程》安装局部通风机。

3.4.1.4　运行与维护

（1）瓦斯检查员负责检查局部通风机及其开关附近 10 m 以内风流中瓦斯浓度，确认瓦斯浓度都不超过 0.5％，然后开启局部通风机。

（2）矿井电工按照 JM（OHS)P 4620—2008《矿井机电安全管理程序》维护局部通风机。

3.5　瓦斯管理

3.5.1　瓦斯等级鉴定

（1）矿井通风管理部技术负责人负责编制《瓦斯和二氧化碳鉴定报告书》，经矿长批准。测风员、瓦斯检查员根据《瓦斯和二氧化碳鉴定报告书》中的相关规定布置测点，将所测得数据报通风管理部技术负责人。

（2）通风管理部技术负责人将测得数据填入《沼气和二氧化碳基础表》和《瓦斯和二氧化碳涌出量测定基础数据表》，统一上报集团公司通风管理部。

（3）集团公司通风管理部委托××自治区煤炭工业协会对《瓦斯和二氧化碳鉴定报告书》进行鉴定批准，并报××自治区煤矿安全监察局备案。

3.5.2　瓦斯检查

（1）矿井通风管理部技术负责人编制瓦斯检查计划，经矿井总工程师批准。瓦检员根据瓦斯检查计划的要求检查瓦斯。

（2）瓦斯检查员按照《瓦斯检查工操作规程》每班对采掘工作面的瓦斯浓度检查 2 次，填写《瓦斯检查记录》。

（3）瓦斯检查员对井下停风地点栅栏外风流中的瓦斯浓度每天检查 1 次，挡风墙外的瓦斯浓度每周检查 1 次，填写《瓦斯检查记录》。

3.5.3　瓦斯超限处理

（1）作业地点风流中瓦斯浓度达到 1.0％时，停止用电钻打眼；

（2）爆破地点附近 20 m 以内风流中瓦斯浓度达到 1.0％时，停止爆破作业；

（3）电动机或其开关安设地点附近 20 m 以内风流中的瓦斯浓度达到 1.5％时，停止工作，切断电源，撤出人员；

（4）采掘工作面及其他巷道内，体积大于 $0.5 m^3$ 的空间内积聚的瓦斯浓度达到 2.0% 时，附近 20 m 内停止工作，撤出人员，切断电源；

（5）瓦斯浓度超过规定被切断电源的电气设备，在瓦斯浓度降到 1.0% 以下时，可通电开动；

（6）采掘工作面风流中二氧化碳浓度达到 1.5% 时，停止工作，撤出人员，增加风量；

（7）矿井总回风巷或一翼回风巷中瓦斯或二氧化碳浓度超过 0.75% 时，矿井通风部管理人员立即查明原因，矿井通风管理部技术负责人编制《瓦斯超限分析处理报告》，经矿井总工程师批准，由矿井通风管理部组织人员处理；

（8）如因停电和检修造成主要通风机停止运转或通风系统遭到破坏，按照《矿井突然停电、停风应急救援预案》执行。

3.5.4 停风区处理

（1）临时停风区中瓦斯浓度超过 1.0% 或二氧化碳浓度超过 1.5%，最高瓦斯浓度和二氧化碳浓度不超过 3.0% 时，由矿井通风管理部技术负责人制定瓦斯排放措施，经矿井总工程师批准后，控制风流排放瓦斯。

（2）停风区的瓦斯或二氧化碳均超过 3.0% 时，由矿井通风管理部技术负责人制定瓦斯排放措施，经矿井总工程师批准后由救护队进行瓦斯排放。

（3）启封密闭：由矿井通风管理部负责编制启封密闭措施，经矿井总工程师批准，并起草启封密闭报告报集团公司总工程师批准后，由救护队按启封措施启封密闭、排放瓦斯。

（4）在排放瓦斯过程中，其回风流经过的区域停电撤人。

3.6 安全监控

3.6.1 安装前的准备

（1）矿井通风管理部技术负责人编制《矿井安全监控设计》，由矿井总工程师批准。

（2）矿井通风管理部技术负责人根据《矿井安全监控设计》要求，准备监控设备传感器的种类、数量、型号、电缆。

（3）各单位安全监控系统的所有设备器材的资料必须齐全（包括产品说明书、防爆合格证、安全标志证书、检验合格证及相关图纸等）。

（4）安全监测工负责对主机、电源箱、传感器通电调试，通电时间不得小于 48 h。

3.6.2 安全监控的安装

（1）安装分站

安全监测工按照《矿井安全监控设计》的要求安装分站。

（2）布设信号电缆

安全监测工将信号电缆设置在动力电缆上方,且间距不小于 0.5 m。

(3)安装的安全要求

①安全监测工戴安全帽、系安全带。操作前将安全带牢挂在锚杆或铁丝网上,检查牢固后进行作业。

②安全监测工将梯子支承牢固,另一人扶稳梯子,防止梯子滑倒。

(4)传感器的设置

矿井安全监测工按下列要求设置传感器:

①瓦斯传感器必须垂直悬挂,在距顶板小于 0.3 m、距巷道壁不小于 0.2 m且无明显淋水的地点固定好。

②采煤工作面瓦斯传感器设在采煤工作面的回风巷且距工作面 10～15 m处,采面上隅角瓦斯传感器与液压支架后立柱平行。采煤工作面回风流瓦斯传感器设置在距收缩眼 10～15 m 处。

③掘进工作面瓦斯传感器设在距掘进头不超过 5.0 m 处,传感器位置设在风筒出风口的另一侧;掘进面回风流瓦斯传感器设置在距全风压回风流 10～15 m 处。

④回风流机电硐室内安装瓦斯传感器,安装位置设在距进风口 3～5 m 处。

⑤采区的回风巷及矿井总回风的测风站应安装瓦斯传感器。

⑥瓦斯抽放泵站设置甲烷传感器,抽放泵输入管路中设置甲烷传感器。

⑦采(掘)工作面串联通风,被串工作面的进风巷(局部通风机前)设置甲烷传感器。

3.6.3　运行、维护与检修

(1)运行

安全监测工负责按下电源箱按钮,启动监控分站。

(2)维护

安全监测工负责维护:

①每 7 天对甲烷超限断电功能测试 1 次;

②每 7 天将瓦斯传感器送集团公司通风实验室进行标校 1 次,一氧化碳传感器每月送集团公司通风实验室标校 1 次;

③每月对安全监控设备调试、校正 1 次。

(3)检修

安全监控设备在井下连续运转 12 个月后升井,进行一次全面检修、清扫、调试和校正。

3.7　瓦斯抽放

3.7.1　瓦斯泵安装与使用

3.7.1.1　安装前的准备

(1)矿井瓦斯抽放站技术负责人编制《矿井瓦斯抽放设计》,由矿井总工程师批准；

（2）矿井物资申报员负责按照《矿井瓦斯抽放设计》的要求向集团公司机电工程部申报设备；

（3）集团公司机电工程部技术负责人按照设备说明书和 JM（OHS）P 4620—2008《矿井机电安全管理程序》对抽放设备进行验收。

3.7.1.2　瓦斯抽放泵的安装

（1）安全要求

①矿井地面泵房用不燃性材料建筑，有防雷电装置。瓦斯泵房距进风井口和主要建筑物不得小于 50 m，用栅栏或围墙保护。

②矿井地面泵房和泵房周围 20 m 范围内，无易燃物、明火。

③矿井抽放瓦斯泵站放空管的高度应超过泵房房顶 3.0 m。

（2）瓦斯泵的安装

矿井钳工按照 JM（OHS）P 4620—2008《矿井机电安全管理程序》安装瓦斯泵。

（3）运行与维护

①启动前

瓦斯抽放泵站工检查各气门的开关情况，做到正确开关；

瓦斯抽放泵站工负责检查供水管路、供气管路、系统阀门，确认完好。

②启动

瓦斯检查员负责检查抽放泵房内瓦斯浓度，确认瓦斯浓度在 0.5％ 以下时，矿井瓦斯抽放泵站工启动瓦斯抽放泵。

③维护

抽放泵正常运行后，矿井瓦斯抽放泵站工负责维护：

每班检查管路系统上的安全装置、计量装置和阀门，并对设备的外表进行一次擦洗；

每周对泵房内的管路放水 1 次；

每周检查 1 次井下抽放钻场及干支管瓦斯浓度、负压；如参数发生变化，立即向矿井瓦斯抽放泵站工技术负责人汇报。

3.7.2　管路安装与使用

3.7.2.1　安装前的准备

瓦斯抽放站技术负责人根据《矿井瓦斯抽放设计》的要求选择管路型号和数量。

3.7.2.2　安装要求

（1）瓦斯抽放主管路离地面高度不小于 0.3 m，支管路距巷道底板不小于 1.5 m；

（2）采面回风巷支管路安装在巷道下帮，运输巷支管路安装在巷道上帮；

（3）井上、下敷设的瓦斯管路，不得与带电物体接触。管路和电缆线路隔离，间距大于 1.0 m。

（4）在倾斜巷道中敷设管道，管路安装工要用卡子将管路与支架固定。卡子间距视巷道坡度而定，坡度小于 30°，间距为 15～20 m；坡度大于 30°，间距应小于 10 m。

（5）管道低洼处安装放水装置。

3.7.2.3　管路安装

接管时要分套进行，抬管和对管要步调一致。紧螺丝从对角方向紧起，用力均匀，保证同心度和严密不漏气。接管上好胶垫。

3.7.2.4　管路试验

瓦斯抽放站技术负责人对安装的瓦斯管路进行漏气试验，安装管路的负压应达到 30 kPa 以上。

3.7.3　钻场布置、钻机操作与维护

3.7.3.1　钻场布置

矿井瓦斯抽放钻机操作工按照《矿井瓦斯抽放设计》中规定的地点、步距、参数布置现场。

3.7.3.3　钻机操作

（1）位置误差不得超过±2.0 m，角度误差不得超过±1°；

（2）矿井瓦斯抽放钻机操作工按照《矿井瓦斯抽放钻机工操作规程》执行。

3.7.3.4　钻机维护

（1）钻机操作工每周更换 1 次钻机液压油；

（2）钳工负责检查油箱内的油温，超过 60～70℃时停机冷却。

3.8　防治自然发火

3.8.1　准备工作

（1）集团公司通风管理部委托××自治区煤炭工业协会对煤层自燃性进行鉴定，出具煤层自燃性鉴定报告，并报自治区煤矿安全监察局备案；

（2）矿井通风管理部技术负责人按照《采矿工程设计手册》编制《矿井氮气防灭火设计》，经矿井总工程师批准，并上报集团公司通风管理部备案；

（3）矿井物资申报员负责按照《矿井氮气防灭火设计》的要求向集团公司机电工程部申报设备；

（4）矿井机电动力部技术负责人按照设备说明书和 JM（OHS）P 4620—2008《矿井机电安全管理程序》进行验收。

3.8.2　地面安装制氮机

矿井钳工按照 JM（OHS）P 4620—2008《矿井机电安全管理程序》安装制

氮机。

3.8.3　运行与维护

(1)瓦斯检查工负责检查制氮机附近的瓦斯和一氧化碳的浓度,确认其浓度符合要求,方可启动制氮机;

(2)制氮机司机负责连接制氮管路,并检查管路的畅通性,连接装置正确使用 U 型卡;

(3)制氮机司机启动制氮机;

(4)电工每周用欧姆表遥测制氮机电气设备绝缘;

(5)钳工每周用油壶向制氮机润滑部位加油。

3.8.4　防治自然发火措施

(1)注氮工向火区或采空区注入氮气,其浓度不小于 97%;

(2)采煤工作面回采结束后,矿井通风管理部组织作业人员在 45 天内进行永久封闭;

(3)矿井通风管理部在容易自然和自然煤层采煤工作面在距收缩眼 10～15 m 处设置一氧化碳传感器;

(4)矿井通风管理部技术负责人每周组织区队开展一次火灾预测预报工作。

3.9　通风设施的建筑与管理

3.9.1　通风设施的建筑

(1)矿井通风管理部技术负责人编制《矿井通风设施设计》,经矿井总工程师批准;

(2)作业人员根据《矿井通风设施设计》,按照《通风设施工安全操作规程》建筑通风设施。

3.9.2　通风设施的管理

(1)风门(风窗、风桥)的检查与维护

①通风木工每周对井下风门(风窗、风桥)巡视检查,对损坏的设施进行维修。

②安全监测工每两天对井下风门监测系统检查,对损坏的监测设施进行维修或更换。

(2)密闭的检查与维护

①瓦斯检查员每周检查 1 次密闭处的瓦斯浓度。

②密闭工每周检查密闭外观,如出现裂缝,用 425# 水泥重新抹面。

(3)防火墙的管理

①集团公司救护队每周对防火墙内的温度和空气成分进行测定和化验分析 1 次。

②集团公司救护队每周检查防火墙外的空气温度、瓦斯浓度,防火墙内外空气压差以及防火墙墙体。

③密闭工每周检查防火墙外观,如出现裂缝,用 425[#] 水泥重新抹面。

3.9.3　井下消防器材库

3.9.3.1　准备工作

矿井通风管理部组织作业人员准备好红砖或料石及水泥、砂子。

3.9.3.2　消防器材库的建筑要求

(1)硐室库房设两个安全出口,并安设向外开启的栅栏门;

(2)供人员、材料进出的通道巷道高度不小于 2.0 m;

(3)库房内设置材料堆放平台,平台一般高出轨面 0.5～0.8 m,宽度 0.8～1.0 m,平台用红砖、料石砌筑,台面用 M10 水泥砂浆抹面;

(4)硐室内水沟坡度不小于 3‰。

3.9.3.3　管理与维护

(1)矿井通风管理部每季度检查井下消防材料库和消防器材设置情况;

(2)矿井通风管理部每季度对消防器材库储存的材料、工具的品种和数量进行更换。

3.10　综合防尘

3.10.1　煤尘爆炸性的鉴定

集团公司通风管理部委托××自治区煤炭工业协会对矿井煤尘进行鉴定,出具煤尘爆炸性鉴定报告,并报自治区煤矿安全监察局备案。

3.10.2　水仓的建筑和使用

3.10.2.1　准备工作

作业人员准备好红砖或料石及水泥、砂子。

3.10.2.2　水仓的建筑要求

(1)水仓入口通道内水沟设铁箅子与闸门;

(2)水仓最高存水面应低于水仓入口水沟面底面高程,水仓高度不小于 2.0 m;

(3)底板用强度等级为 C10 的混凝土铺底。

3.10.2.3　水仓检查与维护

(1)矿井通风管理部水仓维护工每班检查水仓储水量;

(2)矿井通风管理部组织作业人员每季度清理一次水仓。

3.10.3　管路、喷雾(水幕)的安装和管理

3.10.3.1　准备工作

矿井通风管理部技术负责人根据《掘进工作面作业规程》或《采煤工作面作业规程》的规定选择管路型号、喷嘴数量和水幕数量、阀门、三通。

3.10.3.2　安装要求

防尘工按下列要求安装管路：

（1）主管路管径不小于 φ108 mm，支管路：采面运输巷不小于 φ50 mm，回风巷不小于 φ80 mm；

（2）主管路吊挂在人行侧，距底板 0.8 m 以上，胶带斜井和胶带运输平巷管路每隔 50 m 设一个三通阀门，皮带巷每 200 m 设一个三通阀门；

（3）采面煤壁上出口 200～500 m 安设一道防尘纱窗门；

（4）回采面上下顺槽均设置两道水幕；

（5）距掘进迎头不超过 50 m 处设一道水幕，距回风口 50～100 m 范围设一道水幕。

3.10.3.3　管路、喷雾（水幕）的安装

防尘工按照《综合防尘工操作规程》的要求执行。

3.10.3.4　通水与维护

（1）通水前防尘工负责进行通水试验；

（2）防尘工每周对井下防尘管路系统检查、维修 1 次；

（3）拆管路时，先关闭支管路的总阀门，按顺序进行拆除。

3.10.4　煤层注水

3.10.4.1　准备工作

（1）矿井通风管理部技术负责人编制《矿井煤层注水设计》，经矿井总工程师批准；

（2）矿井物资申报员负责按照《矿井煤层注水设计》的要求向集团公司机电工程部申报设备；

（3）集团公司机电工程部技术负责人按照设备说明书和 JM（OHS）P 4620—2008《矿井机电安全管理程序》进行设备验收。

3.10.4.2　煤体钻孔、注水

煤层注水工按照《矿井煤层注水设计》执行。

3.10.4.3　钻机维护

（1）钳工每周用黄油枪对钻机注油，更换损坏的配件；

（2）电工每周用欧姆表对钻机电机绝缘进行遥测，更换损坏的电机。

3.10.5　隔爆设施安装与维护

3.10.5.3　隔爆设施的安装

作业人员按照《隔爆设施安装工操作规程》安装隔爆设施。

3.10.5.4　隔爆设施的维护

（1）作业人员每周检查 1 次煤尘隔爆设施损坏情况，并进行维修；

（2）作业人员每周检查 1 次隔爆袋水位情况，清除其中的煤矸杂物。

3.10.6　冲刷巷道

3.10.6.1　准备工作

洒水工根据巷道长度准备相应数量的水管。

3.10.6.2　冲刷巷道

(1)洒水工每周对矿井主大巷、运输石门、运输上下山洒水消尘1次;

(2)采煤洒水工每天对采煤工作面回风巷、运输巷洒水消尘1次;

(3)洒水工按照《综合防尘工操作规程》洒水消尘。

3.10.7　大巷刷白

(1)洒水工每年对大巷刷白1次。刷白前,到矿井材料办领取大巷刷白材料。

(2)大巷刷白时,洒水工须佩戴防护眼镜。

3.10.8　粉尘测定

(1)测尘工每月上旬和下旬负责对矿井全尘和呼吸性粉尘测定1次。测定前,到矿井材料办领取测尘仪器。

(2)测尘工按照《矿井测尘工操作规程》测定粉尘。

3.11　通风实验室作业

按照《通风实验室作业操作规程》作业。

3.12　安全检查

3.12.1　作业过程中的检查

(1)班长每班对作业场所进行巡回检查,填写《安全隐患排查登记表》;

(2)通风部(队)长每天对作业场所进行巡回检查,填写《安全隐患排查登记表》。

3.12.2　区队检查

周一、周四对通风专业进行隐患排查,填写《安全生产隐患排查登记表》,并上报矿井安全监察部。

3.12.3　矿井检查

周二、周五对通风专业进行安全检查,填写《安全生产隐患排查登记表》,并将《安全生产隐患整改四定卡》下发到矿井通风区队。

3.12.4　集团公司检查

(1)集团公司通风管理部每季度对反风设施检查1次,填写《反风设施检查记录》;

(2)集团公司安全监察部组织相关职能部门每月对通风作业进行两次安全监督检查,填写《安全生产隐患排查登记表》,并将《安全生产隐患整改四定卡》下发到矿井;

(3)集团公司工会组织相关职能部门每月对矿井通风作业的安全生产进行一次监督检查,对劳动防护用品的质量及发放、使用情况进行一次监督检查。

3.13 应急响应

按照《矿井突然停电、停风应急救援预案》执行。

4 相关文件（略）

5 相关记录

记录编号	记录名称	保管单位	保管期限
JM(OHS)P 4621/01—2008	安全培训学习记录	通风管理部	2 年
JM(OHS)P 4621/02—2008	外部漏风率实测报告	通风管理部	2 年
JM(OHS)P 4621/03—2008	反风设施检查记录	通风管理部	2 年
JM(OHS)P 4621/04—2008	火灾预测预报记录	通风管理部	永久
JM(OHS)P 4621/05—2008	安全生产隐患整改四定卡	安全管理部	2 年
JM(OHS)P 4621/06—2008	沼气和二氧化碳基础表	通风管理部	2 年
JM(OHS)P 4621/07—2008	瓦斯和二氧化碳涌出量测定基础数据表	通风管理部	2 年
JM(OHS)P 4621/08—2008	瓦斯检查记录	通风队	1 年

八、产品研制工艺过程安全控制程序

下面是某科研单位编制的产品研制工艺过程安全控制程序，目的是确保本质安全。程序的内容要点是：

(1)工艺—设计协调要求；

(2)工艺设计要求；

(3)过程实施安全控制；

(4)预研课题安全控制。

1 范围

本程序规定了研制产品工艺过程(含预研课题)的安全控制要求，以确保工艺过程的安全。

本程序适用于工厂新研制型号产品工艺过程的安全控制。

2 职责

2.1 技术处负责工艺过程的归口管理，并负责组织工艺与设计的协调工作。

2.2 工艺所、测试中心及相应车间负责按要求制定工艺、试验方案，编写工艺文件，并按对应的工艺文件规定组织实施。

2.3 安全处负责对新研制型号产品工艺过程的安全控制进行监督检查。

2.4 质量处负责工艺过程及试验方案的检验、监督，并编写检验文件。

3 工作程序及要求

3.1 工艺—设计协调要求

(1)新研制产品设计文件、图纸正式下厂前，应与工艺进行交底协调，工艺—设计意见协调一致后,技术处主管人应在设计文件、图纸上会签。

(2)设计应在文件中对新研制产品提供危险零、部(组)件明细表。非标危险产品应提供使用说明书,标准危险产品应提供对应标准。

(3)设计提供的 S 层、R 层配方工艺,设计应提供其原材料的危险性技术资料及工艺过程安全要求。

(4)设计提供的 Q 配方工艺,设计应提供其原材料的危险性技术资料及工艺过程安全要求,同时应提供相应的 A 浆、B 剂的安全技术数据(如冲击感度、摩擦感度、静电感度等)。对于高感度 B 剂还应提出 Q 装填的安全要求或规定。

(5)设计未能提供(2)、(3)、(4)项要求,技术处主管人应向设计提出,直至设计完成(2)、(3)、(4)项要求后方可会签。

3.2　工艺设计要求

(1)设计文件、图纸签署完整下厂后,由技术处组织工艺设计活动;

(2)技术处编制工艺总方案和标准化综合要求,在工艺总方案中应提出特殊的安全、环保技术要求,在标准化综合要求中应提出工艺过程对应的安全标准化要求;

(3)工艺所、测试中心及相应车间制定的工艺、试验方案应包含安全技术规定(含运输过程安全技术规定),并纳入工艺文件;

(4)工艺所、测试中心及相应车间制定的工艺、试验方案应满足工艺总方案和标准化综合要求的规定;

(5)质量处应制定对应的检验文件,文件中应包含对应安全技术规定;

(6)安全处应对上述工艺文件、检验文件会签。

3.3　过程实施安全控制

(1)工艺所、测试中心及相应车间应按工艺文件规定组织实施。实施过程应满足工艺文件安全管理规定。

(2)质量处应按检验文件规定组织实施。实施过程应满足检验文件安全管理规定。

(3)安全处应按对应工艺文件、检验文件规定的安全工艺过程进行安全检查、监督(可采用抽验方式)。

(4)新研制型号产品在转段工艺评审时,应对安全工艺技术进行评审。

(5)高感度 B 剂在工艺实施前可进行专门的安全工艺技术评审。

3.4　预研课题安全控制

(1)课题负责人在编制课题实施方案时应对课题实施过程的危险性进行识别,对危险过程应制定安全控制工艺措施,并纳入课题实施方案。

(2)课题实施方案评审时,应对其安全控制工艺措施进行评审。

(3)课题实施过程中,对危险过程应严格按通过的安全控制工艺措施实施。

（4）当危险过程需要变更，且安全控制工艺措施不再适用时，课题负责人应重新制定安全控制工艺措施，并提交再次评审。

（5）对新研制产品或程序文件中未列入的工艺安全措施，安全处应参与评审。

3.5　预研课题成果应用安全控制

（1）预研课题成果评审鉴定时，应对其成果的安全性评审鉴定。

（2）课题负责人应明确其成果的危险源，并对危险源制定安全控制工艺措施，同时向工艺实施单位或部门交底。

（3）工艺实施单位或部门应编制对应的工艺规程，其中应包含安全技术工艺措施，该工艺规程应提交工艺评审。

（4）工艺评审时安全处应参与评审。

九、文件审查失误控制程序

下面是某电力工程监理公司编制的文件审查失误控制程序，对某些文件审查的失误会直接导致伤亡事故、财产损失和环境影响。程序的内容要点是：

（1）审查失误会直接导致事故的文件类别。

（2）文件审查失误的原因。

（3）文件审查失误的控制：

施工监理文件审查的控制；

设备监造文件审查的控制。

（4）审查文件的监理人员的素质控制。

1　目的

采取有效措施，避免或减少因对相关方文件审查失误导致的事故，避免或减少给建设工程项目和公司信誉造成损失。

2　适用范围

需项目监理部审查的相关方文件中那些审查失误会直接导致事故的文件。

3　职责

3.1　项目监理部或设备监造部负责文件审查。

3.2　工程监理部负责对项目监理部文件审查的监督管理。

3.3　总工办负责对设备监造部文件审查的监督管理。

3.4　人力资源部负责监理人员的招聘和培训。

4　管理内容和方法

4.1　审查失误会直接导致事故的文件类别

4.1.1　施工监理文件

（1）施工组织设计（方案）；

（2）吊装方案；

（3）运输方案。

4.1.2　设备监造文件

（1）设计制造工艺方案；

（2）承（分）包单位拟采用的"三新"文件。

4.2　文件审查失误的原因

造成文件审查失误的主要原因有：

（1）不了解审查程序；

（2）不熟悉审查标准和依据；

（3）技术水平低，缺乏经验；

（4）缺乏责任心；

（5）缺乏公正性。

4.3　文件审查失误的控制

4.3.1　施工监理文件审查的控制

（1）施工组织设计（方案）：审查主要施工方案和特殊施工措施是否正确和缺乏。如不正确或缺乏，总监要向施工方指出：可能会造成重大事故，必须修正或补充主要施工方案和特殊施工措施。修正或补充后要再审查，审查合格方能签字准予施工。

（2）吊装（一类）方案：审查大件吊装技术方案是否存在缺陷。如是，总监要向施工方指出：可能造成人身伤害和设备损坏，必须补充技术方案，技术方案补充后经再审查，合格方能签字，准予吊装。

（3）吊装（一类、二类）方案：审查吊具的钢丝绳强度是否进行验算。如否，总监要向施工方指出：钢丝绳强度未验算，可能造成钢丝绳断裂、吊件坠落、吊具翻车事故；必须对吊具的钢丝绳强度进行验算，未达强度要求严禁吊装。

（4）一类物件运输方案：

①审查路况是否符合要求。如路况不符合要求，总监要向施工方指出：可能造成翻车事故，必须设法改善路况，以符合一类物件的运输安全。

②审查转运方案是否完善，总监要向施工方指出：方案不完善，可能导致设备严重受损，必须修改转运方案。

③审查运输工具是否满足要求。总监要及时向施工方指出：运输工具不符合一类物件的运输，可能造成翻车事件；必须修改方案，调换符合要求的运输工具。

4.3.2　设备监造文件审查的控制

（1）设备制造工艺方案：审查主要工艺方案和特殊制造工艺是否有错误或

缺乏。如果有错误，总监要向设备制造商指出错误之处，要求必须修正；如果缺乏，要求必须补充。否则不予签字，不能生产制造。只有这样，才能避免设备事故的发生。

（2）承包单位拟采用"三新"的文件：

①审查未发现"新技术、新材料、新工艺"的鉴定书。总监要向承包单位指出：未查到鉴定书。如果已通过鉴定，须提供鉴定书以做见证；如果未做鉴定，则不能采用，要试验合格且经鉴定后方可采用。否则将来可能造成设备事故；

②审查未发现"三新"试验报告。总监要向承包商指出：必须做"三新"试验，而且要试验合格方可采用。否则将来可能造成设备事故；

③审查发现"三新"试验报告存在问题，总监要向承包商指出试验报告存在的问题，并说明：如果制造时采用，可能造成设备事故；一定要取得合格的试验报告后，方可采用。

4.4　审查文件的监理人员的素质控制

4.4.1　聘用

人力资源部要保证招聘的担任监理工作的人员合格，即德才兼备、技术水平高、有实践工作经验。

聘用条件：

（1）具备大专以上本专业的学历，获得注册监理工程师证书，工程师以上职称；

（2）五年以上工作经历；

（3）没有由于4.2所列的原因使监理过的工程项目和服务过的公司的信誉受到损失的事例。

招聘办法执行公司 RS 01—2003《招聘录用管理办法》。

4.4.2　培训

对监理人员的思想、道德教育和技术培训，列入公司年度培训计划，执行《人员培训和资格管理程序》。

4.4.3　考核

（1）应聘者能力的考核和测评

工程监理部和总工办参加人力资源部的招聘工作，对应聘者进行相关的专业知识和能力的考核；应聘者试用期满，由人力资源部组织工程监理部和项目监理部总监组织测评，合格者转正。

（2）年度考核

人力资源部每年年底按公司 RS 08—2003《绩效考核办法》对监理人员进行业绩考核，对不合格者安排教育培训或安排其他工作或辞退。

5　相关文件（略）

第六章　作业文件范例

一、硝化甘油合成安全操作规程

某火化工厂作业文件《硝化甘油合成安全操作规程》是程序文件《硝化甘油研制生产安全控制程序》的下级文件。

该火化工厂作业文件有以下栏目。

(1)范围:说明本文件适用于何单位、什么作业活动(作业活动名称与作业活动划分表一致);

(2)风险:列出已识别出的本作业活动存在的危险源及可能的事故;

(3)操作人员:说明从事本作业活动对操作人员的要求;

(4)作业前:作业前要采取的安全措施;

(5)作业时:作业时各步骤要采取的安全措施、注意事项、禁忌行为等(按时间顺序);

(6)作业后:作业后要采取的安全措施、注意事项等。

这样编写作业文件的好处是:

(1)文件的规定与危险源识别的结果密切对应,以达到控制本作业活动所存在的风险的目的;

(2)将风险控制和生产业务密切结合起来,把安全揉进实际工作中;

(3)符合《中华人民共和国安全生产法》关于生产经营单位要把生产经营活动中存在的危险和控制措施、应急措施告知从业人员的要求。

1　范围

本规程适用于×车间硝化甘油合成作业。

2　风险

2.1　泄漏硝化甘油受冲击发生爆炸,造成财产损失。

2.2　取样时操作失误,取样瓶跌落爆裂,造成人员伤害。

2.3　管路连接处发生泄漏,因摩擦或冲击发生爆炸,造成财产损失。

2.4　保温循环水温度过高,硝化甘油分解造成财产损失。

3　人员要求

3.1　操作人员必须有上岗证。

3.2　操作人员、工艺技术人员应熟知本岗位安全操作规程、设备操作规程、事故应急救援预案、消防知识和消防器材的使用方法。

3.3　上岗操作前 24 小时内,操作人员不得进行通宵娱乐和酗酒,要保证充分的睡眠和良好的精神状态。

3.4　严格按工艺规定作业。

4　作业前

4.1　操作人员必须按规定穿戴齐全劳保防护用品。

4.2　检查各管路及连接是否完好。

4.3　检查电子秤、压力表、温度计、所有阀门等是否灵敏可靠并在检定期内,液位计是否完好,手动备用阀是否打开,排净阀及返料系统中阀门是否关闭。

4.4　检查各系统运转是否正常。

4.5　室温符合工艺要求。

5　作业中

5.1　必须按照工艺规程操作。

5.2　室温必须保证 15～25℃,防止室温太低达到硝化甘油相变点发生危险。

5.3　进料阀、流量调节阀必须缓慢操作,严禁快速关闭阀门。

5.4　严格执行双人双岗,每 10 min 复核并记录一次系统真空度、冷、热水系统的变化情况及物料的流动情况,认真填写工艺卡。

5.5　系统正常工作 30 min 后方可进行硝化甘油进料,避免因系统不稳定发生事故。

5.6　在监视器中仔细观察,严格实行双岗制,严禁单人操作。

5.7　由专人负责监视视盅中液体的流动情况,仔细调节流量调节阀的大小使液位保持在视盅高度的 1/3～2/3 左右,确保物料的平衡,防止物料反冲发生危险。

6　作业后

6.1　室温必须保证 15～25℃,产品调制釜保温水箱温度 30±2℃。

6.2　将产品中间罐完全排空,防止残存物料在管道中残留时间过长发生相变或凝聚,产生危险。

6.3　产品进气阀必须最后打开,否则会在开启产品出料阀、组批进料阀时因产品中间罐内已有压力使物料突然移动发危险。

6.4　仔细观察视盅中的物料流动情况,待物料转移后,必须按顺序关闭产品中进气阀、产品放空阀、产品出料阀、组批进料阀,防止因操作顺序错误在管道中存留压力,在下一次操作时物料因有内压突然移动发生危险。

6.5 组批时人员严禁进入现场。

6.7 认真复核并记录,转入贮存和分装工艺。

二、掘进机司机安全操作规程

下列《掘进机司机安全操作规程》是某煤矿集团公司程序文件《矿井掘进作业安全控制程序》的下级文件之一。

该公司煤矿的安全操作规程多采用以下栏目:

(1)上岗条件;

(2)安全规定;

(3)准备工作;

(4)操作及注意事项;

(5)相关要求;

(6)收尾工作。

1 上岗条件

1.1 司机必须经专门培训、考试合格后,持证上岗。

1.2 司机必须熟悉机器的结构、性能、动作原理,能熟练、准确地操作机器,并懂得一般性维护保养和故障处理知识。

2 安全规定

2.1 必须坚持使用掘进机上的所有安全闭锁和保护装置,不得擅自改动或甩掉不用,不能随意调整液压系统、雾化系统各部的压力。

2.2 掘进机必须装有只准以专用工具开、闭的电气控制开关,专用工具必须由专职司机保管。司机离开操作台时,必须断开掘进机上的电源开关。

2.3 在掘进机非操作侧,必须装有能紧急停止运转的按钮。

2.4 掘进机必须装有前照明灯和尾灯。

2.5 只有在铲板前方和截割臂附近无人时,方可开动掘进机。开动掘进机前,必须发出警报。

2.6 掘进机作业时,应使用内、外喷雾装置,内喷雾装置的使用水压不得小于 3 MPa,外喷雾装置的使用水压不得小于 1.5 MPa。

2.7 掘进机停止工作和交班时,必须将掘进机切割头落地,并断开掘进机上的电源开关和磁力启动器的隔离开关。

2.8 检修掘进机时,严禁其他人员在截割臂和转载桥下方停留和作业。

2.9 各种电气设备控制开关的操作手柄、按钮、指示仪表等都要妥善保护,防止损坏、丢失。

2.10 机器必须配备正副两名司机,正司机负责操作,副司机负责监护。

2.11 切割头变速时,应首先切断截割电机电源,当其转速几乎为零时方可操作变速手柄进行变速。严禁在高速运转时变速。

2.12 司机工作时精神要集中,开机要平稳,看好方向线,并听从工作面人员的指挥。前进时将铲板落下,后退时将铲板抬起。发现有冒顶预兆或危及人员安全的其他征兆时,应立即停车,切断电源。

3 准备工作

3.1 准备好开机工具和扳手、润滑油等。

3.2 认真做好交接班工作,提前检查处理工作面的各种安全隐患。

3.3 认真检查掘进机的各个系统是否正常,然后检查各个部件是否紧固可靠,手把、信号是否灵活可靠,各密封部件是否完好,防护装置是否齐全有效。

3.4 检查照明是否完好,急停按钮是否齐全有效。

3.5 检查冷却和喷雾装置,要求必须齐全,水压和流量必须达到规定值。

3.6 检查刮板机链条及履带松紧度是否合适。

4 操作及注意事项

4.1 掘进机在启动前,司机必须检查、确认综掘机周围无人和障碍物,然后方可启动。开机前必须发出警报信号,合上隔离开关,按以下规定顺序启动:液压泵→胶带输送机→刮板输送机(装载机)→截割部。

4.2 首先合上掘进机电源箱的隔离开关,接通电铃发出开机信号。

4.3 在发出开机信号30秒内启动泵站电机。

4.4 启动转载机和装送机构后,开启截割电机开始掘进。

4.5 有下列情况之一的,必须停机处理:

(1)顶底板有透水预兆,片帮、冒顶或瓦斯浓度超限;

(2)掘进机内部异常振动、声响、异味或零部件损坏;

(3)截割过程中发生闷车现象;

(4)铲板或耙爪有大块煤或其他杂物时;

(5)供水中断或喷雾系统损坏时;

(6)油温超过70℃或油量低于规定值时;

(7)液压系统的压力值出现严重波动,溢流阀经常动作时;

(8)截齿损坏5个或重要连接螺栓松动时;

(9)电气闭锁或掘进机的防爆性能遭到破坏时;

(10)操作手把或急停按钮损坏时。

4.6 当掘进机需要更换截齿、检修或司机交接班及临时停止工作时,都必须切断电源和断开急停按钮以确保安全。

4.7 掘进机截割头不能带载启动,应在截割头正常启动后加载割煤,发生闷车后应退出掘进机重新钻进。

4.8 用截割头挖水沟或柱窝时,要禁止抬起装载铲板,以免出现危险或损坏机器。

4.9 装载过程中若遇到大块煤矸时,应及时进行人工破碎,不准强拉,以免断链。

4.10 当油缸行至终点时,应迅速放开操作手把,以防长期溢流造成系统发热。

4.11 油泵、切割电机长期运转后停机时,不能立即关闭冷却系统,应继续供电冷却 10 分钟。

4.12 遇到岩石,经批准需要放炮处理时,掘进机离放炮地点不小于 12 m,并用胶带、木板等认真防护掘进机,并严格执行放炮安全措施。

5 掘进方式

5.1 先切割煤壁下部,采用左右循环向上切割,以减少掘进机所受载荷。

5.2 遇到岩石时,应先破煤再破岩;对于硬岩,首先截割周围部分,使其坠落,不得勉强截割。

6 收尾工作

6.1 清净工作面积煤,将截割头、铲板落到底板上,将掘进机的隔离开关断开,操作手把扳在中间断开位置。

6.2 清除机器上的煤块和粉尘,不许有浮煤留在铲板上。

6.3 向接班司机详细交待本班次掘进机的运行状况和出现的故障及存在的问题,并认真填写掘进机工作日志。

6.4 掘进机设专人检修,必须有记录台账。

三、×钢危险物质分类贮存规则

下面是某钢铁公司《危险物品安全管理程序》的子文件《×钢危险物质分类贮存规则》,以表格的形式给出,见表 6-1。

表 6-1 ×钢危险物质分类贮存规则

序号	物质类别	物质名称	不准共同贮存在一起的物质	附注
1	爆炸性物质	叠氮铅、雷汞、苦味酸、三硝基甲苯、硝胺炸药	不准和任何其他类的物质共同贮存,必须单独隔离贮存	
2	易燃和可燃液体	汽油、苯、二硫化碳、丙酮、甲苯、乙醇、甲醇、甲乙醚、环氧乙烷、甲酸甲脂、石油醚等	不准和任何其他类的物质共同贮存	如数量很少,允许与固体、易燃物质隔离开后共存

序号	物质类别	物质名称	不准共同贮存在一起的物质	附注
3	压缩气体和液化气体	可燃气体：甲烷、氢、乙烯、丙烯、乙炔、丙烷、甲醚、一氧化碳、氨等	除不燃气体外，不准和任何其他类的物质共同贮存	
		助燃气体：氧、压缩空气、氯等	除不燃气体、有毒物质外，不准和任何其它类的物质共同贮存	氯兼有毒害性
		不燃气体：氮、二氧化碳、氖、氩、氟利昂等	除可燃气体、助燃气体、氧化剂和有毒物质外，不准和任何其他类的物质共同贮存	
4	遇水或空气能自燃的物质	钾、钠、磷化钙、锌粉、铝粉、黄磷、三乙基铝等	不准和任何其他类的物质共同贮存	钾、钠需浸入石油中，黄磷浸入水中
5	易燃固体	赛璐珞、赤磷、萘、樟脑、黄磷、二硝基苯、二硝基甲苯、二硝基萘、二硝基苯酚等	不准和任何其他类的物质共同贮存	赛璐珞须单独隔离贮存
6	氧化剂（能形成爆炸混合物的氧化剂）和过氧化物	氯酸钾、氯酸钠、硝酸钾、硝酸钠、硝酸钡、次氯酸钙、亚硝酸钠、过氧化钡、过氧化钠、30%的过氧化氢	除惰性气体外，不准和任何其他类的物质共同贮存	过氧化物，有分解爆炸危险，应单独贮存；过氧化氢应贮存在阴凉处所；表中氧化剂应隔离贮存
7	有毒物质	光气、五氧化二砷、氰化钾、氰化钠等	除不燃气体和助燃气体外，不准和任何其他类的物质共同贮存	

四、安全施工作业票制度

下面是某电力建设企业的一个作业文件——安全施工作业票制度，是几个程序文件的共用子文件，其本身也可以作为程序文件。

1 目的

认真执行各类安全施工作业票，加强危险作业的安全管理。

2 必须填写安全施工作业票的危险作业项目

（1）起重机满负荷起吊，两台及以上起重机抬吊、单机双钩抬吊作业，移动式起重机在高压线下方及附近作业，起吊危险品，起吊不易吊装的大件或在复杂场所进行吊装作业,起重机械移位。

(2)超载、超高、超宽、超长物件和重大、精密、价格昂贵设备的装卸及运输。

(3)油区进油后明火作业,在发电、变电运行区作业,高压带电作业及临近高压带电体作业。

(4)特殊高处脚手架、金属升降架、大型起重机械拆除、组装作业。

(5)水上作业,沉井、沉箱、金属容器内作业。

(6)杆塔组立,架线作业,重要越线架的搭设和拆除。

(7)土石方爆破,导地线爆压。

(8)其他危险作业。

3　安全施工作业票分类、适用范围

3.1　吊装作业工作票(附件1)

适用范围:

(1)起重机满负荷起吊,移动式起重机在高压线下方及其附近作业,起吊危险品,起吊不易吊装的大件或在复杂场所进行吊装作业。

(2)超载、超高、超宽、超长物件和重大、精密、价格昂贵设备的装卸及运输。

(3)大型起重机械拆除、组装作业。

3.2　多机抬吊工作票(附件2)

适用范围:两台及以上起重机抬吊作业。

3.3　起重机械移位工作票(附件3)

适用范围:起重机械移位。

3.4　一、二级动火工作票(附件4、5)

适用范围:

一级动火区,是指火灾危险性很大,发生火灾时后果很严重的部位或场所。

二级动火区,是指一级动火区以外的所有防火重点部位或场所以及禁止明火区。

3.5　热力机械工作票(附件6)

适用范围:在试运行或运行期间对设备的检修、消缺和吹扫工作。

3.6　倒闸操作票(附件7)

适用范围:倒闸操作。

3.7　电气第一种工作票(附件8)

适用范围:

(1)高压设备上工作需要全部停电或部分停电者。

(2)高压室内的二次接线和照明等回路上的工作,需要将高压设备停电或做安全措施者。

3.8　电气第二种工作票(附件 9)

适用范围：

(1)带电作业和在带电设备外壳上的工作。

(2)控制盘和低压配电盘、配电箱、电源干线上的工作。

(3)二次结线回路上的工作，无需将高压设备停电者。

(4)转动中的发电机、同期调相机的励磁回路或高压电动机转子电阻回路上的工作。

(5)非当值值班人员用绝缘棒和电压互感器定相或用钳形电流表测量高压回路的电流。

3.9　安全施工作业工作票(附件 10)

适用范围：

(1)特殊高处脚手架，金属升降架作业。

(2)水上作业，沉井，沉箱，金属容器内作业。

(3)土石方爆破，异地线爆压。

(4)其他危险作业。

3.10　热机检修工作停电联系单(附件 11)

适用范围：已受电设备需进行检修工作。

3.11　热机检修试转送电联系单(附件 12)

适用范围：检修过的设备需进行试转。

4　安全施工作业票的操作程序与要求

4.1　吊装作业工作票

4.1.1　吊装作业工作票由班组技术员填写，经委托单位、施工单位、机具站、机动科、工程科、安全科审核，项目总工批准。

4.1.2　吊装作业分类

(1)超重(重量达到起重机械额定负荷的 100%及以上)、超大设备为一类。

(2)精密重要设备为二类。

(3)一般大件吊装为三类。

4.1.3　要求

一类工作票要求审核及批准单位负责人到现场检查指导，二、三类工作票则由审核部门派员到现场检查指导。

4.2　多机抬吊工作票

4.2.1　多机抬吊工作票由班组技术员填写，经委托单位、施工单位、机具站、机动科、工程科、安全科审核，项目总工批准。

4.2.2　审核人员应到现场检查指导，必要时项目总工应到现场检查指导。

4.3　起重机械移位工作票

4.3.1　起重机械移位工作票由班组技术员填写经施工单位、机具站、机具科、安全科、调度室等审核,项目总工批准。

4.3.2　要求

机械移位负责人即现场监护人,必须对起重机械移位的安全负责,审核部门派员对现场检查指导。

4.4　一、二级动火工作票

4.4.1　动火审批权限

(1)一级动火工作票由申请动火部门负责人或技术负责人签发,项目安监部门负责人、保卫部门负责人审核,项目分管生产的领导或总工程师批准,必要时还应报当地公安消防部门批准。

(2)二级动火工作票由申请动火班组班长或班组技术员签发,单位安监人员、保卫人员审核,动火部门负责人或技术负责人批准。

4.4.2　动火的现场监护

(1)一级动火时,动火部门负责人或技术负责人、消防队人员应始终在现场监护。

(2)二级动火时,动火部门应指定人员,并和消防队员或指定的义务消防员始终在现场监护。

4.5　热力机械工作票

4.5.1　工作票签发人和工作负责人由工区主任提名,安全科审核,项目主管生产领导或总工批准,并经专门的安全教育考试,公布名单。

4.5.2　工作许可人一般由电厂值长、运行班长或指定的值班人员担任,在设备末移交电厂管理前,由调试指挥组指挥担任。

4.5.3　工作票一般应由工作票签发人填写一式两份。签发时应将工作票全部内容向工作负责人交待清楚。工作票也可由工作负责人填写,填写后交工作票签发人审核,工作票签发人对工作票的全部内容确认无误后签发,并仍应将工作票全部内容向工作负责人作详细交待。工作票应由工作负责人送交电厂工作许可人。

4.5.4　检修工作开始以前,工作许可人和工作负责人应共同到现场检查安全措施确已正确地执行,然后在工作票上签字,工作负责人应将分工情况、安全措施布置情况及安全注意事项向全体工作人员交待清楚后,才允许开始工作。

4.5.5　工作负责人和工作许可人不允许在许可开工后单方变动安全措施。如需变动时,应先停止工作并经双方同意。

4.5.6　工作结束前如遇下列情况,应重新签发工作票,并重新进行许可工作的审查程序:

(1)部分检修的设备将加入运行时;

(2)值班人员发现检修人员严重违反安全工作规程或工作票内所填写的安全措施,制止检修人员工作并将工作票收回时;

(3)必须改变检修与运行设备的隔断方式或改变工作条件时。

4.5.7　工作如不能按计划期限完成,必须由工作负责人提前两小时办理工作延期手续。

4.6　倒闸操作票(见施工用电管理程序)

倒闸操作由操作人填写操作票。

操作票应先编号,按照编号顺序使用。作废的操作票,应注明"作废"字样,已操作的注明"已执行"的字样。上述操作票保存三个月。

4.7　电气一、二种工作票

4.7.1　一个工作负责人只能发给一张工作票。工作票上所列的工作地点,以一个电气连接部分为限。

如施工设备属于同一电压、位于同一楼层、同时停送电,且不会触及带电导体时,则允许在几个电气连接部分共用一张工作票。

开工前工作票内的全部安全措施应一次做完。

建筑工、油漆工等非电气人员进行工作时,工作票发给监护人。

4.7.2　在几个电气连接部分上依次进行不停电的同一类型的工作,可以发给一张第二种工作票。

4.7.3　若一个电气连接部分或一个配电装置全部停电,则所有不同地点的工作,可以发给一张工作票,但要详细填明主要工作内容。几个班同时进行工作时,工作票可发给一个总的负责人,在工作班成员栏内只填明各班的负责人,不必填写全部工作人员名单。

若至预定时间,一部分工作尚未完成,仍须继续工作而不妨碍送电者,在送电前,应按照送电后现场设备带电情况,办理新的工作票,布置好安全措施后,方可继续工作。

4.7.4　第一种工作票应在工作前一日交给值班员。临时工作可在工作开始以前直接交给值班员。

第二种工作票应在进行工作的当天预先交给值班员。

4.7.5　第一、二种工作票的有效时间,以批准的检修期为限。第一种工作票至预定时间,工作尚未完成,应由工作负责人办理延期手续。延期手续应由工作负责人向值班负责人申请办理,主要设备检修延期要通过值长办理。工作票有破损不能继续使用时,应补填新的工作票。

4.7.6　需要变更工作班中的成员时,须经工作负责人同意。需要变更工作负责人时,应由工作票签发人将变动情况记录在工作票上。若扩大工作任务,必须由工作负责人通过工作许可人,并在工作票上增填工作项目。若须变更或增设安全措施者,必须填用新的工作票,并重新履行工作许可手续。

4.7.7　工作票签发人不得兼任该项工作的工作负责人。工作负责人可以填写工作票。工作许可人不得签发工作票。

4.7.8　工作票签发人和工作负责人由工区主任提名,安全科审核,项目主管生产领导或总工批准,并经专门的安全教育考试,公布名单。

4.7.9　完成工作许可手续后,工作负责人(监护人)应向工作班人员交待现场安全措施、带电部位和其他注意事项。工作负责人(监护人)必须始终在工作现场,对工作班人员的安全认真监护,及时纠正违反安全的动作。

4.7.10　检修工作结束以前,若需将设备试加工作电压,可按下列条件进行:

(1)全体工作人员撤离工作地点;

(2)将该系统的所有工作票收回,拆除临时遮栏、接地线和标示牌,恢复常设遮栏;

(3)应在工作负责人和值班员进行全面检查无误后,由值班员进行加压试验。

工作班若需继续工作时,应重新履行工作许可手续。

4.8　安全施工作业工作票

4.8.1　由班组技术员填写,单位领导和上级安全部门审核,总工批准。

4.8.2　单位领导和安全部门应针对安全施工措施进行检查指导,确认措施到位后方可开始工作。

4.9　热机检修工作停电联系单及热机检修试转联系单

4.9.1　由机务班长提出申请,送电小组接受,值长批准。

4.9.2　停送电设备名称(包括应拉开的开关、刀闸和保险等)必须用已命名的正式设备名称填写。

附件1:吊装作业工作票(格式见表6-2)。

表6-2　××省火电建设公司吊装作业工作票

编号:　　　　　　年　　月　　日

设备情况	设备名称		设备实际重量	t
	就位标高及位置		准备吊装时间	月　日　时
	设备重心位置		配合吊装负责人	
	吊装技术要求		设备情况填写人	

续表

使用吊装机械情况	起重机械名称			额定起重量		t
	起吊时扒杆幅度（角度）	米　　度		允许起重量		t
	就位时扒杆幅度（角度）	米　　度		允许起重量		t
	采用千斤绳情况			千斤绳安全系数		
	吊装技术负责人			吊装指挥人		
	起重机负责司机			吊装作业等级		
安全技术措施						
				填写人：		
审批签字	委托单位	施工单位	机具站	机具科	工程科	安全科	总工程师

注：设备情况由委托单位填写，然后送交施工单位填写吊装机械情况和安全技术措施。

本票一式三份，委托单位、施工单位、安全科各存一份，并于吊装前一天办理。

附件2：多机抬吊工作票（略）。

附件3：起重机械移位作业票（略）。

附件4：一级动火工作票（略）。

附件5：二级动火工作票（略）。

附件6：热力机械工作票（略）。

附件7：倒闸操作票（略）。

附件8：电气第一种工作票（见图6-1）。

附件9：电气第二种工作票（略）。

附件10：安全施工作业工作票（略）。

附件11：机务检修工作停电联系单（略）。

附件12：机务检修工作试转送电联系单（略）。

电气第一种工作票

编号：

1. 工作负责人（监护人）：_____ 班组：_____

2. 工作班人员：_____ 共_____人

3. 工作内容和工作地点：_____

4. 计划工作时间：　自　年　月　日　时　分
　　　　　　　　　至　年　月　日　时　分

5. 安全措施：

下列由工作票签发人填写　　　　　　　　　下列由工作许可人（值班员）填写

应拉断路器（开关）和隔离开关（刀闸），包括填写前已拉断路器（开关）和隔离开关（刀闸）(注明编号)	已拉断路器（开关）和隔离开关（刀闸）(注明编号)
应装接地线（注明确实地点）	已装接地线（注明接地线编号和装设地点）
应设遮栏、应挂标示牌	已设遮栏、已挂标示牌（注明地点）
	工作地点保留带电部分和补充安全措施
工作票签发人签名： 收到工作票时间：　年　月　日　时　分 值班负责人签名：	工作许可人签名： 值班负责人签名：

（发电厂值长签名：）

6. 许可开始工作时间：_____年_____月_____日_____时_____分

工作许可人签名：_____工作负责人签名：_____

7. 工作负责人变动：

原工作负责人_____离去，变更_____为工作负责人。

变动时间：_____年_____月_____日_____时_____分

工作票签发人签名：_____

8. 工作票延期，有效期延长到：_____年_____月_____日_____时_____分

工作负责人签名：_____值长或值班负责人签名：_____

9. 工作终结：

工作班人员已全部撤离，现场已清理完毕。

全部工作于_____年_____月_____日_____时_____分结束。

工作负责人签名：_____工作许可人签名：_____接地线共_____组已拆除。

值班负责人签名：_____

10. 备注：_____

_____

_____

_____

图 6-1　电气第一种工作票

五、空压站岗位操作规程

下面是某危险化学品生产企业水处理车间的《空压站岗位操作规程》。该文件将质量、安全、环境、能源等方面的要求融合于生产过程中。

1 岗位的范围及任务

1.1 岗位范围:从空压机开始至仪表及压缩空气送至各用户界区外 1 m 内的所有设备、管线、电器、仪表、管件等。

1.2 任务:满足用户对工艺、仪表所需的洁净空气的要求,并负责设备巡检、维护,同时对本岗位的安全生产负责。

2 生产规模、产品、原料规格及公用工程条件

2.1 生产规模:本工段有两条生产线:两台大机组 40 m³/min,一用一备,主要生产、输送工艺风;一台小机组 20 m³/min,主要生产、输送仪表风。这几条生产线可以并连、管线连通,相互辅助。

2.2 产品说明:压力:0.5～0.8 MPa;含油:≤0.01 mg/m³;含尘量:<1 mg/m³;含尘粒子粒径:<1 μm。

2.3 原料规格:湿度<80%的空气。

2.4 公用工程条件:电压:380 V、50 Hz;冷却水:若是循环水,进口温度<32°C,压力 0.25～0.45 MPa;一次水进口温度为常温,压力 0.40～0.70 MPa。

3 生产基本原理

3.1 空气压缩的基本原理

空气由空压机吸入口吸入,再由空压机对其施加压力,空气的体积被压缩,使其内部压强增大,当压强升至一定值时,由空压机排气口排出,经干燥、过滤得到洁净空气。

3.2 工艺流程

气源经双螺杆空压机 C2501A/B、C2502 压缩,进入缓冲罐 V2501A/B/C,再进入油水分离器 F2501A/B、F2504,再经过精过滤器 F2502A/B、F2505A,进入微热吸附干燥机 M2501A/B、M2502,然后经过超精过滤器 F2503A/B、F2505C 进入储气罐 V2502、V2503。为整个厂区生产装置提供符合生产需要的工艺压缩空气以及为仪表等装置提供仪表压缩空气。

工艺流程图(略)。

3.3 双螺杆空压机的基本结构

在压缩机的机体中,平行的配置着一对相互啮合的螺旋形转子。节圆外有凸齿的转子为阳转子或阳螺杆,节圆内具有凹齿的为阴转子或阴螺杆。阳转子

（主动转子）与原动机相连接，带动阴转子（从动转子）转动。转子上的球轴承使转子实现轴向定位，并承受压缩机中的径向力。在机体两端，各开设一个一定形状大小的孔口——供吸气用的吸气孔和供排气用的排气孔。

4 正常开车

4.1 开车前的准备工作

4.1.1 检查各零部件的连接是否完好，是否有漏油。

4.1.2 接通吸附干燥机的电源，并确认所设参数正确无误。

4.1.3 清理设备周围与操作无关的所有杂物。

4.1.4 检查油位，如需要，添加润滑油。

4.1.5 确保本机所有排气口阀门处于打开状态。

4.1.6 确保循环水或一次水指标在控制范围内。

4.1.7 闭合主电源开关，液晶显示点亮，表示控制回路接通电源。

4.1.8 确认电源的电压正常。

4.2 启机操作

自检结束后，按"开始"键主机开始启动（Y—△启动）。启动过程为：KM_1 得电，KM_2 得电→Y型启动状态→延时时间到（Y—△转换时间），KM_2 失电（KM_2、KM_3 互锁），KM_3 得电→电机△型运行，启动结束。启动过程中，所有电磁阀一直失灵，实现空载启动。

5 运行控制

5.1 开关工作状态

电机启动到△状态，延时一段时间后，电磁阀得电，空压机开始加荷，气罐压力开始升高。当气压升高超过设定高限压力时（卸载压力值），电磁阀失电，空压机空载运行。如果在限定时间内（空载时间内）气压又降低到设定的低限压力（加载压力值），电磁阀又得电，压缩机正常压缩空气，提高气罐压力。如果在空载时间内，气罐压力没有降低到低限压力，控制器将自动停止电机工作，实现空载过久自动停机后，按启动程序启动运行，如此往复循环。

5.2 加载方式为"自动"时的手动加载/卸载

在自动运行状态下，设备处于卸载状态，按一下"手动/加载"键加载。如果压力高于卸载压力，电磁阀点动一下后回到卸载状态；如果压力低于卸载压力，电磁阀得电直到供气压力大于卸载压力后重新回到卸载状态，按一下"手动/卸载"键卸载。如果压力高于加载压力，电磁阀失电，直到供气压力后重新回到加载状态；如果压力低于加载压力，此时卸载不起作用。

6 正常停机

按"停止"键，电磁阀失灵，延时一段时间（停机延时）后，电机接触器失电，主机和风扇电机停止运转。按"开始"键重新启动。

7 故障待机与紧急停机

当机组在运行过程中出现电气故障或排气高温等故障时，控制器立即停止电机运行，需排除故障并解除故障状态后才能重新启动压缩机。如遇紧急情况，按下紧急停车按钮，切断控制器及接触电源。

注意：设备切换执行先启后停原则。

8 正常工艺参数一览表（见表 6-3）

表 6-3　正常工艺参数一览表

序号	项目	单位	控制指标	最佳控制值
1	空压机排气压力	MPa	0.5~0.8	0.72
2	空压机冷却水进口温度	℃	<32	30
3	空压机冷却水进口压力	MPa	0.25~0.45	0.32
4	缓冲罐工作温度	℃	常温	常温
5	缓冲罐工作压力	MPa	0.5~0.8	0.7
6	微热式干燥机进气温度	℃	≤55	30
7	微热式干燥机工作压力	MPa	0.5~0.8	0.7
8	储气罐工作温度	℃	常温	常温
9	储气罐工作压力	MPa	0.5~0.8	0.68

9 原材料、动力消耗定额及能耗

9.1　原料：空气

9.2　动力消耗定额：空压机 C2501A/B：额定 250 kW、轴功率 200 kW；
空压机 C2502：额定 132 kW、轴功率 106 kW。

9.3　能耗

每吨循环水耗电：0.28 度。

每吨一次水耗电：0.36 度。

10 副产品

本工段没有副产品。

11 污染排放控制

11.1　废水处理：含有一定油污的空压机排凝水，排入污水处理系统。

11.2　废棉纱：是危险废物，应收集起来，存放于公司规定的场所，定期交有资质机构收走。

11.3　厂界噪声：每年请有资质机构检测厂界噪声值，确保达标：昼间≤65 dB(A)，夜间≤55 dB(A)。

12 异常现象及处理（见表 6-4）

表 6-4　异常现象及处理

异常现象	原因	处理
压缩机无法启动	保险丝烧断 启动电器故障 启动按钮接触不良 电路接触不良 电压过低 主电机故障 主机故障 电源缺相 风扇电动机过载	请电气人员检修更换
运行电流高,压缩机自动停机	电压太低	请电气人员检查
	排气压低或高	检查或调整压力参数
	油气分离器堵塞	更换新件
	压缩机主机故障	机体拆检
	电路故障	请电气人员检查
排气温度低于正常要求	温控阀失灵	检修清洗
	空载过久	加大空气消耗量
	排气温度失灵	检查更换
	进气阀失灵、吸气口未全开	清洗更换
排气温度高,压缩机自动停机	冷却油量不足	检查,添加油
	冷却油规格或型号不对	按要求更换新油
	油过滤器堵塞	检查更换新件
	温度传感器故障	更换新件
	油冷却器堵塞	检查清洗
	温度阀失控	检查、清洗,更换新件
排出气体含油量大	油气分离器破损	更换新件
	单向回油阀堵塞	清洗单向阀
	冷却油过量	放出部分冷却油
压缩机排气量低于正常要求	空气滤清气堵塞	清除杂质或更换新件
	油分离器堵塞	更换新件
	电磁阀漏气	清洗或更换新件
	气管路元件泄漏	检查修复
	皮带打滑、过松	更换新件、紧张皮带
	进气阀不能完全打开	清洗、更换受损件
停机后从空气滤清器吐油	进气阀内的单向阀弹簧失效或单向阀密封圈损坏	更换损坏的元件

续表

异常现象	原因	处理
安全阀动作喷气	安全阀使用时间长,弹簧疲劳	更换或重新调定
	压力控制失灵、工作压力高	检查,重新调定
压缩机不加载	管路上压力超过额定负荷,压力调节阀断开	不必采取措施,压缩机会自动加载
	电磁阀失灵	拆下检查、必要时更换
	油气分离器与卸荷阀间的控制管路上有泄漏	检查,必要时加油,但不允许加油过多
加载后安全阀马上泄放	安全阀失灵	拆下检查或更换,损坏的零部件
压缩机超温	无油或油位太低	检查,必要时换油,但不允许加油过多
	油过滤器堵塞	更换油过滤器
	温度传感器故障	拆下检查
	油气分离器滤芯堵塞或阻力过大	拆下检查或更换
	油冷却器表面被堵塞	检查,必要时清洗
耗油过多	油位过高	检查油位,去除压力后排油至正常位置
	油气分离器滤芯失效	拆下检查或更换
	泡沫过多	更换推荐品牌的油
	油气分离器滤芯回油管接头处限流孔阻塞	清洗限流孔
	用油不对	更换推荐品牌的油
噪声增加	进气端轴承损坏	拆下更换
	排气端轴承损坏	拆下更换
	电机轴承损坏	拆下更换
压缩机运转正常,但停机后启动困难	使用油牌不对或使用的混合油油质黏,结焦	清洁后彻底换油
	轴封严重漏气	拆下更换
	卸荷阀瓣原始位置变动	重新调整位置

13 安全生产

13.1 安全要求

13.1.1 操作要求

(1)不能直接吸入空压机排出的压缩空气。

(2)开车前检查一切防护装置和安全附件,除非处于完好状态,否则不准开车。

(3)检修前空压机要断电并挂"禁止合闸"警示牌。

（4）检修完成后，应注意避免工具、铁屑、拭布等遗留在设备、储气罐及导管里。

（5）开冷却水总阀时要站在护栏内侧，防止高空坠落。

（6）检查排气罩是否安装并固定。

（7）工作完毕将贮气罐内余气放出。冬季应放掉冷却水。操作空气储罐出口阀门时，应扶好护栏，以免用力过猛闪下平台。

（8）禁止用手触碰设备转动部位，启动设备前要将出口所有阀门打开。

13.1.2 生产设施和环境要求

（1）厂房、设备、排水系统、废物排放系统，必须每年检修一次。

（2）车间内必须有防虫、防鼠、防灰尘等设施。

（3）生产车间和其他有关工作场地内保持清洁，不得堆放杂物，地面不得出现积水。

（4）每班交班前把设备、操作室、卫生区清扫干净。车间应整洁、空气新鲜，无明显水汽、积水。

（5）车间内的更衣室、工作间休息室等公共场所，应经常整理和清扫。

（6）每班交班前把设备污染处清扫干净。

（7）车间周围实施绿化，以减弱噪声，改善环境。

13.1.3 安全装置

（1）压力表

每年校验一次压力表，每年检查一次储气罐、导管接头外部，每三年进行一次内部检查和水压强度试验。在储气罐上注明工作压力、检验日期。

压力表型号、参数及安装地点见表6-5。

表 6-5 压力表型号、参数及安装地点

规格型号	量程	精度	安装地点
Y—100	0～1 MPa	1.6	C2501A 冷却水进口
Y—100	0～1 MPa	1.6	C2501B 冷却水进口
Y—100	0～1 MPa	1.6	C2502 冷却水进口
Y—100	0～1.6 MPa	1.6	V2501C
Y—100	0～1.6 MPa	1.6	V2501B
Y—100	0～1.6 MPa	1.6	V2501A
Y—100	0～1.6 MPa	1.6	C2502 空气管
Y—100	0～1.6 MPa	1.6	M2502B 塔
Y—100	0～1.6 MPa	1.6	M2502A 塔
Y—100	0～1.6 MPa	1.6	M2501AA 塔

续表

规格型号	量程	精度	安装地点
Y—100	0～1.6 MPa	1.6	M2501AB 塔
Y—100	0～1.6 MPa	1.6	C2501B 空气管路
Y—100	0～1.6 MPa	1.6	C2501A 空气管路
Y—100	0～1.6 MPa	1.6	工艺风储罐
Y—100	0～1.6 MPa	1.6	仪表风储罐
Y—100	0～1.6 MPa	1.6	M2501BB 塔
Y—100	0～1.6 MPa	1.6	M2501BA 塔

（2）安全阀

安全阀所连接的管线经检验合格，均能承受住其最高压力等级。当管线内部压力高于其最高承受压力时，安全阀跳起释放压力；压力低于其最高承受压力后恢复正常。

安全阀需每月做一次自动启动试验和每年校正一次，并加铅封。

安全阀参数见表 6-6。

表 6-6　安全阀参数

型号	压力等级 MPa	公称压力 MPa	开启高度 mm	适用温度 ℃	出厂编号	介质	安装位置
A41H-16C 型弹簧式安全阀	1.0～1.3	1.6	1.6	300	07041138	压缩空气	空压站 V2501B 上
A41H-16C 型弹簧式安全阀	1.0～1.3	1.6	1.6	300	07041140	压缩空气	空压站 V2502
A41H-16C 型弹簧式安全阀	1.0～1.3	1.6	1.6	300	07041141	压缩空气	空压站 V2503
A41H-16C 型弹簧式安全阀	1.0～1.3	1.6	1.6	300	07041142	压缩空气	空压站 V2501C 上
A41H-16C 型弹簧式安全阀	1.0～1.3	1.6	1.6	300	07041143	压缩空气	空压站 V2501A 上

（3）灭火设备和警示牌

在大型设备运行场所设立干粉灭火器或其他灭火设备。

在危险场所挂各种警示牌。

13.2　危险源及控制措施（见表 6-7）

表 6-7 危险源及控制措施

作业活动	危险源	控制措施
空压机启动	照明灯损坏未修复,夜间照明光线不足	及时修复
	地面湿滑,未及时清理水和油污	及时清理
	冷却油不足未检查出,排气温度超标	开车前检查
	阀门高2米无平台,站在护栏上开阀门	佩戴好安全带
	盘车时设备误启动	盘车完成后再送电
	盘车空间狭窄	佩戴防护手套等用品
	未执行送电作业票	执行送电作业票
	噪声超标,未佩戴耳塞	佩戴耳塞
	干燥器电线管无护口,电线绝缘损坏	及时修复
	控制屏漏电,未查出	每月进行漏电保护器试验
	关阀门时用的铁管,用完后没有拿下来	固定或拿下来
	阀门杆未固定好,开阀门用力过大	开关阀门时先固定好阀门杆
	排气罩损坏未查出,排气时崩裂	加装保护罩
空压机停机	配电箱漏电,未及时检修	及时检修
	断错电,空压机检修时未挂牌,误启动	检修时挂警示牌
空压机改用一次水	上爬梯时速度太快,踩空	上下爬梯时速度不要太快
	阀门在护栏外	使用工具开启
	阀门高2 m,没有固定的平台	制作平台
空压机冷却油更换	未执行断电作业票	执行断电作业票
	搭设的临时平台不牢固,使用前未检查	使用前检查
	有油洒在地面,地面滑未及时清理	及时清理
	不按要求调整参数	按设备说明书调整参数

参考文献

GB/T1.1—2000《标准工作导则》第一部分:标准结构和编写规则;

《生产设备与试车规定》(××集团××事业部)。

参考文献

[1] 宋大成. 安全生产标准化指南. 北京:煤炭工业出版社,2012

[2] 宋大成. 企业安全生产制度和操作规程范例. 北京:煤炭工业出版社,2008

[3] 宋大成. 做有用的体系——职业安全健康管理体系理解与实施. 北京:化学工业出版社,2005

[4] 宋大成. 煤炭工业企业职业安全卫生管理体系实施范例. 北京:煤炭工业出版社,2009

[5] 宋大成,王洪海,李兴隆. 冶金工业企业职业安全健康管理体系实施范例. 北京:化学工业出版社,2005

[6] 宋大成,郭海滨,毕连喜. 化学工业企业职业安全健康管理体系实施范例. 北京:化学工业出版社,2005

[7] 宋大成,于进云,何有忠. 建筑工业企业职业安全健康管理体系实施范例. 北京:化学工业出版社,2005

[8] 宋大成,谈文丰,梁永泰. 质量、环境、职业安全健康管理体系整合——模式、方法、文件. 北京:化学工业出版社,2005